Python 机器学习算法

赵志勇◎著

電子工業出版社
Publishing House of Electronics Industry
北京•BEIJING

内容简介

本书是一本机器学习入门读物，注重理论与实践的结合。全书主要包括6个部分，每个部分均以典型的机器学习算法为例，从算法原理出发，由浅入深，详细介绍算法的理论，并配合目前流行的Python语言，从零开始，实现每一个算法，以加强对机器学习算法理论的理解、增强实际的算法实践能力，最终达到熟练掌握每一个算法的目的。与其他机器学习类图书相比，本书同时包含算法理论的介绍和算法的实践，以理论支撑实践，同时，又将复杂、枯燥的理论用简单易懂的形式表达出来，促进对理论的理解。

图书在版编目（CIP）数据

Python机器学习算法 / 赵志勇著. —北京：电子工业出版社，2017.7
ISBN 978-7-121-31319-6

Ⅰ.①P… Ⅱ.①赵… Ⅲ.①软件工具－程序设计 ②机器学习 Ⅳ.①TP311.561 ②TP181

中国版本图书馆CIP数据核字(2017)第072742号

策划编辑：符隆美
责任编辑：徐津平
印　　刷：北京盛通商印快线网络科技有限公司
装　　订：北京盛通商印快线网络科技有限公司
出版发行：电子工业出版社
北京市海淀区万寿路173信箱　邮编100036
开　　本：720×1000　1/16　印张：22.75　字数：426千字
版　　次：2017年7月第1版
印　　次：2020年12月第7次印刷
定　　价：69.00元

凡所购买电子工业出版社图书有缺损问题，请向购买书店调换。若书店售缺，请与本社发行部联系，联系及邮购电话：（010）88254888，88258888。

质量投诉请发邮件至zlts@phei.com.cn，盗版侵权举报请发邮件至dbqq@phei.com.cn。

本书咨询联系方式：010-51260888-819，faq@phei.com.cn。

推荐序

志勇是我在新浪微博的同事，刚来的时候坐我的旁边。记得当时志勇喜欢把看过的论文的重点部分剪下来粘到自己的笔记本上，并用五颜六色的笔标注，后来还知道志勇平时会写博客来记录自己在算法学习和实践中的心得。由此可见，志勇是一个非常认真且善于归纳总结的人。2016 年志勇告诉我他在写这样一本书的时候，我深以为然，感觉正确的人做了一件正确的事。

志勇的书快完成的时候邀请我写序，这对我绝对是个挑战。幸运的是，书中的内容是我所熟悉的，仿佛是发生在自己身边的事。写作风格也和志勇平时交流时一致。所以，我可以从故事参与者的角度去介绍一下这本书。

说到机器学习算法，这两年可谓蓬勃发展。AlphaGo 战胜世界围棋冠军李世石已经成了大家茶余饭后的谈资，无人驾驶汽车是资本竞相追逐的万亿级市场，这些都源于数据收集能力、计算能力的提升，以及智能设备的普及。机器学习也已经在我们身边一些领域取得了成功，例如，现在已经获得上亿用户使用的今日头条。今日头条通过抓取众多媒体的资讯，利用机器学习算法推荐给用户，从而做到了资讯量大、更新快、更加个性化。

作为一个互联网从业者，更是感觉到机器学习算法已经融入到越来越多的产品和功能中。我曾经在一次交流中得知，某个应用为减少用户输入，用了一个团队的力量做输入选项的推荐。这在以前是不曾出现过的，以前的网站更多的是增加功能，让用户选择。现在更多的是推荐给用户，帮助用户选择。这里面既有移动应用屏幕小、操作复杂的原因，也有互联网公司越来越重视用户体验的原因。所以，在此要恭喜这本书的读者，你们选择了一个前途光明的行业。

机器学习算法比较典型的应用是推荐、广告和搜索。我们利用协同过滤技术来推荐商品、利用逻辑回归技术来做点击率的预测、利用分类技术来识别“垃圾”网页等。学好、用好每一种算法都很困难，需要掌握背后的理论基础，以及进行大量的实践，否则就会浮于表面，模仿他人，不能根据自己的业务做出合理的选择。

而市场上的书通常要么只是一些概要性质的介绍，要么是偏向实战，理论基础介绍得比较少。本书是少有的两者兼具的书，每一种算法都先介绍数学基础，再用 Python 代码做简单版本的实现，并且算法之间循序渐进，层层深入，读来如沐春风。

本书介绍了 LR、FM、SVM、协同过滤、矩阵分解等推荐和广告领域常用算法，有很强的实用性。深度学习更是近期主流互联网公司研究的热门领域。无论对机器学习的初学者还是已经具备一些项目经验的人来说，这都是很好的读本。希望本书对更多的人有益，也希望中国的“人工智能+”蓬勃发展。

新浪微博算法经理　陶辉

前言

起源

在读研究生期间，我就对机器学习算法萌生了很浓的兴趣，并对机器学习中的常用算法进行了学习，利用 MATLAB 对每一个算法进行了实践。在此过程中，每当遇到不懂的概念或者算法时，就会在网上查找相关的资料。也看到很多人在博客中分享算法的学习心得及算法的具体过程，其中有不少内容让我受益匪浅，但是有的内容仅仅是算法的描述，缺少实践的具体过程。

注意到这一点之后，我决定开始在博客中分享自己学习每一个机器学习算法的点点滴滴，为了让更多的初学者能够理解算法的具体过程并从中受益，我计划从三个方面出发，第一是算法过程的简单描述，第二是算法理论的详细推导，第三是算法的具体实践。2014 年 1 月 10 日，我在 CSDN 上写下了第一篇博客。当时涉及的方向主要是优化算法和简单易学的机器学习算法。

随着学习的深入，博客的内容越来越多，同时，在写作过程中，博客的质量也在慢慢提高，这期间也是机器学习快速发展的阶段，在行业内出现了很多优秀的算法库，如 Java 版本的 weka、Python 版本的 sklearn，以及其他的一些开源程序，通过对这些算法库的学习，我丰富了很多算法的知识，同时，我将学习到的心得记录在简单易学的机器学习算法中。工作之后，越发觉得这些基础知识对于算法的理解很有帮助，积累的这些算法学习材料成了我宝贵的财富。

2016 年，电子工业出版社博文视点的符隆美编辑联系到我，询问我是否有意向将这些博文汇总写一本书。能够写一本书是很多人的梦想，我也不例外。于是在 2016

年 9 月，我开始了对本书的构思，从选择算法开始，选择出使用较多的一些机器学习算法。在选择好算法后，从算法原理和算法实现两个方面对算法进行描述，希望本书能够在内容上既能照顾到初学者，又能使具有一定机器学习基础的读者从中受益。

在写作的过程中，我重新查阅了资料，力求保证知识的准确性，同时，在实践的环节中，我使用了目前比较流行的 Python 语言实现每一个算法，使得读者能够更容易理解算法的过程，在介绍深度学习的部分时，使用到了目前最热门的 TensorFlow 框架。为了帮助读者理解机器学习算法在实际工作中的具体应用，本书专门有一章介绍项目实践的部分，综合前面各种机器学习算法，介绍每一类算法在实际工作中的具体应用。

内容组织

本书开篇介绍机器学习的基本概念，包括监督学习、无监督学习和深度学习的基本概念。

第一部分介绍分类算法。分类算法是机器学习中最常用的算法。在分类算法中着重介绍 Logistic 回归、Softmax Regression、Factorization Machine、支持向量机、随机森林和 BP 神经网络等算法。

第二部分介绍回归算法。与分类算法不同的是，在回归算法中其目标值是连续的值，而在分类算法中，其目标值是离散的值。在回归算法中着重介绍线性回归、岭回归和 CART 树回归。

第三部分介绍聚类算法。聚类是将具有某种相同属性的数据聚成一个类别。在聚类算法中着重介绍 K-Means 算法、Mean Shift 算法、DBSCAN 算法和 Label Propagation 算法。

第四部分介绍推荐算法。推荐算法是一类基于具体应用场景的算法的总称。在推荐算法中着重介绍基于协同过滤的推荐、基于矩阵分解的推荐和基于图的推荐。

第五部分介绍深度学习。深度学习是近年来研究最为火热的方向。深度学习的网络模型和算法有很多种，在本书中，主要介绍最基本的两种算法：AutoEncoder 和卷积神经网络。

第六部分介绍以上这些算法在具体项目中的实践。通过具体的例子，可以清晰地看到每一类算法的应用场景。

附录介绍在实践中使用到的 Python 语言、numpy 库及 TensorFlow 框架的具体使用方法。

小结

本书试图从算法原理和实践两个方面来介绍机器学习中的常用算法，对每一类机器学习算法，精心挑选了具有代表性的算法，从理论出发，并配以详细的代码，本书的所有示例代码使用 Python 语言作为开发语言，读者可以从 https://github.com/zhaozhiyong19890102/Python-Machine-Learning-Algorithm 中下载本书的全部示例代码。

由于时间仓促，书中难免存在错误，欢迎广大读者和专家批评、指正，同时，欢迎大家提供意见和反馈。本书作者的电子邮箱：zhaozhiyong1989@126.com。

致谢

首先，我要感谢陶辉和孙永生这两位良师益友，在本书的写作过程中，为我提供了很多意见和建议，包括全书的组织架构。感谢陶辉抽出宝贵的时间帮我写序，感谢孙永生帮我检查程序。

其次，我要感谢符隆美编辑和董雪编辑在写作和审稿的过程中对我的鼓励和悉心指导。

再次，我要感谢姜贵彬、易慧民、潘文彬，感谢他们能够抽出宝贵的时间帮本书写推荐语，感谢他们在读完本书后给出的宝贵意见和建议。

然后，我要感谢 July 在本书的写作过程中对本书提出的宝贵意见，感谢张俊林、王斌在读完本书初稿后对本书的指点。

最后，感谢我的亲人和朋友，是你们的鼓励才使得本书能够顺利完成。

赵志勇

2017 年 6 月 6 日于北京

读者服务

轻松注册成为博文视点社区用户（www.broadview.com.cn），扫码直达本书页面。

- **提交勘误**：您对书中内容的修改意见可在 提交勘误 处提交，若被采纳，将获赠博文视点社区积分（在您购买电子书时，积分可用来抵扣相应金额）。
- **交流互动**：在页面下方 读者评论 处留下您的疑问或观点，与我们和其他读者一同学习交流。

页面入口：http://www.broadview.com.cn/31319

三步加入“人工智能交流群”，实时获取资源共享，并有机会与大咖实时交流。

- 扫码添加小编为微信好友。
- 申请验证时输入“AI”。
- 小编带你加入“人工智能交流群”。

目录

第一部分 分类算法

第二部分 回归算法

第三部分 聚类算法

第四部分 推荐算法

第五部分 深度学习

第六部分　项目实践

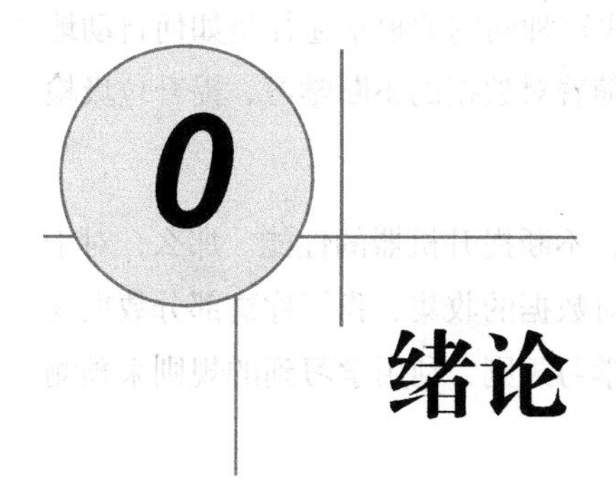

0 绪论

从计算机被发明后，实现人工智能（Artificial Intelligence，AI）成了一代代科学家和技术工作者的奋斗目标，在寻求解决方案的过程中，人们遇到了很多的难题，同时为克服这些难题做了很多的尝试。

随着时代的发展，大量的网络应用出现在人们的生活中，各种智能设备的出现使数据的收集变成现实，同时，计算机的计算能力得到了很大的提高，如何从大量数据中提取出有价值的信息成了非常重要的课题，机器学习就是这样一种能够从无序的数据中提取出有用信息的工具。

0.1 机器学习基础

0.1.1 机器学习的概念

机器学习能够从无序的数据中提取出有用的信息，那么什么是机器学习呢？以垃圾邮件的检测为例，垃圾邮件的检测是指能够对邮件做出判断，判断其为垃圾邮件还是正常邮件。

在人工智能技术发展的初期，人们尝试通过手写规则来解决许多问题。例如，在垃圾邮件的检测中，当邮件中出现事先指定的一些可能为垃圾邮件的词时，这条邮件很可能是垃圾邮件，同时，当邮件里出现链接时，它也很可能是垃圾邮件。这些规则在一定程度上对垃圾邮件的检测起到了一些作用，但是随着规则越来越多，这样的检测系统也变得越来越复杂。这时候，人们发现解决这种问题的根本途径是如何自动地从数据的某些特征中学习他们之间的关系，并且随着对数据的不断学习，提升垃圾检测的性能。

机器学习是从数据中学习和提取有用的信息，不断提升机器的性能。那么，对于一个具体的机器学习的问题，很重要的一部分是对数据的收集，我们称这部分数据为训练数据。机器学习的基本工作是从这些数据中学习规则，利用学习到的规则来预测新的数据。

0.1.2 机器学习算法的分类

在机器学习中，根据任务的不同，可以分为监督学习（Supervised Learning）、无监督学习（Unsupervised Learning）、半监督学习（Semi-Supervised Learning）和增强学习（Reinforcement Learning）。

监督学习（Supervised Learning）的训练数据包含了类别信息，如在垃圾邮件检测中，其训练样本包含了邮件的类别信息：垃圾邮件和非垃圾邮件。在监督学习中，典型的问题是分类（Classification）和回归（Regression），典型的算法有 Logistic Regression、BP 神经网络算法和线性回归算法。

与监督学习不同的是，无监督学习（Unsupervised Learning）的训练数据中不包含任何类别信息。在无监督学习中，其典型的问题为聚类（Clustering）问题，代表算法有 K-Means 算法、DBSCAN 算法等。

半监督学习（Semi-Supervised Learning）的训练数据中有一部分数据包含类别信息，同时有一部分数据不包含类别信息，是监督学习和无监督学习的融合。在半监督学习中，其算法一般是在监督学习的算法上进行扩展，使之可以对未标注数据建模。

监督学习和无监督学习是使用较多的两种学习方法，而半监督学习是监督学习和无监督学习的融合，在本书中，我们着重介绍监督学习和非监督学习。

0.2 监督学习

0.2.1 监督学习

前边简单介绍了监督学习（Supervised Learning）的概念，监督学习是机器学习算法中的一种重要的学习方法，在监督学习中，其训练样本中同时包含有特征和标签信息。在监督学习中，分类（Classification）算法和回归（Regression）算法是两类最重要的算法，两者之间最主要的区别是分类算法中的标签是离散的值，如广告点击问题中的标签为 $\{+1,-1\}$，分别表示广告的点击和未点击，而回归算法中的标签值是连续的值，如通过人的身高、性别、体重等信息预测人的年龄，因为年龄是连续的正整数，因此标签为 $y\in N^{+}$，且 $y\in[1,80]$。

0.2.2 监督学习的流程

监督学习流程的具体过程如图 0.1 所示。

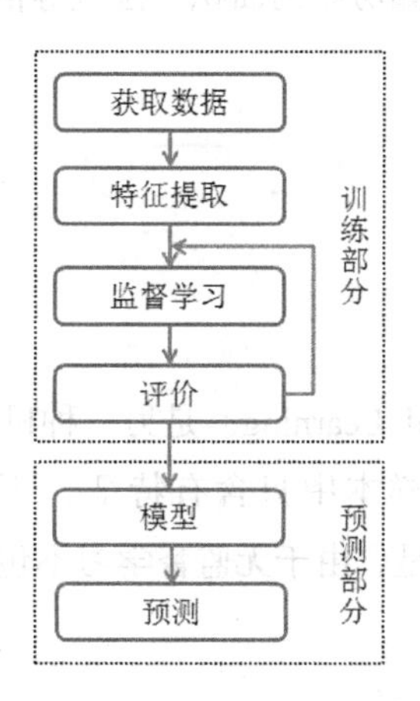

图 0.1 监督学习流程

对于具体的监督学习任务，首先是获取到带有属性值的样本，假设有 m 个训练样本 $\left\{\left(X^{(1)},y^{(1)}\right),\left(X^{(2)},y^{(2)}\right),\cdots,\left(X^{(m)},y^{(m)}\right)\right\}$，然后对样本进行预处理，过滤数据中的杂质，保留其中有用的信息，这个过程称为特征处理或者特征提取。

通过监督学习算法习得样本特征到样本标签之间的假设函数。监督学习通过从样本数据中习得假设函数，并用其对新的数据进行预测。

0.2.3 监督学习算法

分类问题（Classification）是指通过训练数据学习一个从观测样本到离散的标签的映射，分类问题是一个监督学习问题。典型的问题有：①垃圾邮件的分类（Spam Classification）：训练样本是邮件中的文本，标签是每个邮件是否是垃圾邮件（$\{+1,-1\}$，+1 表示是垃圾邮件，–1 表示不是垃圾邮件），目标是根据这些带标签的样本，预测一个新的邮件是否是垃圾邮件；②点击率预测（Click-through Rate Prediction）：训练样本是用户、广告和广告主的信息，标签是是否被点击（$\{+1,-1\}$，+1 表示点击，–1 表示未点击）。目标是在广告主发布广告后，预测指定的用户是否会点击，上述两种问题都是二分类的问题；③手写字识别，即识别是 $\{0,1,\cdots,9\}$ 中的哪个数字，这是一个多分类的问题。

与分类问题不同的是，回归问题（Regression）是指通过训练数据学习一个从观测样本到连续的标签的映射，在回归问题中的标签是一系列连续的值。典型的回归问题有：①股票价格的预测，即利用股票的历史价格预测未来的股票价格；②房屋价格的预测，即利用房屋的数据，如房屋的面积、位置等信息预测房屋的价格。

0.3 无监督学习

0.3.1 无监督学习

无监督学习（Unsupervised Learning）是另一种机器学习算法，与监督学习不同的是，在无监督学习中，其样本中只含有特征，不包含标签信息。与监督学习（Supervised Learning）不同的是，由于无监督学习不包含标签信息，在学习时并不知道其分类结果是否正确。

0.3.2 无监督学习的流程

无监督学习流程的具体过程如图 0.2 所示。

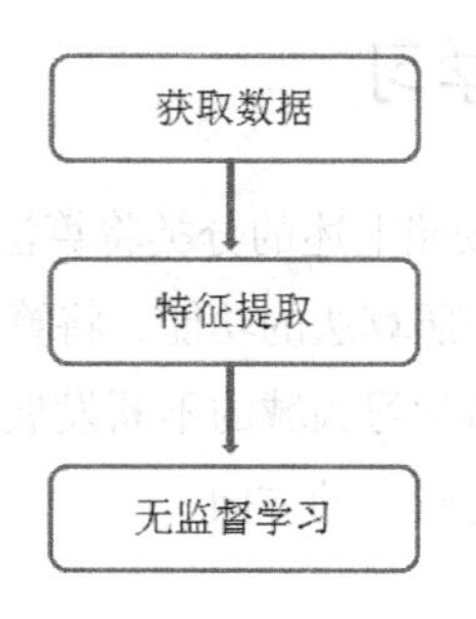

图 0.2 无监督学习流程

对于具体的无监督学习任务，首先是获取到带有特征值的样本，假设有 m 个训练数据 $\left\{X^{(1)}, X^{(2)}, \cdots, X^{(m)}\right\}$，对这 m 个样本进行处理，得到样本中有用的信息，这个过程称为特征处理或者特征提取，最后是通过无监督学习算法处理这些样本，如利用聚类算法对这些样本进行聚类。

0.3.3 无监督学习算法

聚类算法是无监督学习算法中最典型的一种学习算法。聚类算法利用样本的特征，将具有相似特征的样本划分到同一个类别中，而不关心这个类别具体是什么。如表 0-1 所示的聚类问题：

表 0-1 聚类问题

	是否有翅膀	是否有鳍
样本 1（鲤鱼）	0	1
样本 2（鲫鱼）	0	1
样本 3（麻雀）	1	0
样本 4（喜鹊）	1	0

在表 0-1 所示的聚类问题中，通过分别比较特征 1（是否有翅膀）和特征 2（是否有鳍），对上述的样本进行聚类。从表 0-1 中的数据可以看出，样本 1 和样本 2 较为相似，样本 3 和样本 4 较为相似，因此，可以将样本 1 和样本 2 划分到同一个类别中，将样本 3 和样本 4 划分到另一个类别中，而不用去关心样本 1 和样本 2 所属的类别具体是什么。

除了聚类算法，在无监督学习中，还有一类重要的算法是降维的算法，数据降维基本原理是将样本点从输入空间通过线性或非线性变换映射到一个低维空间，从而获得一个关于原数据集紧致的低维表示。在本书中，主要介绍聚类算法。

0.4 推荐系统和深度学习

在机器学习算法中，除了按照上述的分类将算法分成监督学习和无监督学习外，还有其他的一些分类方法，如按照算法的功能，将算法分成分类算法、回归算法、聚类算法和降维算法等。随着机器学习领域的不断发展，出现了很多新的研究方向，推荐算法和深度学习是近年来研究较多的方向。

0.4.1 推荐系统

随着信息量的急剧扩大，信息过载的问题变得尤为突出，当用户无明确的信息需求时，用户无法从大量的信息中获取到感兴趣的信息，同时，信息量的急剧上升也导致了大量的信息被埋没，无法触达一些潜在用户。推荐系统（Recommendation System，RS）的出现被称为连接用户与信息的桥梁，一方面帮助用户从海量数据中找到感兴趣的信息，另一方面将有价值的信息传递给潜在用户。

在推荐系统中，推荐算法起着重要的作用，常用的推荐算法主要有：协同过滤算法、基于矩阵分解的推荐算法和基于图的推荐算法。

0.4.2 深度学习

传统的机器学习算法都是利用浅层的结构，这些结构一般包含最多一到两层的非线性特征变换，浅层结构在解决很多简单的问题上效果较为明显，但是在处理一些更加复杂的与自然信号的问题时，就会遇到很多问题。

随着计算机的不断发展，人们尝试使用深层的结构来处理这些更加复杂的问题，但是，同样也遇到了很多的困难，直到 2006 年，Hinton 等人提出了逐层训练的概念，深度学习又一次进入了人们的视野，数据量的不断扩大以及计算机计算能力的增强，使得深度学习技术成为可能。在深度学习中，常用的几种模型包括：①自编码器模型，通过堆叠自编码器构建深层网络；②卷积神经网络模型，通过卷积层与采样层的不断交替构建深层网络；③循环神经网络。

0.5 Python 和机器学习算法实践

在本书中，选择 Python 作为机器学习算法实践的语言，主要是因为 Python 语言的天然优势，同时，在机器学习算法中，涉及大量的与线性代数相关的知识，Python中有 Numpy 函数库可以专门用于处理各种线性代数的问题。

Python 语言有很多优势，如：①Python 社区有庞大的库，几乎可以解决大部分问题；②Python 被称为胶水语言，可以以混合编译的方式使用 C/C++/Java 等语言的库；③Python 语法简单，同时易于操作。

然而，对于 Python 语言来说，其唯一不足就是性能问题，Python 程序的运行效率不如 Java 或者 C 语言，但是，在 Python 中提供了调用 Java 和 C 语言的方法，因此，对于计算要求比较高的部分，可以使用 C 语言或者 Java 实现，这样就能同时利用 Python 的简单易用性和 C 语言的高效性。Python 语言性能不是本书考虑的重点，因此不会在本书中提及 Python 性能相关的问题。

对于 Python 语言的各种操作以及对 numpy 的各种详细操作，可以参见附录 A。

参考文献

[1] Peter Harrington. 机器学习实战[M]. 王斌，译. 北京:人民邮电出版社.2013.

[2] Wesley J.Chun. Python 核心编程（第二版）[M]. 宋吉广，译. 北京:人民邮电出版社. -2008.

[3] 李航. 统计学习方法[M]. 北京:清华大学出版社. 2012.

[4] 周志华. 机器学习[M]. 北京:清华大学出版社. 2016.

第一部分

分类算法

分类算法是指根据样本的特征，将样本划分到指定的类别中。分类算法是一种监督的学习算法，在分类算法中，根据训练样本训练得到样本特征到样本标签之间的映射，利用该映射得到新的样本的标签，达到将新的样本划分到不同类别的目的。

第 1 章介绍最基本的分类算法 Logistic Regression 算法，基本的 Logistic Regression 算法是一个二分类的线性分类算法，由于其简单的特点，得到了广泛的应用；第 2 章介绍 Logistic Regression 算法的推广形式——Softmax Regression 算法，Softmax Regression 算法用于处理多分类问题；第 3 章介绍 Logistic Regression 算法的另一种推广形式——Factorization Machine 算法，该算法在 Logistic Regression 算法的基础上增加了交叉项；第 4 章介绍支持向量机 SVM 分类器，SVM 分类算法是被公认的比较优秀的分类算法；第 5 章介绍一种集成的分类方法——随机森林，在集成方法中，通过组合多个分类器求解复杂的分类问题；第 6 章介绍 BP 神经网络算法，该算法可以有效解决线性不可分的问题，同时，BP 神经网络是深度学习中算法的基础。

1 Logistic Regression

分类算法是典型的监督学习，其训练样本中包含样本的特征和标签信息。在二分类中，标签为离散值，如$\{+1,-1\}$，分别表示正类和负类。分类算法通过对训练样本的学习，得到从样本特征到样本的标签之间的映射关系，也被称为假设函数，之后可利用该假设函数对新数据进行分类。

Logistic Regression 算法是一种被广泛使用的分类算法，通过训练数据中的正负样本，学习样本特征到样本标签之间的假设函数，Logistic Regression 算法是典型的线性分类器，由于算法的复杂度低、容易实现等特点，在工业界得到了广泛的应用，如：利用 Logistic Regression 算法实现广告的点击率预估。

1.1 Logistic Regression 模型

1.1.1 线性可分 VS 线性不可分

对于一个分类问题，通常可以分为线性可分与线性不可分两种。如果一个分类问题可以使用线性判别函数正确分类，则称该问题为线性可分，如图 1.1 所示；否则为线性不可分问题，如图 1.2 所示。

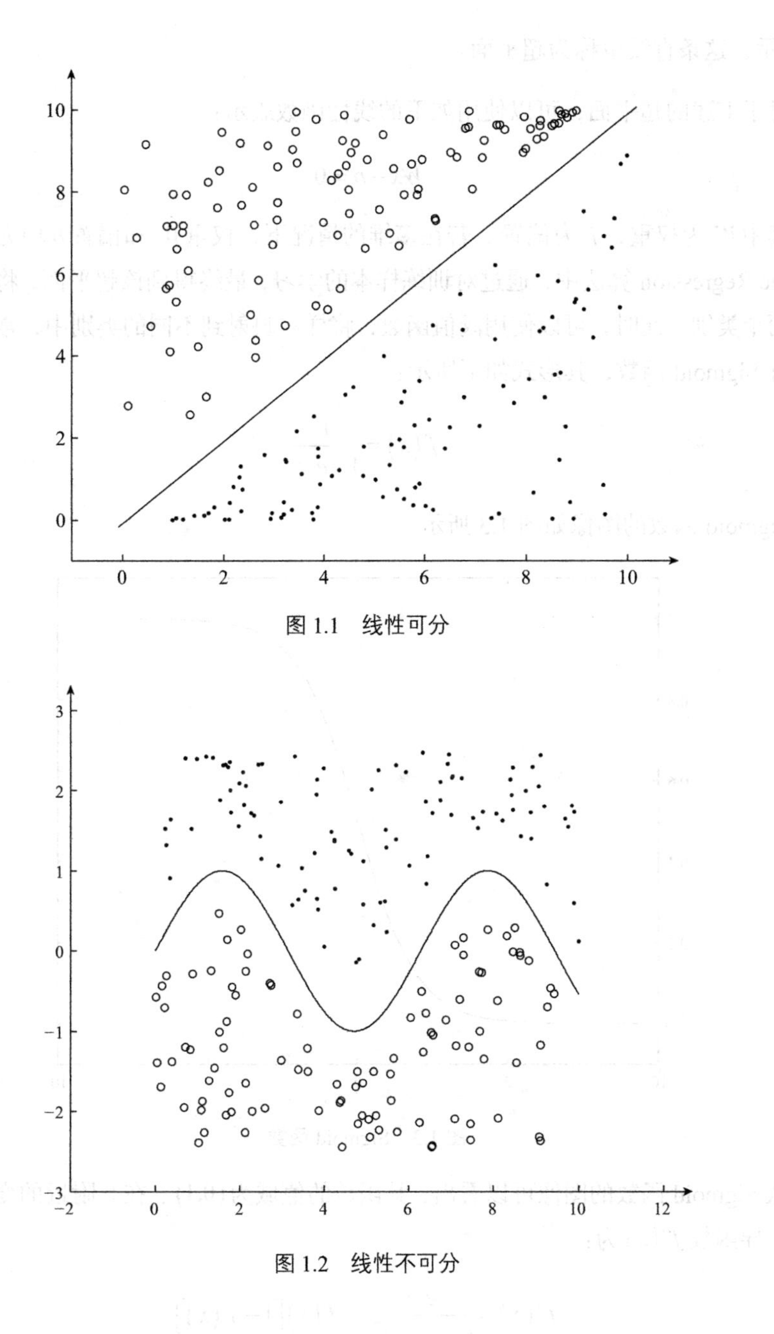

图 1.1 线性可分

图 1.2 线性不可分

1.1.2 Logistic Regression 模型

Logistic Regression 模型是广义线性模型的一种，属于线性的分类模型。对于图 1.1 所示的线性可分的问题，需要找到一条直线，能够将两个不同的类区分开，如图

1.1 所示，这条直线也称为超平面。

对于上述的超平面，可以使用如下的线性函数表示：

$$Wx+b=0$$

其中 W 为权重，b 为偏置。若在多维的情况下，权重 W 和偏置 b 均为向量。在 Logistic Regression 算法中，通过对训练样本的学习，最终得到该超平面，将数据分成正负两个类别。此时，可以使用阈值函数，将样本映射到不同的类别中，常见的阈值函数有 Sigmoid 函数，其形式如下所示：

$$f(x)=\frac{1}{1+e^{-x}}$$

Sigmoid 函数的图像如图 1.3 所示。

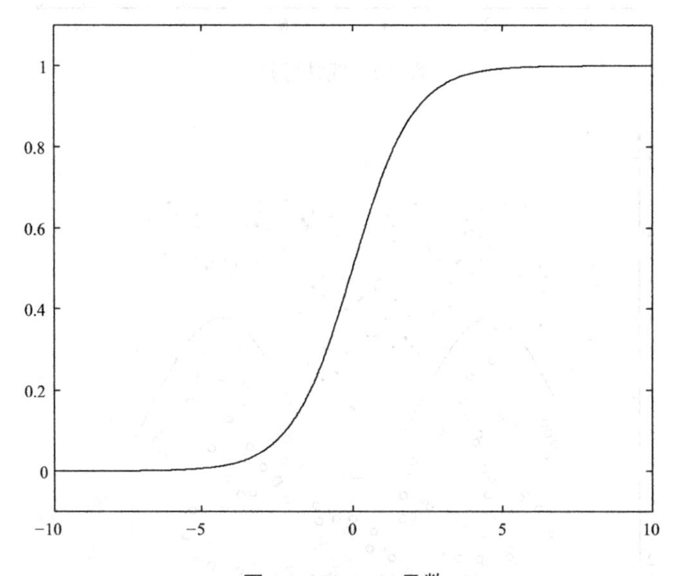

图 1.3　Sigmoid 函数

从 Sigmoid 函数的图像可以看出，其函数的值域为 $(0,1)$，在 0 附近的变化比较明显。其导函数 $f'(x)$ 为：

$$f'(x)=\frac{e^{-x}}{(1+e^{-x})^2}=f(x)[1-f(x)]$$

现在，让我们利用 Python 实现 Sigmoid 函数，为了能够使用 numpy 中的函数，我们首先需要导入 numpy：

```
import numpy as np
```

Sigmoid 函数的具体实现过程如程序清单 1-1 所示。

程序清单 1-1 Sigmoid 函数

```
def sig(x):
    '''Sigmoid函数
    input:  x(mat):feature * w
    output: sigmoid(x)(mat):Sigmoid值
    '''
    return 1.0 / (1 + np.exp(-x))
```

在程序清单 1-1 中，Sigmoid 函数的输出为 Simoid 值。对于输入向量 X，其属于正例的概率为：

$$P\left(y=1 \middle| X,W,b\right)=\sigma\left(WX+b\right)=\frac{1}{1+e^{-(WX+b)}}$$

其中，σ 表示的是 Sigmoid 函数。那么，对于输入向量 X，其属于负例的概率为：

$$P\left(y=0 \middle| X,W,b\right)=1-P\left(y=1 \middle| X,W,b\right)=1-\sigma\left(WX+b\right)=\frac{e^{-(WX+b)}}{1+e^{-(WX+b)}}$$

对于 Logistic Regression 算法来说，需要求解的分隔超平面中的参数，即为权重矩阵 W 和偏置向量 b，那么，这些参数该如何求解呢？为了求解模型的两个参数，首先必须定义损失函数。

1.1.3 损失函数

对于上述的 Logistic Regression 算法，其属于类别 y 的概率为：

$$P\left(y \middle| X,W,b\right)=\sigma\left(WX+b\right)^{y}\left(1-\sigma\left(WX+b\right)\right)^{1-y}$$

要求上述问题中的参数 W 和 b，可以使用极大似然法对其进行估计。假设训练数据集有 m 个训练样本 $\left\{\left(X^{(1)},y^{(1)}\right),\left(X^{(2)},y^{(2)}\right),\cdots,\left(X^{(m)},y^{(m)}\right)\right\}$，则其似然函数为：

$$L_{W,b}=\prod_{i=1}^{m}\left[h_{W,b}\left(X^{(i)}\right)^{y^{(i)}}\left(1-h_{W,b}\left(X^{(i)}\right)\right)^{1-y^{(i)}}\right]$$

其中，假设函数 $h_{W,b}\left(X^{(i)}\right)$ 为：

$$h_{W,b}\left(X^{(i)}\right)=\sigma\left(WX^{(i)}+b\right)$$

对于似然函数的极大值的求解，通常使用 Log 似然函数，在 Logistic Regression 算法中，通常是将负的 Log 似然函数作为其损失函数，即 the negative log-likelihood（NLL）作为其损失函数，此时，需要计算的是 NLL 的极小值。损失函数 $l_{W,b}$ 为：

$$l_{W,b}=-\frac{1}{m}\log L_{W,b}=-\frac{1}{m}\sum_{i=1}^{m}\left[y^{(i)}\log\left(h_{W,b}\left(X^{(i)}\right)\right)+\left(1-y^{(i)}\right)\log\left(1-h_{W,b}\left(X^{(i)}\right)\right)\right]$$

此时，我们需要求解的问题为：

$$\min_{W,b} \quad l_{W,b}$$

为了求得损失函数 $l_{W,b}$ 的最小值，可以使用基于梯度的方法进行求解。

1.2 梯度下降法

在机器学习算法中，对于很多监督学习模型，需要对原始的模型构建损失函数 l，接下来便是通过优化算法对损失函数 l 进行优化，以便寻找到最优的参数 W。在求解机器学习参数 W 的优化算法时，使用较多的是基于梯度下降的优化算法（Gradient Descent，GD）。

梯度下降法有很多优点，其中，在梯度下降法的求解过程中，只需求解损失函数的一阶导数，计算的成本比较小，这使得梯度下降法能在很多大规模数据集上得到应用。梯度下降法的含义是通过当前点的梯度方向寻找到新的迭代点，并从当前点移动到新的迭代点继续寻找新的迭代点，直到找到最优解。

1.2.1 梯度下降法的流程

梯度下降法是一种迭代型的优化算法，根据初始点在每一次迭代的过程中选择下降法方向，进而改变需要修改的参数，对于优化问题 $\min f\left(w\right)$，梯度下降法的详细过程如下所示。

- 随机选择一个初始点 w_0
- 重复以下过程
  - 决定梯度下降的方向：$d_i=-\frac{\partial}{\partial w}f\left(w\right)\Big|_{w_i}$
  - 选择步长 α

- ○ 更新：$w_{i+1} = w_i + \alpha \cdot d_i$
- 直到满足终止条件

具体过程如图 1.4 所示。

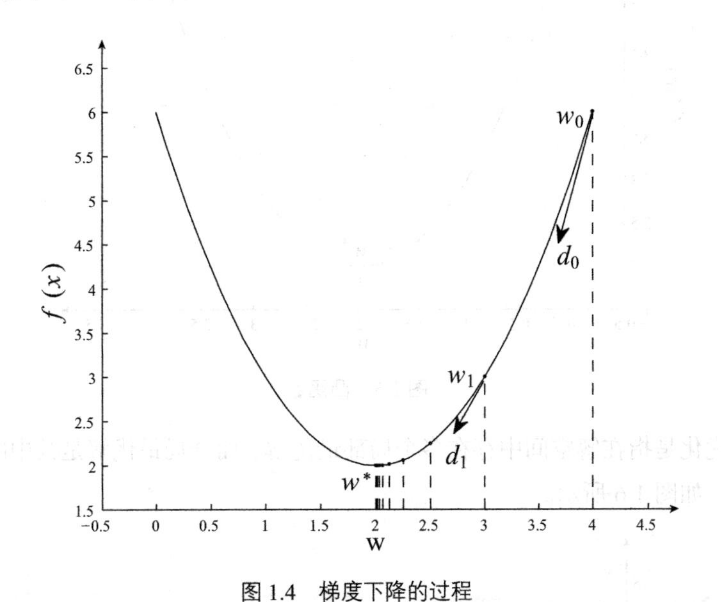

图 1.4 梯度下降的过程

在初始时，在点 w_0 处，选择下降的方向 d_0 ，选择步长 α ，更新 w 的值，此时到达 w_1 处，判断是否满足终止的条件，发现并未到达最优解 w^* ，重复上述的过程，直至到达 w^* 。

1.2.2 凸优化与非凸优化

简单来讲，凸优化问题是指只存在一个最优解的优化问题，即任何一个局部最优解即全局最优解，如图 1.5 所示。

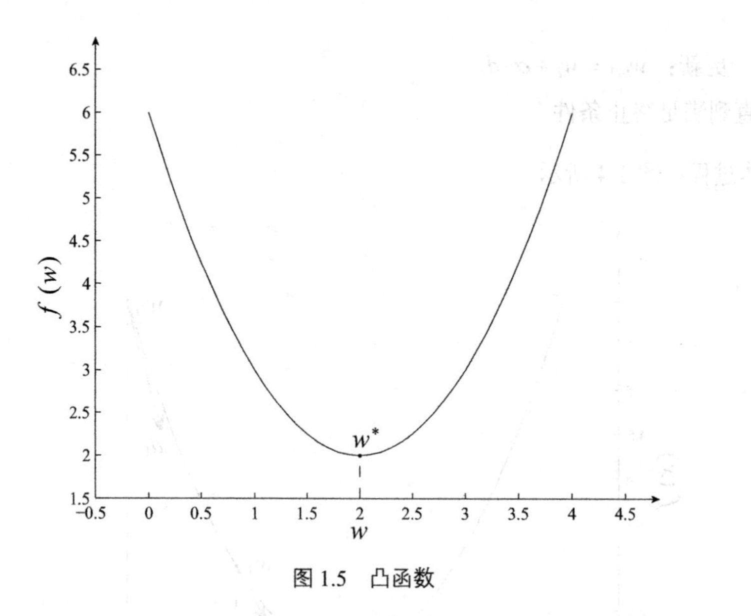

图 1.5 凸函数

非凸优化是指在解空间中存在多个局部最优解，而全局最优解是其中的某一个局部最优解，如图 1.6 所示。

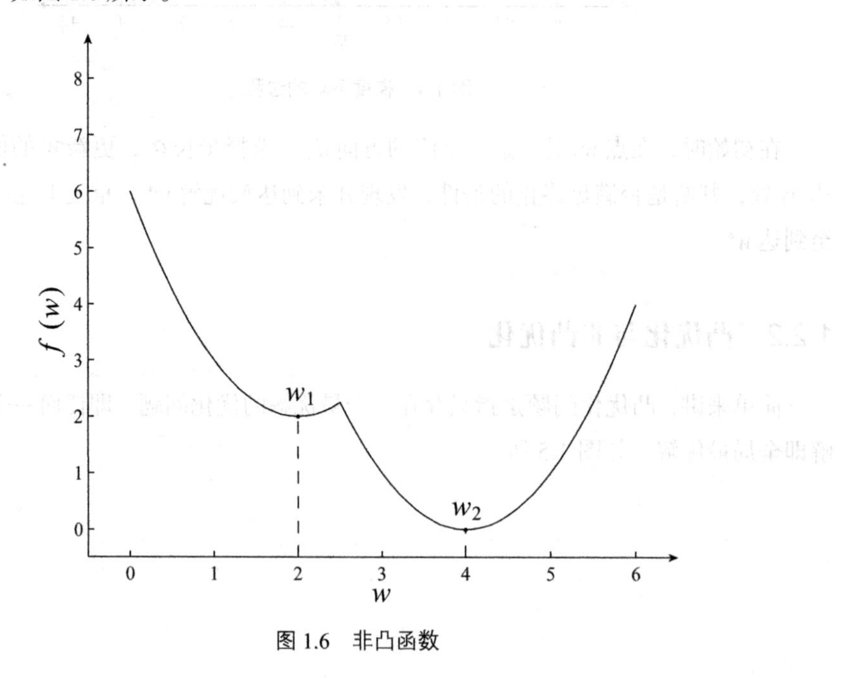

图 1.6 非凸函数

最小二乘（Least Squares）、岭回归（Ridge Regression）和 Logistic 回归（Logistic Regression）的损失函数都是凸优化问题。

1.2.3 利用梯度下降法训练 Logistic Regression 模型

对于上述的 Logistic Regression 算法的损失函数可以通过梯度下降法对其进行求解，其梯度为：

$$\nabla_{W_j}\left(l_{W,b}\right)=-\frac{1}{m}\sum_{i=1}^{m}\left(y^{(i)}-h_{W,b}\left(X^{(i)}\right)\right)x_j^{(i)}$$

$$\nabla_{b}\left(l_{W,b}\right)=-\frac{1}{m}\sum_{i=1}^{m}\left(y^{(i)}-h_{W,b}\left(X^{(i)}\right)\right)$$

其中，$x_j^{(i)}$ 表示的是样本 $X^{(i)}$ 的第 j 个分量。取 $w_0=b$，且将偏置项的变量 x_0 设置为 1，则可以将上述的梯度合并为：

$$\nabla_{W_j}\left(l_{W,b}\right)=-\frac{1}{m}\sum_{i=1}^{m}\left(y^{(i)}-h_{W,b}\left(X^{(i)}\right)\right)x_j^{(i)}$$

根据梯度下降法，得到如下的更新公式：

$$W_j=W_j-\alpha\nabla_{W_j}\left(l_{W,b}\right)$$

利用上述的 Logistic Regression 中权重的更新公式，我们可以实现 Logistic Regression 模型的训练，利用梯度下降法训练模型的具体过程，如程序清单 1-2 所示。

程序清单 1-2 Logistic Regression 模型的训练

```
def lr_train_bgd(feature, label, maxCycle, alpha):
    '''利用梯度下降法训练 LR 模型
    input:  feature(mat)特征
            label(mat)标签
            maxCycle(int)最大迭代次数
            alpha(float)学习率
    output: w(mat):权重
    '''
    n = np.shape(feature)[1] # 特征个数
    w = np.mat(np.ones((n, 1))) # 初始化权重
    i = 0
    while i <= maxCycle: # 在最大迭代次数的范围内
        i += 1 # 当前的迭代次数
        h = sig(feature * w) # 计算 Sigmoid 值
        err = label - h
        if i % 100 == 0:
            print "\t---------iter=" + str(i) + \
            " , train error rate= " + str(error_rate(h, label)) ①
```

```
        w = w + alpha * feature.T * err # 权重修正                  ②
    return w
```

在程序清单 1-2 中，函数 lr_train_bgd 使用了梯度下降法对 Logistic Regression 算法中的损失函数进行优化，其中，lr_train_bgd 函数的输入为训练样本的特征、训练样本的标签、最大的迭代次数和学习率，在每一次迭代的过程中，需要计算当前的模型的误差，误差函数为 error_rate，如程序中①所示，error_rate 函数的具体实现形式如程序清单 1-3 所示。在迭代的过程中，不断通过梯度下降的方法对 Logistic Regression 算法中的权重进行更新，如程序中②所示。

程序清单 1-3　error_rate 函数的实现

```
def error_rate(h, label):
    '''计算当前的损失函数值
    input:  h(mat):预测值
            label(mat):实际值
    output: err/m(float):错误率
    '''
    m = np.shape(h)[0]

    sum_err = 0.0
    for i in xrange(m):
        if h[i, 0] > 0 and (1 - h[i, 0]) > 0:
            sum_err -= (label[i,0] * np.log(h[i,0]) + \
                       (1-label[i,0]) * np.log(1-h[i,0]))      ①
        else:
            sum_err -= 0
    return sum_err / m
```

在程序清单 1-3 中，error_rate 函数的输入为假设函数对训练样本的预测值 h 和训练样本的标签 label，输出值为损失函数的值。损失函数的计算如程序代码中的①所示。

1.3　梯度下降法的若干问题

1.3.1　选择下降的方向

为了求解优化问题 $f(w)$ 的最小值，我们希望每次迭代的结果能够接近最优值 w^*，对于一维的情况，如图 1.7 所示。

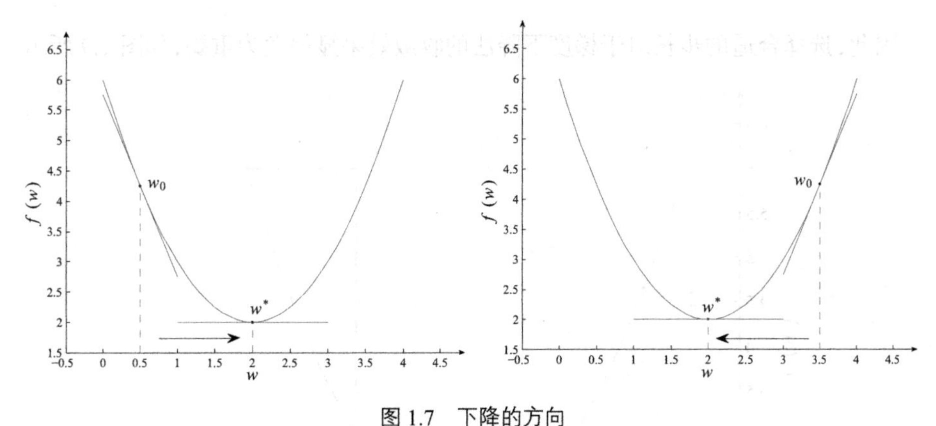

图 1.7　下降的方向

若当前点的梯度为负，则最小值在当前点的右侧， 若当前点的梯度为正，则最小值在当前点的左侧，负的梯度即为下降的方向。对于上述的一维的情况，有下述的更新规则：

$$w_{i+1} = w_i - \alpha_i \frac{df}{dw}\Big|_{w=w_i}$$

其中，α_i 为步长。对于二维的情况，此时更新的规则如下：

$$W_{i+1} = W_i - \alpha_i \nabla f\left(W_i\right)$$

1.3.2　步长的选择

对于步长 α 的选择，若选择太小，会导致收敛的速度比较慢；若选择太大，则会出现震荡的现象，即跳过最优解，在最优解附近徘徊，上述两种情况如图 1.8 所示。

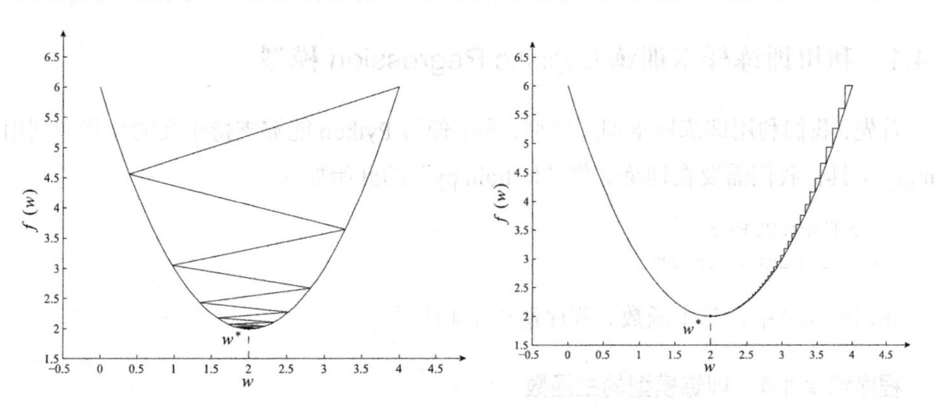

图 1.8　步长太大或者太小

因此，选择合适的步长对于梯度下降法的收敛效果显得尤为重要，如图 1.9 所示。

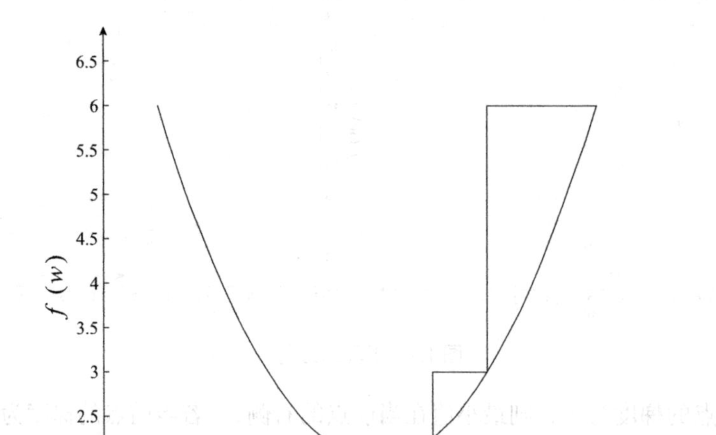

图 1.9　合适的步长

1.4　Logistic Regression 算法实践

有了以上的理论准备，接下来，我们利用已经完成的函数，构建 Logistic Regression 分类器。我们利用线性可分的数据（如图 1.1 所示）作为训练样本来训练 Logistic Regression 模型，在构建模型的过程中，主要分为两个步骤：①利用训练样本训练模型；②利用训练好的模型对新样本进行预测。

1.4.1　利用训练样本训练 Logistic Regression 模型

首先，我们利用训练样本训练模型，为了使得 Python 能够支持中文的注释和利用 numpy 工具，我们需要在训练文件“lr_train.py”的开始加入：

```
# coding:UTF-8
import numpy as np
```

在训练模型中，其主函数如程序清单 1-4 所示。

程序清单 1-4　训练模型的主函数

```
if __name__ == "__main__":
    # 1. 导入训练数据
```

```
print "---------- 1.load data ------------"
feature, label = load_data("data.txt")                          ①
# 2. 训练 LR 模型
print "---------- 2.training ------------"
w = lr_train_bgd(feature, label, 1000, 0.01)                    ②
# 3. 保存最终的模型
print "---------- 3.save model ------------"
save_model("weights", w)                                        ③
```

在程序清单 1-4 的主函数中，训练 LR 模型的主要步骤包括：①导入训练数据，如程序代码中的①所示，导入训练数据的 load_data 函数如程序清单 1-5 所示；②利用梯度下降法对训练数据进行训练，以得到 Logistic Regression 算法的模型，即模型中的权重，如程序代码中的②所示；③将权重输出到文件 weights 中，如程序代码中的③所示，保存最终的模型的 save_model 函数如程序清单 1-6 所示。

程序清单 1-5　导入训练数据的 load_data 函数

```
def load_data(file_name):
    '''
    input:  file_name(string)训练数据的位置
    output: feature_data(mat)特征
            label_data(mat)标签
    '''
    f = open(file_name) # 打开文件
    feature_data = []
    label_data = []
    for line in f.readlines():
        feature_tmp = []
        lable_tmp = []
        lines = line.strip().split("\t")
        feature_tmp.append(1) # 偏置项
        for i in xrange(len(lines) - 1):
            feature_tmp.append(float(lines[i]))
        lable_tmp.append(float(lines[-1]))

        feature_data.append(feature_tmp)
        label_data.append(lable_tmp)
    f.close() # 关闭文件
    return np.mat(feature_data), np.mat(label_data)
```

在 load_data 函数中，其输入为训练数据所在的位置，其输出为训练数据的特征和训练数据的权重。

程序清单 1-6　保存最终的模型的 save_model 函数

```
def save_model(file_name, w):
    '''保存最终的模型
    input:  file_name(string):模型保存的文件名
            w(mat):LR 模型的权重
    '''
    m = np.shape(w)[0]
    f_w = open(file_name, "w")
    w_array = []
    for i in xrange(m):
        w_array.append(str(w[i, 0]))
    f_w.write("\t".join(w_array))
    f_w.close()
```

在程序清单 1-6 中，函数 save_model 将训练好的 LR 模型以文件的形式保存，其中 save_model 函数的输入为保存的文件名 file_name 和所需保存的模型 w。

1.4.2　最终的训练效果

训练的具体过程为：

```
---------- 1.load data ------------
---------- 2.training ------------
   ---------iter=100 , train error rate= 0.00113435521187
   ---------iter=200 , train error rate= 0.000947784307785
   ---------iter=300 , train error rate= 0.000815065596565
   ---------iter=400 , train error rate= 0.000715680763657
   ---------iter=500 , train error rate= 0.000638391025134
   ---------iter=600 , train error rate= 0.000576515296105
   ---------iter=700 , train error rate= 0.000525828329858
   ---------iter=800 , train error rate= 0.00048352514286
   ---------iter=900 , train error rate= 0.000447669338511
   ---------iter=1000 , train error rate= 0.000416880368894
---------3.save model ------------
```

通过上述的训练，最终得到的 Logistic Regression 模型的权重为：

$$w_0 = 1.39417775087$$

$$w_1 = 4.52717712911$$

$$w_2 = -4.79398162377$$

最终的分隔超平面如图 1.10 所示。

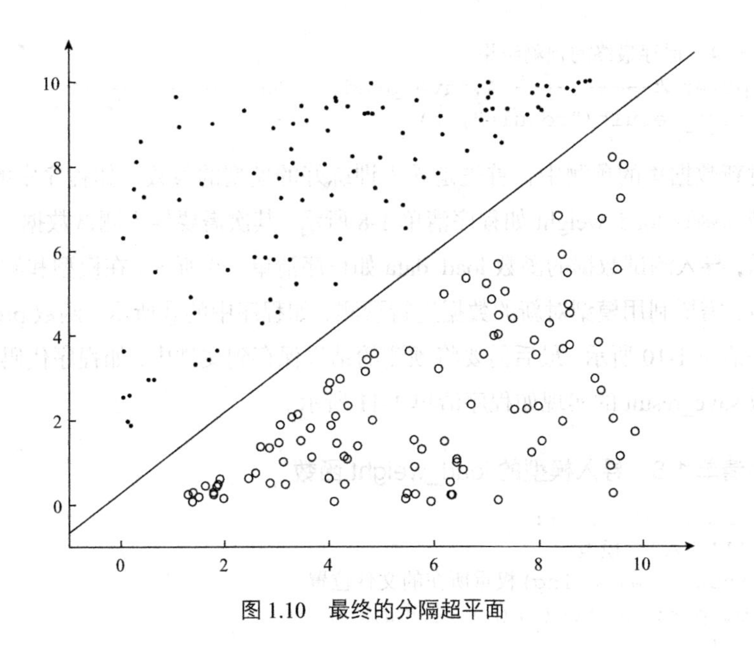

图 1.10　最终的分隔超平面

1.4.3　对新数据进行预测

对于分类算法而言，训练好的模型需要能够对新的数据集进行划分。利用上述步骤，我们训练好 LR 模型，并将其保存在“weights”文件中，此时，我们需要利用训练好的 LR 模型对新数据进行预测，同样，为了能够使用 numpy 中的函数和对中文注释的支持，在文件“lr_test.py”开始，我们加入：

```
# coding:UTF-8
import numpy as np
```

主函数如程序清单 1-7 所示。

程序清单 1-7　测试的主函数

```
if __name__ == "__main__":
    # 1. 导入LR模型
    print "---------- 1.load model ------------"
    w = load_weight("weights")                                    ①
    n = np.shape(w)[1]
    # 2. 导入测试数据
    print "---------- 2.load data ------------"
    testData = load_data("test_data", n)                          ②
    # 3. 对测试数据进行预测
    print "---------- 3.get prediction ------------"
    h = predict(testData, w)                                      ③
```

```
    # 4. 保存最终的预测结果
    print "---------- 4.save prediction ------------"
    save_result("result", h)                                    ④
```

在对新数据集的预测中，首先是导入训练好的模型的参数，如程序中的①所示，导入模型的函数 load_weight 如程序清单 1-8 所示。其次需要导入测试数据，如程序中的②所示，导入测试数据的函数 load_data 如程序清单 1-9 所示。在模型和测试数据都导入之后，需要利用模型对新的数据进行预测，如程序中的③所示，函数 predict 的实现如程序清单 1-10 所示。最后需要将预测的结果保存到文件中，如程序代码中的④所示，函数 save_result 的实现如程序清单 1-11 所示。

程序清单 1-8　导入模型的 load_weight 函数

```
def load_weight(w):
    '''导入 LR 模型
    input:  w(string)权重所在的文件位置
    output: np.mat(w)(mat)权重的矩阵
    '''
    f = open(w)
    w = []
    for line in f.readlines():
        lines = line.strip().split("\t")
        w_tmp = []
        for x in lines:
            w_tmp.append(float(x))
        w.append(w_tmp)
    f.close()
    return np.mat(w)
```

在程序清单 1-8 中，首先需要导入 numpy 模块和 lr_train 中的 sig 函数。在 load_weight 函数中，其输入是权重所在的位置，在导入函数中，将其数值导入到权重矩阵中。

程序清单 1-9　导入测试集的 load_data 函数

```
def load_data(file_name, n):
    '''导入测试数据
    input:  file_name(string)测试集的位置
            n(int)特征的个数
    output: np.mat(feature_data)(mat)测试集的特征
    '''
    f = open(file_name)
    feature_data = []
    for line in f.readlines():
```

```
        feature_tmp = []
        lines = line.strip().split("\t")
        # print lines[2]
        if len(lines) <> n - 1:                                    ①
            continue
        feature_tmp.append(1)
        for x in lines:
            # print x
            feature_tmp.append(float(x))
        feature_data.append(feature_tmp)
    f.close()
    return np.mat(feature_data)
```

在导入测试集的 load_data 函数中，其输入为测试集的位置和特征的个数，其中特征的个数用于判断测试集是否符合要求，如代码中的①所示，若不符合要求，则丢弃。

程序清单 1-10　对新数据集进行预测的 predict 函数

```
def predict(data, w):
    '''对测试数据进行预测
    input:  data(mat)测试数据的特征
            w(mat)模型的参数
    output: h(mat)最终的预测结果
    '''
    h = sig(data * w.T) # 取得 Sigmoid 值
    m = np.shape(h)[0]
    for i in xrange(m):
        if h[i, 0] < 0.5:                                          ①
            h[i, 0] = 0.0
        else:                                                      ②
            h[i, 0] = 1.0
    return h
```

在 predict 函数中，其输入为测试数据的特征和模型的权重，输出为最终的预测结果。通过特征与权重的乘积，再对其求 Sigmoid 函数值得到最终的预测结果。在此，使用到了文件“lr_train.py”中的 sig 函数，因此，在文件“lr_test.py”中，需要导入 sig 函数：

```
from lr_train import sig
```

在计算最终的输出时，为了将 Sigmoid 函数输出的概率值转换成$\{0,1\}$，通常可以取 0.5 作为边界，如程序代码中的①和②所示。

程序清单 1-11　保存最终预测结果的 save_result 函数

```
def save_result(file_name, result):
    '''保存最终的预测结果
    input:  file_name(string):预测结果保存的文件名
            result(mat):预测的结果
    '''
    m = np.shape(result)[0]
    #输出预测结果到文件
    tmp = []
    for i in xrange(m):
        tmp.append(str(result[i, 0]))
    f_result = open(file_name, "w")
    f_result.write("\t".join(tmp))
    f_result.close()
```

在程序清单 1-11 中，函数 save_result 实现将预测结果存到指定的文件中，函数 save_result 的输入为预测结果保存的文件名 file_name 和预测的结果 result，最终将 result 中的数据写入到文件 file_name 中。

参考文献

[1] 李航. 统计学习方法[M]. 北京:清华大学出版社. 2012.

[2] 周志华. 机器学习[M]. 北京:清华大学出版社. 2016

[3] Peter Harrington. 机器学习实战[M]. 王斌, 译. 北京:人民邮电出版社. 2013.

[4] Chapelle O, Manavoglu E, Rosales R. Simple and Scalable Response Prediction for Display Advertising[J]. Acm Transactions on Intelligent Systems & Technology, 2014, 5(4):1-34.

2 Softmax Regression

由于 Logistic Regression 算法复杂度低、容易实现等特点，在工业界中得到广泛使用，如计算广告中的点击率预估等。但是，Logistic Regression 算法主要是用于处理二分类问题，若需要处理的是多分类问题，如手写字识别，即识别是$\{0,1,\cdots,9\}$中的数字，此时，需要使用能够处理多分类问题的算法。

Softmax Regression 算法是 Logistic Regression 算法在多分类问题上的推广，主要用于处理多分类问题，其中，任意两个类之间是线性可分的。

2.1 多分类问题

在上一章中介绍的 Logistic Regression 算法主要用于处理二分类问题，其类标签y取值个数为 2，即$y\in\{0,1\}$或$y\in\{-1,1\}$。但是存在一类多分类的问题，即类标签y的取值个数大于 2，如手写字识别，即识别是$\{0,1,\cdots,9\}$中的数字，手写字如图 2.1 所示。

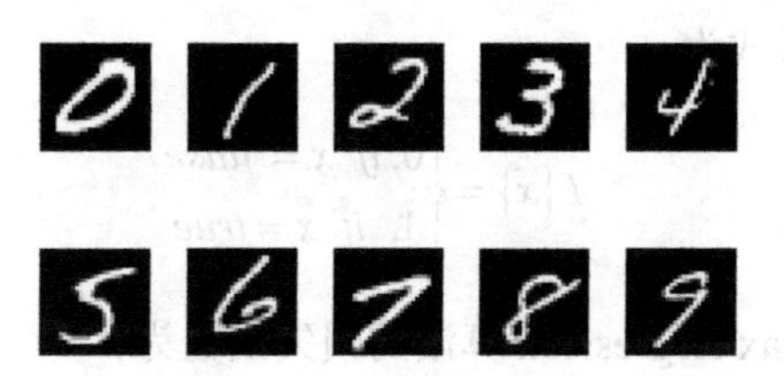

图 2.1 手写字识别

在图 2.1 中，手写字选自 MNIST 数据集。在 MNIST 手写字识别的数据集中，需要将图 2.1 中的手写字体划分到 0~9 的 10 个类别中。通常对于这样的多分类问题，可以使用多个二分类算法进行划分，同样，也有一些专门用于处理多分类问题的算法，如 Softmax Regression 算法。

2.2 Softmax Regression 算法模型

2.2.1 Softmax Regression 模型

Softmax Regression 算法是 Logistic Regression 算法在多分类上的推广，即类标签 y 的取值大于或等于 2。假设有 m 个训练样本 $\left\{\left(X^{(1)},y^{(1)}\right),\left(X^{(2)},y^{(2)}\right),\cdots,\left(X^{(m)},y^{(m)}\right)\right\}$，对于 Softmax Regression 算法，其输入特征为：$X^{(i)}\in\mathbb{R}^{n+1}$，类标记为：$y^{(i)}\in\{0,1,\cdots,k\}$。假设函数为每一个样本估计其所属的类别的概率 $P\left(y=j\middle|X\right)$，具体的假设函数为：

$$h_\theta\left(X^{(i)}\right)=\begin{bmatrix}P\left(y^{(i)}=1\middle|X^{(i)};\theta\right)\\P\left(y^{(i)}=2\middle|X^{(i)};\theta\right)\\\vdots\\P\left(y^{(i)}=k\middle|X^{(i)};\theta\right)\end{bmatrix}=\frac{1}{\sum_{j=1}^{k}e^{\theta_j^TX^{(i)}}}\begin{bmatrix}e^{\theta_1^TX^{(i)}}\\e^{\theta_2^TX^{(i)}}\\\vdots\\e^{\theta_k^TX^{(i)}}\end{bmatrix}$$

其中 θ 表示的向量，且 $\theta_i\in\mathbb{R}^{n+1}$。则对于每一个样本估计其所属的类别的概率为：

$$P\left(y^{(i)}=j\middle|X^{(i)};\theta\right)=\frac{e^{\theta_j^TX^{(i)}}}{\sum_{l=1}^{k}e^{\theta_l^TX^{(i)}}}$$

2.2.2 Softmax Regression 算法的代价函数

类似于 Logistic Regression 算法，在 Softmax Regression 算法的损失函数中引入指示函数 $I(\cdot)$，其具体形式为：

$$I\{x\}=\begin{cases}0, & if\ x=false\\1, & if\ x=true\end{cases}$$

那么，对于 Softmax Regression 算法的损失函数为：

$$J(\theta)=-\frac{1}{m}\left[\sum_{i=1}^{m}\sum_{j=1}^{k}I\left\{y^{(i)}=j\right\}\log\frac{e^{\theta_j^T X^{(i)}}}{\sum_{l=1}^{k}e^{\theta_l^T X^{(i)}}}\right]$$

其中，$I\left\{y^{(i)}=j\right\}$ 表示的是当 $y^{(i)}$ 属于第 j 类时，$I\left\{y^{(i)}=j\right\}=1$，否则，$I\left\{y^{(i)}=j\right\}=0$。

2.3 Softmax Regression 算法的求解

对于上述的代价函数，可以使用梯度下降法对其进行求解，首先对其进行求梯度：

$$\nabla_{\theta_j}J(\theta)=-\frac{1}{m}\sum_{i=1}^{m}\left[\nabla_{\theta_j}\sum_{j=1}^{k}I\left\{y^{(i)}=j\right\}\log\frac{e^{\theta_j^T X^{(i)}}}{\sum_{l=1}^{k}e^{\theta_l^T X^{(i)}}}\right]$$

当 $y^{(i)}=j$ 时，$\nabla_{\theta_j}J(\theta)=-\frac{1}{m}\sum_{i=1}^{m}\left[\frac{\sum_{l=1}^{k}e^{\theta_l^T X^{(i)}}-e^{\theta_j^T X^{(i)}}}{\sum_{l=1}^{k}e^{\theta_l^T X^{(i)}}}\cdot X^{(i)}\right]$

当 $y^{(i)}\neq j$ 时，$\nabla_{\theta_j}J(\theta)=-\frac{1}{m}\sum_{i=1}^{m}\left[\frac{-e^{\theta_j^T X^{(i)}}}{\sum_{l=1}^{k}e^{\theta_l^T X^{(i)}}}\cdot X^{(i)}\right]$

最终的结果为：

$$-\frac{1}{m}\sum_{i=1}^{m}\left[X^{(i)}\cdot\left(I\left\{y^{(i)}=j\right\}-P\left(y^{(i)}=j\middle|X^{(i)};\theta\right)\right)\right]$$

注意，此处的 θ_j 表示的是一个向量。通过梯度下降法的公式可以更新：

$$\theta_j=\theta_j-\alpha\nabla_{\theta_j}J(\theta)$$

现在，让我们一起利用 Python 实现上述 Softmax Regression 的更新过程。首先，我们需要导入 numpy：

```
import numpy as np
```

Softmax Regression 的更新过程的实现函数如程序清单 2-1 所示。

程序清单 2-1　梯度更新的函数 gradientAscent

```
def gradientAscent(feature_data, label_data, k, maxCycle, alpha):
```

```
    '''利用梯度下降法训练 Softmax 模型
    input:  feature_data(mat):特征
            label_data(mat):标签
            k(int):类别的个数
            maxCycle(int):最大的迭代次数
            alpha(float):学习率
    output: weights(mat): 权重
    '''
    m, n = np.shape(feature_data)
    weights = np.mat(np.ones((n, k)))  # 权重的初始化
    i = 0
    while i <= maxCycle:
        err = np.exp(feature_data * weights)
        if i % 100 == 0:
            print "\t-----iter: ", i , \
                ", cost: ", cost(err, label_data)                  ①
        rowsum = -err.sum(axis=1)
        rowsum = rowsum.repeat(k, axis=1)
        err = err / rowsum
        for x in range(m):
            err[x, label_data[x, 0]] += 1
        weights = weights + (alpha / m) * feature_data.T * err  ②
        i += 1
    return weights
```

在程序清单 2-1 中，梯度更新的函数 gradientAscent 是 Softmax Regression 算法的核心程序，实现了 Softmax Regression 模型中权重的更新。函数 gradientAscent 的输入为训练数据的特征 feature_data，训练数据的标签 label_data，总的类别的个数 k，最大的迭代次数 maxCycle 以及梯度下降法中的学习步长 alpha。函数的输出为 Softmax Regression 的模型权重。函数 cost 用于计算损失函数的值，如程序代码中的①所示，cost 函数的具体实现如程序清单 2-2 所示。利用梯度下降法，根据计算的误差更新模型中的权重，如程序代码中的②所示。

程序清单 2-2　cost 函数

```
def cost(err, label_data):
    '''计算损失函数值
    input:  err(mat):exp 的值
            label_data(mat):标签的值
    output: sum_cost / m(float):损失函数的值
    '''
    m = np.shape(err)[0]
    sum_cost = 0.0
    for i in xrange(m):
```

```
            if err[i, label_data[i, 0]] / np.sum(err[i, :]) > 0:
                sum_cost -= np.log(err[i, label_data[i, 0]] / np.sum(err
[i, :]))
            else:
                sum_cost -= 0
        return sum_cost / m
```

在程序清单 2-2 中，函数 cost 用于计算当前的损失函数的值，其输入分别为当前的预测值 err 和样本标签 label_data。

2.4 Softmax Regression 与 Logistic Regression 的关系

2.4.1 Softmax Regression 中的参数特点

在 Softmax Regression 中存在着参数冗余的问题。简单来讲就是参数中有些参数是没有任何用的，为了证明这点，假设从参数向量 θ_j 中减去向量 ψ ，假设函数为：

$$P\left(y^{(i)}=j \middle| X^{(i)};\theta\right)=\frac{e^{\left(\theta_j-\psi\right)^T X^{(i)}}}{\sum_{l=1}^{k} e^{\left(\theta_l-\psi\right)^T X^{(i)}}}$$

$$=\frac{e^{\theta_j^T X^{(i)}}\cdot e^{-\psi^T X^{(i)}}}{\sum_{l=1}^{k} e^{\theta_l^T X^{(i)}}\cdot e^{-\psi^T X^{(i)}}}=\frac{e^{\theta_j^T X^{(i)}}}{\sum_{l=1}^{k} e^{\theta_l^T X^{(i)}}}$$

从上面可以看出从参数向量 θ_j 中减去向量 ψ 对预测结果并没有任何影响，也就是说在模型中，存在着多组的最优解。

2.4.2 由 Softmax Regression 到 Logistic Regression

Logistic Regression 算法是 Softmax Regression 的特征情况，即 $k=2$ 时的情况，当 $k=2$ 时，Softmax Regression 算法的假设函数为：

$$h_\theta\left(x\right)=\frac{1}{e^{\theta_1^T x}+e^{\theta_2^T x}}\begin{bmatrix} e^{\theta_1^T x} \\ e^{\theta_2^T x} \end{bmatrix}$$

利用 Softmax Regression 参数冗余的特点，令 $\psi=\theta_1$ ，从两个向量中都减去这个向量，得到：

$$h_\theta(x)=\frac{1}{e^{(\theta_1-\psi)^T x}+e^{(\theta_2-\psi)^T x}}\begin{bmatrix} e^{(\theta_1-\psi)^T x} \\ e^{(\theta_2-\psi)^T x} \end{bmatrix}$$

$$=\begin{bmatrix} \frac{1}{1+e^{(\theta_2-\theta_1)^T x}} \\ \frac{e^{(\theta_2-\theta_1)^T x}}{1+e^{(\theta_2-\theta_1)^T x}} \end{bmatrix}=\begin{bmatrix} \frac{1}{1+e^{(\theta_2-\theta_1)^T x}} \\ 1-\frac{1}{1+e^{(\theta_2-\theta_1)^T x}} \end{bmatrix}$$

在 Logistic Regression 算法中，假设函数为：

$$h_\theta(x)=\begin{bmatrix} \frac{1}{1+e^{\theta^T x}} \\ 1-\frac{1}{1+e^{\theta^T x}} \end{bmatrix}$$

由上述的 $k=2$ 时的 Softmax Regression 的假设函数和 Logistic Regression 的假设函数可知，两者是等价的。

2.5 Softmax Regression 算法实践

有了以上的理论储备，我们利用上述实现好的函数，构建 Softmax Regression 分类器。在训练分类器的过程中，我们使用如图 2.2 所示的多分类数据作为训练数据：

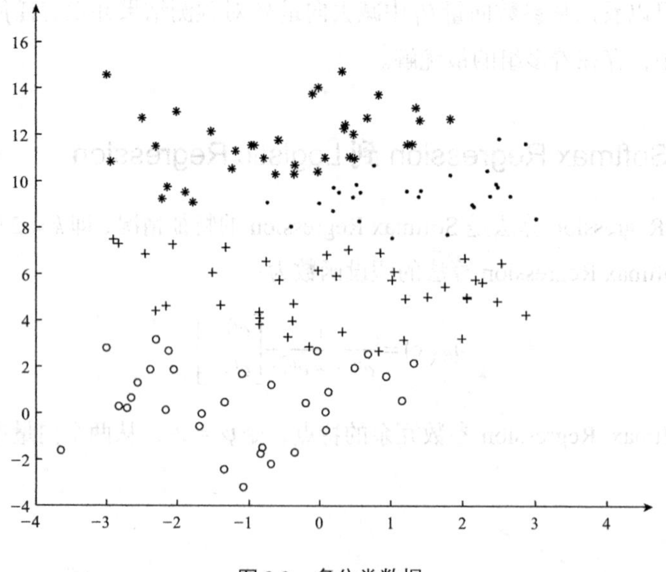

图 2.2　多分类数据

利用 Softmax Regression 算法对其进行分类的过程中，主要有两个部分：①利用训练数据对模型进行训练；②对新的数据进行预测。

2.5.1 对 Softmax Regression 算法的模型进行训练

首先，我们利用训练样本训练模型，为了使得 Python 能够支持中文的注释和利用 numpy，我们需要在训练文件“softmax_regression_train.py”的开始加入：

```
# coding:UTF-8
import numpy as np
```

模型训练的主函数如程序清单 2-3 所示。

程序清单 2-3　模型训练的主函数

```
if __name__ == "__main__":
    inputfile = "SoftInput.txt"
    # 1. 导入训练数据
    print "---------- 1.load data ------------"
    feature, label, k = load_data(inputfile)                        ①
    # 2. 训练 Softmax 模型
    print "---------- 2.training ------------"
    weights = gradientAscent(feature, label, k, 10000, 0.4)        ②
    # 3. 保存最终的模型
    print "---------- 3.save model ------------"
    save_model("weights", weights)                                  ③
```

在模型训练的主函数中，首先需要导入训练数据，如程序代码中的①所示，导入训练数据的 load_data 函数如程序清单 2-4 所示。在导入了训练数据之后，便可以利用梯度下降法对模型进行训练，如程序代码中的②所示。当模型训练结束后，将最终的模型参数保存到文件 weights 中，如程序代码中的③所示，保存模型的 save_model 函数的实现如程序清单 2-5 所示。

程序清单 2-4　导入训练数据的 load_data 函数

```
def load_data(inputfile):
    '''
    input:  inputfile(string)训练样本的位置
    output: feature_data(mat)特征
            label_data(mat)标签
            k(int)类别的个数
    '''
    f = open(inputfile)  # 打开文件
```

```
    feature_data = []
    label_data = []
    for line in f.readlines():
        feature_tmp = []
        feature_tmp.append(1)  # 偏置项
        lines = line.strip().split("\t")
        for i in xrange(len(lines) - 1):
            feature_tmp.append(float(lines[i]))
        label_data.append(int(lines[-1]))

        feature_data.append(feature_tmp)
    f.close()  # 关闭文件
    return np.mat(feature_data), \
            np.mat(label_data).T, len(set(label_data))
```

在程序清单 2-4 中，导入训练数据的函数 load_data 的输入为训练样本的文件名，通过解析输出训练数据的特征 feature_data、标签 label_data 和训练样本的类别个数 k。

2.5.2 最终的模型

训练的具体为：

```
---------- 1.load data ------------
---------- 2.training ------------
    -----iter:  0 , cost:  1.38629436112
    -----iter:  1000 , cost:  0.685602287057
    -----iter:  2000 , cost:  0.513204439058
    -----iter:  3000 , cost:  0.396015107523
    -----iter:  4000 , cost:  0.307792616945
    -----iter:  5000 , cost:  0.231293998416
    -----iter:  6000 , cost:  0.156576919814
    -----iter:  7000 , cost:  0.0865824973074
    -----iter:  8000 , cost:  0.0833198784697
    -----iter:  9000 , cost:  0.0806861168334
    -----iter:  10000 , cost:  0.0784530507121
---------- 3.save model ------------
```

通过训练，得到了最终的模型的参数，模型的参数保存在文件 weights 中，其中参数为：

$$W=\begin{bmatrix} -3.57268673161 & 26.124878079 & -33.6100451371 & 15.0578537896 \\ 2.39949197938 & 0.401757708754 & -0.438123316771 & 1.63687362863 \\ 2.44049591777 & -3.91083008983 & 5.43746483574 & 0.0328693363218 \end{bmatrix}$$

保存 Softmax 模型的 save_model 函数的具体实现如程序清单 2-5 所示。

程序清单 2-5 保存训练模型的 save_model 函数

```
def save_model(file_name, weights):
    '''保存最终的模型
    input:  file_name(string):保存的文件名
            weights(mat):softmax 模型
    '''
    f_w = open(file_name, "w")
    m, n = np.shape(weights)
    for i in xrange(m):
        w_tmp = []
        for j in xrange(n):
            w_tmp.append(str(weights[i, j]))
        f_w.write("\t".join(w_tmp) + "\n")
    f_w.close()
```

在程序清单 2-5 中，函数 save_model 将训练好的 Softmax 模型保存到对应的文件中，其中，save_model 函数的输入是保存的文件名 file_name 和对应的 Softmax 模型 weights。

2.5.3 对新的数据的预测

对于分类算法而言，训练好的模型需要能够对新的数据集进行划分。利用上述步骤，我们训练好 Softmax Regression 模型，并将其保存在“weights”文件中，此时，我们需要利用训练好的 Softmax Regression 模型对新数据进行预测，同样，为了能够使用 numpy 中的函数和对中文注释的支持，在文件“softmax_regression_test.py”文件开始，我们加入：

```
# coding:UTF-8
import numpy as np
```

测试的主程序如程序清单 2-6 所示。

程序清单 2-6 测试模型的主程序

```
if __name__ == "__main__":
    # 1. 导入 Softmax 模型
    print "---------- 1.load model ------------"
    w, m , n = load_weights("weights")                                  ①
    # 2. 导入测试数据
    print "---------- 2.load data ------------"
```

```
    test_data = load_data(4000, m)                                    ②
    # 3. 利用训练好的 Softmax 模型对测试数据进行预测
    print "---------- 3.get Prediction ------------"
    result = predict(test_data, w)                                    ③
    # 4. 保存最终的预测结果
    print "---------- 4.save prediction ------------"
    save_result("result", result)                                     ④
```

在程序清单 2-6 中，首先是导入模型的参数，如程序代码中的①所示，load_weights 函数的具体实现如程序清单 2-7 所示。同时需要导入测试的数据，如程序代码中的②所示，load_data 函数的具体实现如程序清单 2-8 所示。然后利用训练好的 Softmax 模型对测试数据进行预测，如程序代码中的③所示，predict 函数的具体实现如程序清单 2-9 所示。最后得到最终的预测结果，并将其保存到文件 result 中，如程序代码中的④所示，save_result 函数的具体实现如程序清单 2-10 所示。

程序清单 2-7　导入模型参数的 load_weights 函数

```
def load_weights(weights_path):
    '''导入训练好的 Softmax 模型
    input:  weights_path(string)权重的存储位置
    output: weights(mat)将权重存到矩阵中
            m(int)权重的行数
            n(int)权重的列数
    '''
    f = open(weights_path)
    w = []
    for line in f.readlines():
        w_tmp = []
        lines = line.strip().split("\t")
        for x in lines:
            w_tmp.append(float(x))
        w.append(w_tmp)
    f.close()
    weights = np.mat(w)
    m, n = np.shape(weights)
    return weights, m, n
```

在程序清单 2-7 中，需要导入 random 模块，这个模块的主要功能是为了生成下面的测试数据。在 load_weights 函数中，其输入为模型权重所在文件 weights_path，其输出为权重所在的矩阵，以及权重矩阵的行数 m 和列数 n。

程序清单 2-8　导入测试数据的 load_data 函数

```
def load_data(num, m):
    '''导入测试数据
    input:  num(int)生成的测试样本的个数
            m(int)样本的维数
    output: testDataSet(mat)生成测试样本
    '''
    testDataSet = np.mat(np.ones((num, m)))
    for i in xrange(num):
        #随机生成[-3,3]之间的随机数
        testDataSet[i, 1] = rd.random() * 6 - 3
        #随机生成[0,15]之间是的随机数
        testDataSet[i, 2] = rd.random() * 15
    return testDataSet
```

在程序清单 2-8 中，load_data 函数用于生成测试样本，其中，函数的输入为样本的个数 num 和样本的维数 m。其输出为生成的测试样本 testDataSet。在生成样本的过程中使用到了 random 模块中的 random()方法，该方法主要是生成$(0.0,1.0)$之间的随机数。因此，需要在“softmax_regression_test.py”文件中导入 random 模块：

```
import random as rd
```

程序清单 2-9　生成预测结果

```
def predict(test_data, weights):
    '''利用训练好的 Softmax 模型对测试数据进行预测
    input:  test_data(mat)测试数据的特征
            weights(mat)模型的权重
    output: h.argmax(axis=1)所属的类别
    '''
    h = test_data * weights                              ①
    return h.argmax(axis=1)#获得所属的类别               ②
```

在程序清单 2-9 中，predict 函数对测试数据进行了预测，并将最终的预测结果存到 h 中，predict 函数的输入为测试数据 test_data 和模型的权重 weights，函数的输出是每个测试样本对应的类别。在函数中①处，得到了每个样本属于每一个类别的概率，最终在②处返回概率值最大的 index 作为最终的类别标签。

在本次测试中随机生成了 4 000 个样本，目的是为了能够更好地刻画出分类的边界，最终的分类效果如图 2.3 所示。

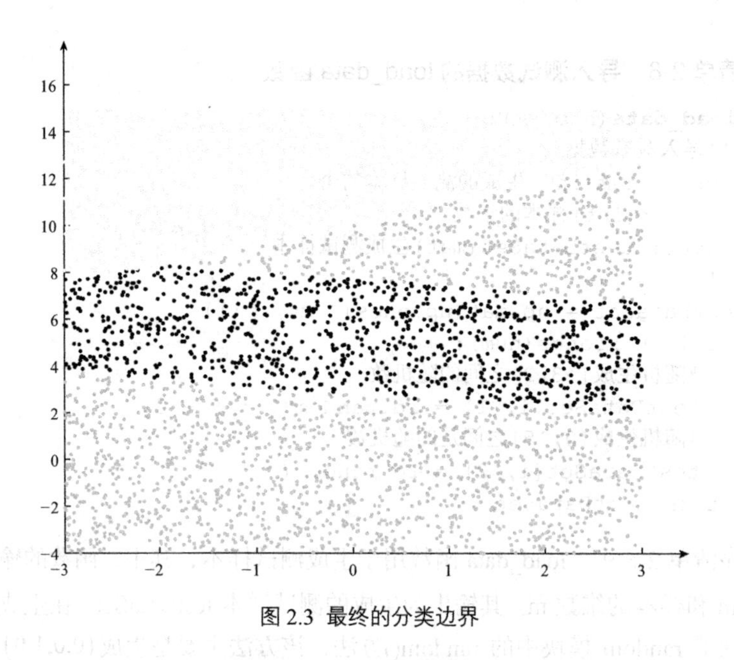

图 2.3 最终的分类边界

在图 2.3 中，通过点的不同深浅区分出 4 个类别之间的边界。最终利用 save_result 函数将预测的结果保存到指定的文件中，save_result 函数的具体实现如程序清单 2-10 所示。

程序清单 2-10 保存最终预测结果的 save_result 函数

```
def save_result(file_name, result):
    '''保存最终的预测结果
    input:  file_name(string):保存最终结果的文件名
            result(mat):最终的预测结果
    '''
    f_result = open(file_name, "w")
    m = np.shape(result)[0]
    for i in xrange(m):
        f_result.write(str(result[i, 0]) + "\n")
    f_result.close()
```

在程序清单 2-10 中，函数 save_result 将最终的预测结果 result 保存到指定的文件 file_name 中。save_result 函数的输入分别为最终的预测结果 result 和保存的文件名 file_name。

参考文献

[1] Wikipedia. MNIST database[DB/OL]. https://en.wikipedia.org/wiki/MNIST_database

[2] Yann LeCun. THE MNIST DATABASE of handwritten digits[DB/OL]. http://yann.lecun.com/exdb/mnist/

[3] 李航. 统计学习方法[M]. 北京:清华大学出版社. 2012

[4] UFLDL. UFLDL Tutorial[DB/OL]. http://deeplearning.stanford.edu/wiki/index.php/UFLDL_Tutorial

[5] UFLDL. UFLDL 教程[DB/OL]. http://deeplearning.stanford.edu/wiki/index.php/UFLDL%E6%95%99%E7%A8%8B

3 Factorization Machine

在 Logistic Regression 算法的模型中使用的是特征的线性组合，最终得到的分隔超平面属于线性模型，其只能处理线性可分的二分类问题。现实生活中的分类问题是多种多样的，存在大量的非线性可分的分类问题。

为了使得 Logistic Regression 算法能够处理更多的复杂问题，对 Logistic Regression 算法的优化主要有两种：①对特征进行处理，如核函数的方法，将非线性可分的问题转换成近似线性可分的问题；②对 Logistic Regression 算法进行扩展，因子分解机（Factorization Machine，FM）是对基本 Logistic Regression 算法的扩展，是由 Steffen Rendle 提出的一种基于矩阵分解的机器学习算法。

3.1 Logistic Regression 算法的不足

由于 Logistic Regression 算法简单、易于实现等特点，在工业界中得到了广泛使用，但是基本的 Logistic Regression 算法只能处理线性可分的二分类问题，对于如图 3.1 所示的非线性可分的二分类问题，基本的 Logistic Regression 算法却不能很好地进行分类。

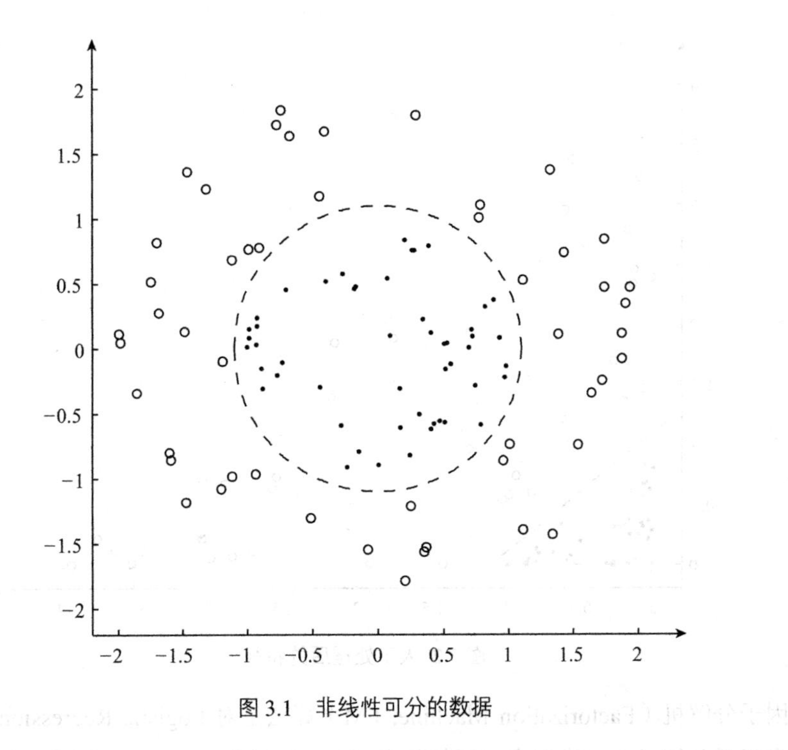

图 3.1　非线性可分的数据

处理类似图 3.1 所示的非线性可分的问题，基本的 Logistic Regression 算法并不能很好地将上述的数据分开，为了能够利用 Logistic Regression 算法处理图 3.1 中所示的非线性可分的数据，通常有两种方法：①利用人工对特征进行处理，如使用核函数对特征进行处理。对于图 3.1 中所示的数据，利用函数 $f(x)=x^2$ 进行特征处理，处理后的数据如图 3.2 所示。从图 3.2 中可以看出，非线性可分的数据经过人工特征处理后，变成了线性可分，此时，可以使用基本的 Logistic Regression 算法进行处理。但是，人工的特征处理需要有一些领域的知识，对初学者的难度比较大；②对基本的 Logistic Regression 算法扩展，以适应更难的分类问题。

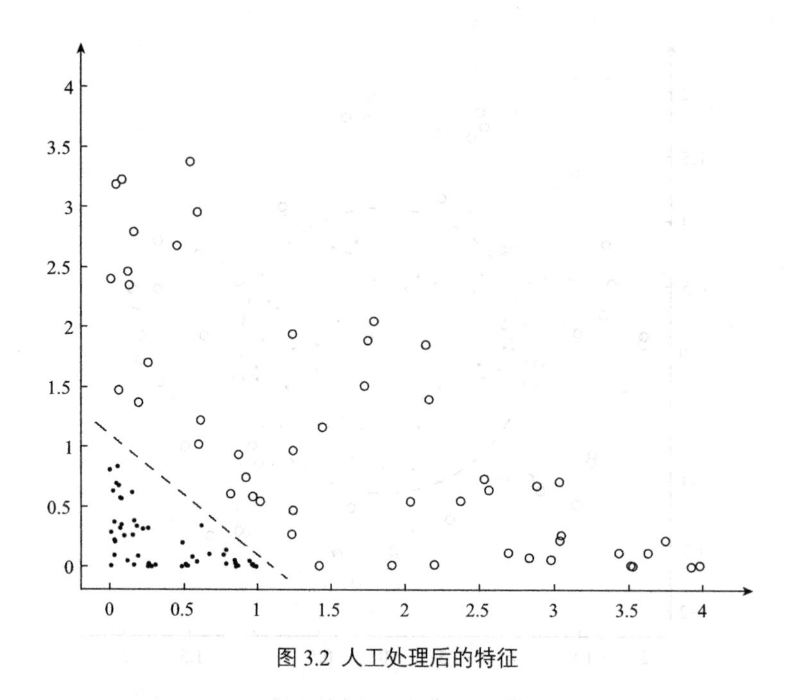

图 3.2 人工处理后的特征

因子分解机（Factorization Machine, FM）算法是对 Logistic Regression 算法的扩展，在因子分解机 FM 模型中，不仅包含了 Logistic Regression 模型中的线性项，还包含了非线性的交叉项，利用矩阵分解的方法对模型中交叉项的系数学习，得到每一项的系数，而无需人工参与。

3.2 因子分解机 FM 的模型

3.2.1 因子分解机 FM 模型

对于因子分解机 FM 模型，引入度的概念。对于度为 2 的因子分解机 FM 的模型为：

$$\hat{y} = w_0 + \sum_{i=1}^{n} w_i x_i + \sum_{i=1}^{n-1} \sum_{j=i+1}^{n} \left\langle V_i, V_j \right\rangle x_i x_j$$

其中，参数 $w_0 \in \mathbb{R}$，$W \in \mathbb{R}^n$，$V \in \mathbb{R}^{n \times k}$。$\left\langle V_i, V_j \right\rangle$ 表示的是两个大小为 k 的向量 V_i 和向量 V_j 的点积：

$$\left\langle V_i, V_j \right\rangle = \sum_{f=1}^{k} v_{i,f} \cdot v_{j,f}$$

其中，V_i 表示的是系数矩阵 V 的第 i 维向量，且 $V_i=\left(v_{i,1},v_{i,2},\cdots,v_{i,k}\right)$，$k\in\mathbb{N}^+$ 称为超参数，且 k 的大小称为因子分解机 FM 算法的度。在因子分解机 FM 模型中，前面两部分是传统的线性模型，最后一部分将两个互异特征分量之间的相互关系考虑进来。

3.2.2 因子分解机 FM 可以处理的问题

因子分解机 FM 算法可以处理如下三类问题：

1. 回归问题（Regression）
2. 二分类问题（Binary Classification）
3. 排序（Ranking）

上述的 FM 模型可以直接处理回归问题，对于二分类问题，其最终的形式为：

$$h\left(X\right)=\sigma\left(\hat{y}\right)$$

其中，σ 是阈值函数，通常取为 Sigmoid 函数：

$$\sigma\left(x\right)=\frac{1}{1+e^{-x}}$$

在本章中，主要是利用因子分解机 FM 算法处理二分类问题。

3.2.3 二分类因子分解机 FM 算法的损失函数

在二分类问题中使用 logit loss 作为优化的标准，即：

$$loss^C\left(\hat{y},y\right)=\sum_{i=1}^{m}-\ln\sigma\left(\hat{y}^{(i)}\cdot y^{(i)}\right)$$

3.3 FM 算法中交叉项的处理

3.3.1 交叉项系数

在基本线性回归模型的基础上引入交叉项，如下：

$$\hat{y} = w_0 + \sum_{i=1}^{n} w_i x_i + \sum_{i=1}^{n-1} \sum_{j=i+1}^{n} w_{i,j} x_i x_j$$

这种直接在交叉项 $x_i x_j$ 的前面加上交叉项系数 $w_{i,j}$ 的方式，在稀疏数据的情况下存在一个很大的缺陷，即在对于观察样本中未出现交互的特征分量时，不能对相应的参数进行估计。

对每一个特征分量 x_i 引入辅助向量 $V_i = \left(v_{i,1}, v_{i,2}, \cdots, v_{i,k}\right)$，利用 $V_i V_j^T$ 对交叉项的系数 $w_{i,j}$ 进行估计，即

$$\hat{w}_{i,j} = V_i V_j^T$$

令

$$V = \begin{pmatrix} v_{11} & v_{12} & \cdots & v_{1k} \\ v_{21} & v_{22} & \cdots & v_{2k} \\ \vdots & \vdots & & \vdots \\ v_{n1} & v_{n2} & \cdots & v_{nk} \end{pmatrix}_{n\times k} = \begin{pmatrix} V_1 \\ V_2 \\ \vdots \\ V_n \end{pmatrix}$$

则

$$\hat{W} = VV^T = \begin{pmatrix} V_1 \\ V_2 \\ \vdots \\ V_n \end{pmatrix} \begin{pmatrix} V_1^T & V_2^T & \cdots & V_n^T \end{pmatrix}$$

这就对应了一种矩阵的分解。对 k 值的限定、FM 的表达能力均有一定的影响。

3.3.2 模型的求解

对于交叉项 $\sum_{i=1}^{n-1} \sum_{j=i+1}^{n} \left\langle V_i, V_j \right\rangle x_i x_j$ 的求解，可以采用公式 $\left(\left(a+b+c\right)^2 - a^2 - b^2 - c^2\right)/2$，其具体过程如下所示：

$$
\begin{aligned}
&\sum_{i=1}^{n-1}\sum_{j=i+1}^{n}\left\langle V_i,V_j\right\rangle x_i x_j \\
&=\frac{1}{2}\sum_{i=1}^{n}\sum_{j=1}^{n}\left\langle V_i,V_j\right\rangle x_i x_j-\frac{1}{2}\sum_{i=1}^{n}\left\langle V_i,V_i\right\rangle x_i x_i \\
&=\frac{1}{2}\left(\sum_{i=1}^{n}\sum_{j=1}^{n}\sum_{f=1}^{k} v_{i,f}v_{j,f}x_i x_j-\sum_{i=1}^{n}\sum_{f=1}^{k} v_{i,f}v_{i,f}x_i x_i\right) \\
&=\frac{1}{2}\sum_{f=1}^{k}\left(\left(\sum_{i=1}^{n} v_{i,f}x_i\right)\left(\sum_{j=1}^{n} v_{j,f}x_j\right)-\sum_{i=1}^{n} v_{i,f}^2 x_i^2\right) \\
&=\frac{1}{2}\sum_{f=1}^{k}\left(\left(\sum_{i=1}^{n} v_{i,f}x_i\right)^2-\sum_{i=1}^{n} v_{i,f}^2 x_i^2\right)
\end{aligned}
$$

3.4 FM 算法的求解

对于 FM 算法的求解，在前几章中，主要是利用了梯度下降法，在梯度下降法中，在每一个的迭代过程中，利用全部的数据进行模型参数的学习，对于数据量特别大的情况，每次迭代求解所有样本需要花费大量的计算成本。

3.4.1 随机梯度下降（Stochastic Gradient Descent）

随机梯度下降算法（Stochastic Gradient Descent）在每次迭代的过程中，仅根据一个样本对模型中的参数进行调整。

随机梯度下降法的优化过程为：

$$
\begin{aligned}
& foreach\ X^{(i)}: \\
& \theta_j := \theta_j - \alpha\frac{\partial}{\partial\theta_j}loss
\end{aligned}
$$

3.4.2 基于随机梯度的方式求解

假设数据集中有 m 个训练样本，即 $\left\{X^{(1)},X^{(2)},\cdots,X^{(m)}\right\}$，每一个样本 $X^{(i)}$ 有 n 个特征，即 $X^{(i)}=\left\{x_1^{(i)},x_2^{(i)},\cdots,x_n^{(i)}\right\}$。对于度为 2 的因子分解机 FM 模型，其主要的参数有一次项和常数项的参数 $w_0,w_1,\cdots,w_n$ 以及交叉项的系数矩阵 V。在利用随机梯度对模型的参数进行学习的过程中，主要是对损失函数 $loss^C\left(\hat{y},y\right)$ 求导数，即：

$$\frac{\partial loss^C(\hat{y},y)}{\partial\theta}=-\frac{1}{\sigma(\hat{y}y)}\sigma(\hat{y}y)\cdot[1-\sigma(\hat{y}y)]\cdot y\cdot\frac{\partial\hat{y}}{\partial\theta}$$
$$=[\sigma(\hat{y}y)-1]\cdot y\cdot\frac{\partial\hat{y}}{\partial\theta}$$

而$\frac{\partial\hat{y}}{\partial\theta}$为：

$$\frac{\partial\hat{y}}{\partial\theta}=\begin{cases}1 & if\ \theta=w_0\\ x_i & if\ \theta=w_i\\ x_i\sum_{j=1}^{n}v_{j,f}x_j-v_{i,f}x_i^2 & if\ \theta=v_{i,f}\end{cases}$$

3.4.3 FM 算法流程

利用随机梯度下降法对因子分解机 FM 模型中的参数进行学习的基本步骤如下：

1. 初始化权重 $w_0,w_1,\cdots,w_n$ 和 V
2. 对每一个样本：

$$w_0=w_0-\alpha[\sigma(\hat{y}y)-1]\cdot y$$

对特征 $i\in\{1,\cdots,n\}$：

$$w_i=w_i-\alpha[\sigma(\hat{y}y)-1]\cdot y\cdot x_i$$

对 $f\in\{1,\cdots,k\}$：

$$v_{i,f}=v_{i,f}-\alpha[\sigma(\hat{y}y)-1]\cdot y\cdot\left[x_i\sum_{j=1}^{n}v_{j,f}x_j-v_{i,f}x_i^2\right]$$

3. 重复步骤 2，直到满足终止条件

现在，让我们一起利用 Python 实现上述因子分解机 FM 的更新过程，首先，我们需要导入 numpy：

```
import numpy as np
```

利用随机梯度下降法训练因子分解机 FM 模型的参数的具体过程如程序清单 3-1 所示。

程序清单 3-1 利用随机梯度下降法训练 FM 模型

```
def stocGradAscent(dataMatrix, classLabels, k, max_iter, alpha):
    '''利用随机梯度下降法训练 FM 模型
    input:  dataMatrix(mat)特征
            classLabels(mat)标签
            k(int)v 的维数
            max_iter(int)最大迭代次数
            alpha(float)学习率
    output: w0(float),w(mat),v(mat):权重
    '''
    m, n = np.shape(dataMatrix)
    # 1. 初始化参数
    w = np.zeros((n, 1)) # 其中 n 是特征的个数
    w0 = 0  # 偏置项
    v = initialize_v(n, k)  # 初始化 V                                  ①

    # 2. 训练
    for it in xrange(max_iter):
        print "iteration: ", it
        for x in xrange(m):  # 随机优化，对每一个样本而言的
            inter_1 = dataMatrix[x] * v
            inter_2 = np.multiply(dataMatrix[x], dataMatrix[x]) * \
                      np.multiply(v, v)  # multiply 对应元素相乘
            # 完成交叉项
            interaction = np.sum(np.multiply(inter_1, inter_1) \
                          - inter_2) / 2.
            p = w0 + dataMatrix[x] * w + interaction  # 计算预测的输出
            loss = sigmoid(classLabels[x] * p[0, 0]) - 1

            w0 = w0 - alpha * loss * classLabels[x]                   ②
            for i in xrange(n):
                if dataMatrix[x, i] != 0:
                    w[i, 0] = w[i, 0] - alpha * loss * \
                              classLabels[x] * dataMatrix[x, i]       ③

                    for j in xrange(k):
                        v[i, j] = v[i, j] - alpha * loss * \
                                  classLabels[x] * \
                                  (dataMatrix[x, i] * inter_1[0, j] - \
                                  v[i, j] * dataMatrix[x, i] * \
                                  dataMatrix[x, i])                   ④
        # 计算损失函数的值
        if it % 1000 == 0:
            print "\t------- iter: ", it, " , cost: ", \
                getCost(getPrediction(np.mat(dataMatrix), \
```

```
                w0, w, v), classLabels)                             ⑤
    # 3. 返回最终的FM模型的参数
    return w0, w, v
```

程序清单 3-1 中的 stocGradAscent 函数实现了对因子分解机 FM 模型的学习，stocGradAscent 函数的输入 dataMatrix 为特征，classLabels 为样本的标签，k 为 FM 模型的超参数，max_iter 为随机梯度下降法的最大迭代次数，alpha 为随机梯度下降法的学习率。stocGradAscent 函数的输出为模型中的权重，包括一次项和常数项的权重 $w_0, w_1, \cdots, w_n$ 以及交叉项的系数矩阵 V 。

在程序清单 3-1 中的 stocGradAscent 函数中，首先是初始化权重，其中在一次项和常数项的权重 $w_0, w_1, \cdots, w_n$ 的初始化过程中，使用了比较简单的策略，即全部初始化为 0。对交叉项系数矩阵的初始化过程中，使用的正态分布对其进行初始化，如程序代码中的①所示，函数 initialize_v 的具体实现如程序清单 3-2 所示。在初始化完所有模型参数后，利用每一个样本对其参数进行学习，其中对常数项权重 w_0 的修正如程序代码中的②所示，对一次项权重 w_i 的修正如程序代码中的③所示，对交叉项的系数矩阵的修正如程序代码中的④所示。sigmoid 函数的具体实现如程序清单 3-3 所示。在每完成 1000 次迭代后，计算当前的损失函数的值，如程序代码中的⑤所示，函数 getCost 的具体实现如程序清单 3-4 所示。

程序清单 3-2　初始化交叉项的权重

```
def initialize_v(n, k):
    '''初始化交叉项
    input:  n(int)特征的个数
            k(int)FM模型的超参数
    output: v(mat):交叉项的系数权重
    '''
    v = np.mat(np.zeros((n, k)))

    for i in xrange(n):
        for j in xrange(k):
            #利用正态分布生成每一个权重
            v[i, j] = normalvariate(0, 0.2)                     ①
    return v
```

程序清单 3-2 中的 initialize_v 函数实现了对交叉项的权重进行初始化，initialize_v 函数的输入为特征的个数 n 和 FM 模型的超参数 k，其输出为交叉项的权重 v。在初始化的过程中，使用了正态分布对权重矩阵 V 中的每一个值生成随机数，如程序清单中的①所示，为了能够使用正态分布对权重进行初始化，我们需要导入 normalvariate 函数：

```
from random import normalvariate  # 正态分布
```

程序清单 3-3 sigmoid 函数

```
def sigmoid(inx):
    return 1.0 / (1 + np.exp(-inx))
```

程序清单 3-4 getCost 函数

```
def getCost(predict, classLabels):
    '''计算预测准确性
    input:  predict(list)预测值
            classLabels(list)标签
    output: error(float)计算损失函数的值
    '''
    m = len(predict)
    error = 0.0
    for i in xrange(m):
        error -= np.log(sigmoid(predict[i] * classLabels[i] ))
    return error
```

在程序清单 3-4 中，函数 getCost 用于计算当前的损失函数的值，函数的输入是利用当前的 FM 模型对数据集的预测结果 predict 和样本的标签 classLabels，最终得到当前的损失函数值 error。

3.5 因子分解机 FM 算法实践

有了以上的理论储备，我们利用上述实现好的函数，构建因子分解机 FM 分类器。在训练分类器的过程中，我们使用图 3.3 所示的非线性可分的数据集作为 FM 模型的训练数据集：

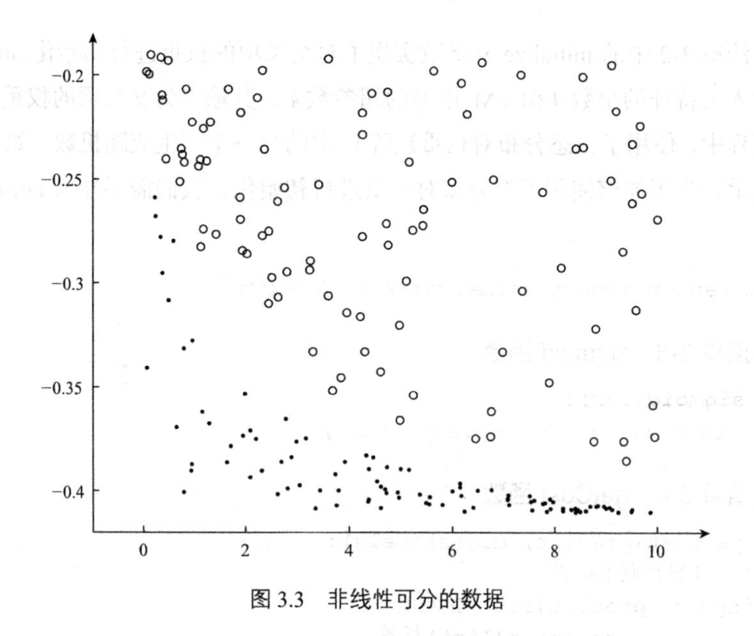

图 3.3　非线性可分的数据

利用因子分解机 FM 算法对其进行分类的过程中，主要有两个部分，①利用训练数据对模型进行训练；②对新的数据进行预测。

3.5.1　训练 FM 模型

首先，我们利用训练样本训练模型，为了使得 Python 能够支持中文的注释和利用 numpy，我们需要在训练文件“FM_train.py”的开始加入：

```
# coding:UTF-8
import numpy as np
```

因子分解机 FM 模型训练的主函数如程序清单 3-5 所示。

程序清单 3-5　FM 训练的主函数

```
if __name__ == "__main__":
    # 1. 导入训练数据
    print "---------- 1.load data ----------"
    dataTrain, labelTrain = loadDataSet("data.txt")                    ①
    print "---------- 2.learning ---------"
    # 2. 利用随机梯度训练 FM 模型
    w0, w, v = stocGradAscent(np.mat(dataTrain), \
                labelTrain, 3, 10000, 0.01)                            ②
    predict_result = getPrediction(np.mat(dataTrain), \
                     w0, w, v)  # 得到训练的准确性                       ③
```

```
print "----------training error: %f" % \
      (1 - getAccuracy(predict_result, labelTrain))                ④
print "---------- 3.save result ---------"
# 3. 保存训练好的 FM 模型
save_model("weights", w0, w, v)                                    ⑤
```

在程序清单 3-5 中，即在因子分解机 FM 算法的训练过程中，首先需要导入训练数据，如程序代码中的①所示，loadDataSet 函数的具体实现如程序清单 3-6 所示。在完成训练数据的导入后，利用训练数据对模型进行训练，如程序代码中的②所示，函数 stocGradAscent 的具体实现如程序清单 3-1 所示。完成训练后，计算训练的准确性，在计算训练准确性时，首先需要利用训练好的因子分解机 FM 模型对训练数据进行预测，如程序代码中的③所示，函数 getPrediction 的具体实现如程序清单 3-7 所示，在完成对训练数据的预测后，需要将预测值与样本的标签进行比较，以求得训练好的因子分解机 FM 模型的训练准确性，如程序代码中的④所示，函数 getAccuracy 的具体实现如程序清单 3-8 所示。最终，需要将因子分解机 FM 模型中的参数保存到文件“weights”中，模型的参数包括一次项和常数项的权重 $w_0, w_1, \cdots, w_n$ 以及交叉项的权重 V ，保存模型的 save_model 函数的具体实现如程序清单 3-9 所示。

程序清单 3-6　导入训练数据的 loadDataSet 函数

```
def loadDataSet(data):
    '''导入训练数据
    input:  data(string)训练数据
    output: dataMat(list)特征
            labelMat(list)标签
    '''
    dataMat = []
    labelMat = []
    fr = open(data)   # 打开文件
    for line in fr.readlines():
        lines = line.strip().split("\t")
        lineArr = []

        for i in xrange(len(lines) - 1):
            lineArr.append(float(lines[i]))
        dataMat.append(lineArr)

        labelMat.append(float(lines[-1]) * 2 - 1)  # 转换成{-1,1}①
    fr.close()
    return dataMat, labelMat
```

在程序清单 3-6 中，主要实现了对训练数据的导入。函数 loadDataSet 的输入为训练数据所在的位置，输出为训练数据的特征 dataMat 和训练数据的标签 labelMat。由于在因子分解机 FM 模型中使用的是 log 损失函数，因此在导入标签的过程中，需要将原始数据中的 $\{0,1\}$ 转换成 $\{-1,1\}$，如程序代码中的①所示。

程序清单 3-7　对训练样本的预测的 getPrediction 函数

```
def getPrediction(dataMatrix, w0, w, v):
    '''得到预测值
    input:  dataMatrix(mat)特征
            w(int)常数项权重
            w0(int)一次项权重
            v(float)交叉项权重
    output: result(list)预测的结果
    '''
    m = np.shape(dataMatrix)[0]
    result = []
    for x in xrange(m):

        inter_1 = dataMatrix[x] * v
        inter_2 = np.multiply(dataMatrix[x], dataMatrix[x]) *\
                  np.multiply(v, v)  # multiply 对应元素相乘
        # 完成交叉项
        interaction = np.sum(np.multiply(inter_1, inter_1) \
                      - inter_2) / 2.
        p = w0 + dataMatrix[x] * w + interaction  # 计算预测的输出 ①
        pre = sigmoid(p[0, 0])
        result.append(pre)
    return result
```

在程序清单 3-7 中，函数 getPrediction 主要利用训练好的因子分解机 FM 模型对样本进行预测。函数 getPrediction 的输入为训练数据的特征 dataMatrix，因子分解机 FM 模型的常数项权重 w_0，一次项权重 w 和交叉项权重矩阵 **V**，函数 getPrediction 的输出为预测值 result。在预测的过程中，通过因子分解机 FM 模型的参数，实现对样本的值的预测，如程序代码中的①所示。

程序清单 3-8　计算训练准确性的 getAccuracy 函数

```
def getAccuracy(predict, classLabels):
    '''计算预测准确性
    input:  predict(list)预测值
            classLabels(list)标签
    output: float(error) / allItem(float)错误率
    '''
    m = len(predict)
```

```
    allItem = 0
    error = 0
    for i in xrange(m):
        allItem += 1
        if float(predict[i]) < 0.5 and classLabels[i] == 1.0:
            error += 1
        elif float(predict[i]) >= 0.5 and classLabels[i] == -1.0:
            error += 1
        else:
            continue
    return float(error) / allItem
```

在程序清单 3-8 中，函数 getAccuracy 主要实现了对模型预测效果的评价。函数 getAccuracy 的输入为对训练数据的预测 predict 和训练数据的标签 classLabels，函数 getAccuracy 的输出为错误率。通过比较预测 predict 和训练数据的标签 classLabels，统计预测的准确性。

3.5.2 最终的训练效果

FM 模型的训练过程为：

```
---------- 1.load data ---------
---------- 2.learning ---------
    ------- iter:  0  , cost:  159.417070491
    ------- iter:  1000  , cost:  111.92789034
    ------- iter:  2000  , cost:  108.263088316
    ------- iter:  3000  , cost:  106.788318204
    ------- iter:  4000  , cost:  105.837512228
    ------- iter:  5000  , cost:  105.1357913
    ------- iter:  6000  , cost:  104.597627101
    ------- iter:  7000  , cost:  104.174600253
    ------- iter:  8000  , cost:  103.833656586
    ------- iter:  9000  , cost:  103.552315669
----------training accuracy: 0.990000
---------- 3.save result ---------
```

在上述的训练过程中，得到的因子分解机 FM 模型的参数如表 3-1 所示。

表 3-1 因子分解机 FM 的权重值

w_0	5.50536036963
$w_1,\cdots,w_n$	20.0978165929，32.6366710769
V	6.65843415741，−0.460734784657，2.147051873 6.65737975068，−0.461171566154，2.14753759074

在训练过程的最后，需要保存上述训练好的 FM 模型，save_model 函数实现了将训练好的 FM 模型保存到指定的文件中的功能，save_model 函数的具体实现如程序清单 3-9 所示。

程序清单 3-9　保存 FM 模型的 save_model 函数

```
def save_model(file_name, w0, w, v):
    '''保存训练好的 FM 模型
    input:  file_name(string):保存的文件名
            w0(float):偏置项
            w(mat):一次项的权重
            v(mat):交叉项的权重
    '''
    f = open(file_name, "w")
    # 1. 保存 w0
    f.write(str(w0) + "\n")                                    ①
    # 2. 保存一次项的权重
    w_array = []
    m = np.shape(w)[0]
    for i in xrange(m):
        w_array.append(str(w[i, 0]))
    f.write("\t".join(w_array) + "\n")                         ②
    # 3. 保存交叉项的权重
    m1 , n1 = np.shape(v)
    for i in xrange(m1):
        v_tmp = []
        for j in xrange(n1):
            v_tmp.append(str(v[i, j]))
        f.write("\t".join(v_tmp) + "\n")                       ③
    f.close()
```

在程序清单 3-9 中，save_model 函数将训练好的 FM 模型保存到文件 file_name 中，FM 模型中的参数包括：①偏置项 w_0，如程序代码中的①所示；②一次项的权重 w，如程序代码中的②所示；③交叉项的权重 V，如程序代码中的③所示。

在对训练样本进行预测时，最终的训练准确性为 0.99，最终的分隔超平面如图 3.4 所示。

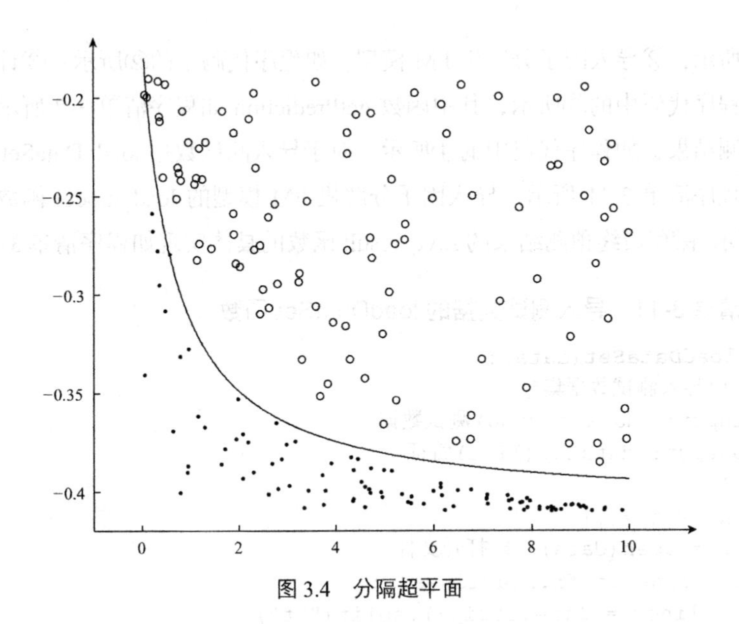

图 3.4 分隔超平面

3.5.3 对新的数据进行预测

对于分类算法而言，训练好的模型需要能够对新的数据集进行划分。利用上述步骤，我们训练好因子分解机 FM 模型，并将其保存在“weights”文件中，此时，我们需要利用训练好的 FM 模型对新数据进行预测，同样，为了能够使用 numpy 中的函数和对中文注释的支持，在文件“FM_test.py”的开始，我们加入：

```
# coding:UTF-8
import numpy as np
```

对新数据的预测的主函数如程序清单 3-10 所示。

程序清单 3-10 对新数据的预测的主函数

```
if __name__ == "__main__":
    # 1. 导入测试数据
    dataTest = loadDataSet("test_data.txt")                  ①
    # 2. 导入 FM 模型
    w0, w , v = loadModel("weights")                         ②
    # 3. 预测
    result = getPrediction(dataTest, w0, w, v)               ③
    # 4. 保存最终的预测结果
    save_result("predict_result", result)                    ④
```

在程序清单 3-10 中，对新数据的预测的主要步骤有：①导入测试数据，如程序代码中的①所示；②导入因子分解机 FM 模型，如程序代码中的②所示；③计算得到预测值，如程序代码中的③所示，其中函数 getPrediction 如程序清单 3-7 所示；④保存最终的预测结果，如程序代码中的④所示。对于导入测试数据 load_DataSet 函数的具体实现如程序清单 3-11 所示。导入因子分解机 FM 模型的 load_model 函数如程序清单 3-12 所示。保存最终预测结果的 save_result 函数的具体实现如程序清单 3-13 所示。

程序清单 3-11　导入测试数据的 loadDataSet 函数

```
def loadDataSet(data):
    '''导入测试数据集
    input:  data(string)测试数据
    output: dataMat(list)特征
    '''
    dataMat = []
    fr = open(data)  # 打开文件
    for line in fr.readlines():
        lines = line.strip().split("\t")
        lineArr = []

        for i in xrange(len(lines)):
            lineArr.append(float(lines[i]))
        dataMat.append(lineArr)

    fr.close()
    return dataMat
```

在程序清单 3-11 中，其头文件部分，导入了训练因子分解机 FM 模型中的 getPrediction 函数，getPrediction 函数的具体实现如程序清单 3-7 所示。函数 loadDataSet 的输入为测试数据的位置，输出为测试数据的特征。

程序清单 3-12　导入测试数据的 loadModel 函数

```
def loadModel(model_file):
    '''导入 FM 模型
    input:  model_file(string)FM 模型
    output: w0, np.mat(w).T, np.mat(v)FM 模型的参数
    '''
    f = open(model_file)
    line_index = 0
    w0 = 0.0
    w = []
    v = []
    for line in f.readlines():
        lines = line.strip().split("\t")
```

```
        if line_index == 0:#w0
            w0 = float(lines[0].strip())                    ①
        elif line_index == 1:#w
            for x in lines:
                w.append(float(x.strip()))                  ②
        else:
            v_tmp = []
            for x in lines:
                v_tmp.append(float(x.strip()))              ③
            v.append(v_tmp)
        line_index += 1
    f.close()
    return w0, np.mat(w).T, np.mat(v)
```

在程序清单 3-12 中，函数 loadModel 的输入为 FM 模型保存的文件，输出为 FM 模型中的参数。FM 模型中的参数包括偏置项 w_0，一次项的权重 w 和交叉项的权重 V 。偏置项 w_0 的导入如程序代码中的①所示，一次项的权重 w 的导入如程序代码中的②所示，交叉项的权重 V 的导入如程序代码中的③所示。

程序清单 3-13 保存最终预测结果的 save_result 函数

```
def save_result(file_name, result):
    '''保存最终的预测结果
    input:  file_name(string)需要保存的文件名
            result(mat):对测试数据的预测结果
    '''
    f = open(file_name, "w")
    f.write("\n".join(str(x) for x in result))
    f.close()
```

在程序清单 3-13 中，函数 save_result 将 FM 模型对测试数据的预测结果保存到文件 file_name 中。

参考文献

[1] Rendle S. Factorization Machines[C]// IEEE International Conference on Data Mining. IEEE Computer Society, 2010:995-1000.

[2] Rendle S. Factorization Machines with libFM[J]. Acm Transactions on Intelligent Systems & Technology, 2012, 3(3):219-224.

[3] Steffen Rendle. libFM: Factorization Machine Library[DB/OL]. http://www.libfm.org/.

支持向量机

支持向量机（Support Vector Machine）是由 Vapnik 等人于 1995 年提出来的，之后随着统计理论的发展，支持向量机 SVM 也逐渐受到了各领域研究者的关注，在很短的时间就得到了很广泛的应用。支持向量机 SVM 是被公认的比较优秀的分类模型，同时，在支持向量机的发展过程中，其理论方面的研究得到了同步的发展，为支持向量机的研究提供了强有力的理论支撑。

4.1 二分类问题

4.1.1 二分类的分隔超平面

在前面的章节中，我们介绍了用于处理二分类问题的 Logistic Regression 算法和用于处理多分类问题的 Softmax Regression 算法。典型的二分类问题，如图 4.1 所示。

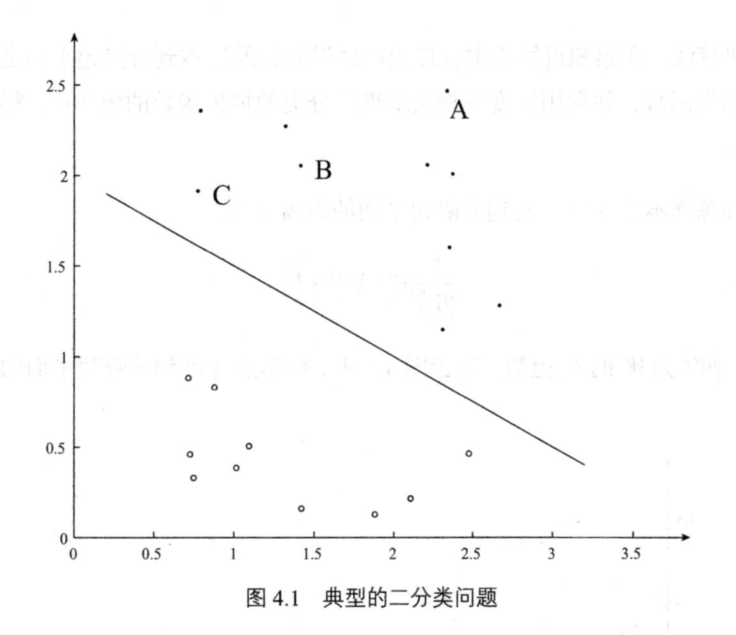

图 4.1 典型的二分类问题

对于如图 4.1 所示的二分类问题中，“.”表示正类，“。”表示负类。我们试图寻找到图中的分隔超平面，能够分隔图中的正负样本，其中，分隔超平面为：

$$W^{*}\cdot X+b^{*}=0$$

最终得到如下所示的分类决策函数：

$$f\left(X\right)=\operatorname{sign}\left(W^{*}\cdot X+b^{*}\right)$$

其中，函数 $\operatorname{sign}\left(x\right)$ 为符号函数：

$$\operatorname{sign}\left(x\right)=\begin{cases}+1 & x>0\\ 0 & x=0\\ -1 & x<0\end{cases}$$

其中，当 $W^{*}\cdot X+b^{*}>0$ 时，为正类，当 $W^{*}\cdot X+b^{*}<0$ 时，为负类。

4.1.2 感知机算法

对于二分类问题，假设有 m 个训练样本 $\left\{\left(X^{(1)},y^{(1)}\right),\left(X^{(2)},y^{(2)}\right),\cdots,\left(X^{(m)},y^{(m)}\right)\right\}$，其中，$y\in\{-1,1\}$。那么，应该如何从训练样本中得到分隔超平面 $W^{*}\cdot X+b^{*}=0$ 呢？

对于如图 4.1 所示的二分类问题，我们希望构建好的分隔超平面能够将正类（图 4.1 中的“.”）和负类（图 4.1 中的“。”）全部正确区分开。1957 年由 Rosenblatt 提出了感知机算法，在感知机算法中直接使用通误分类的样本到分隔超平面之间的距离 S 作为其损失函数，并利用梯度下降法求得误分类的损失函数的极小值，得到最终的分隔超平面。

对于训练样本点 $X^{(i)}$，其到分隔超平面的距离 S 为：

$$\frac{1}{\|W\|}\left|W \cdot X^{(i)}+b\right|$$

其中，$\|W\|$ 为 W 的 L_2 范数。对于图 4.1 中，样本点 $X^{(i)}$ 到分隔超平面的距离 S 如图 4.2 所示。

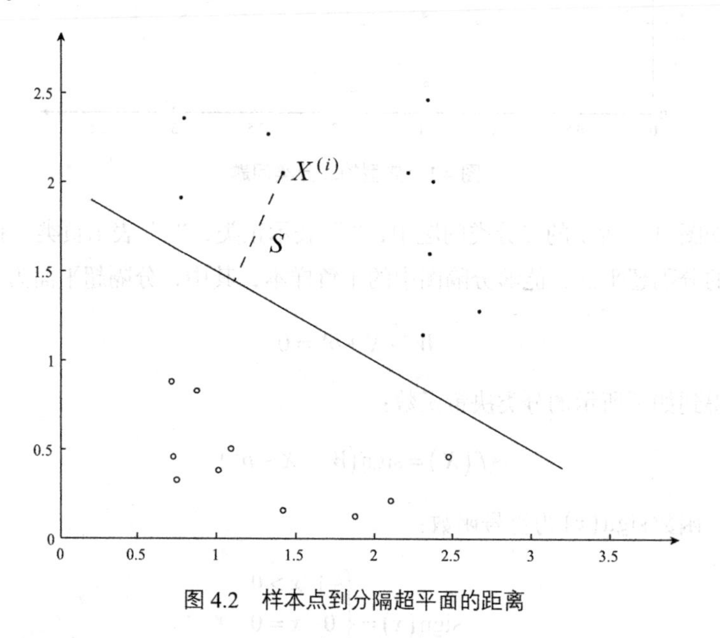

图 4.2　样本点到分隔超平面的距离

在训练样本中，对于误分类的样本 $\left(X^{(i)}, y^{(i)}\right)$，即预测值 $W \cdot X^{(i)}+b$ 与真实值 $y^{(i)}$ 异号，即：

$$-y^{(i)}\left(W \cdot X^{(i)}+b\right)>0$$

则误分类样本到分隔超平面之间的距离为：

$$-\frac{1}{\|W\|} y^{(i)}\left(W \cdot X^{(i)}+b\right)$$

若不考虑 $\frac{1}{\|W\|}$，即为感知机算法的损失函数。感知机算法的损失函数为：

$$J(W,b)=-\sum_{i=1}^{m} y^{(i)}\left(W\cdot X^{(i)}+b\right)$$

通过求解损失函数的最小值 $\min\limits_{W,b} J(W,b)$ 求得最终的分隔超平面。

4.1.3 感知机算法存在的问题

在感知机算法中，通过最小化误分类样本到分隔超平面的距离，求得最终的分隔超平面，但是对于感知机算法来说，分隔超平面参数 W 和 b 的初始值和选择误分类样本的顺序对最终的分隔超平面的计算都有影响，采用不同的初始值或者不同的误分类点，最终的分隔超平面是不同的。对于如图 4.1 所示的训练数据，最终的分隔超平面如图 4.3 所示。

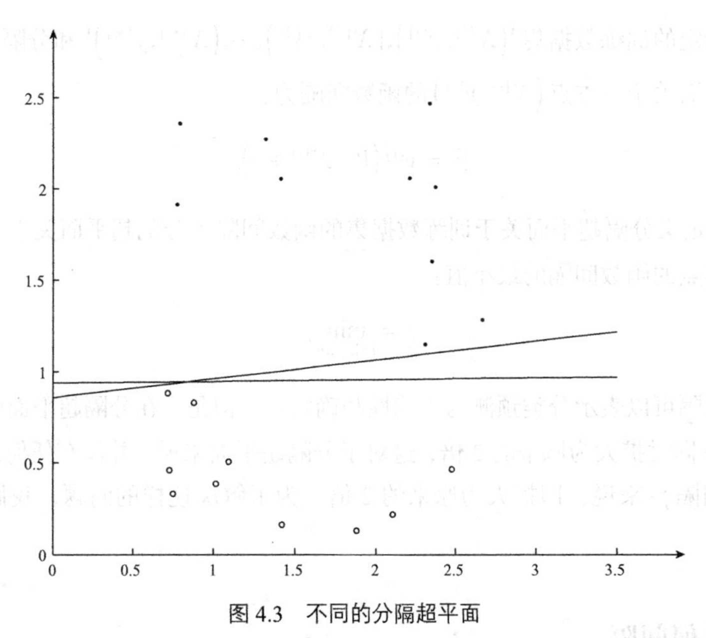

图 4.3 不同的分隔超平面

在图 4.3 中的两个分隔超平面都能将正负样本区分开。对于感知机算法，采用不同的初始值或者不同的误分类点，最终的分隔超平面是不同的。在这些分隔超平面中是否存在一个最好的分隔超平面呢？

4.2 函数间隔和几何间隔

一般来讲，一个样本点距离分隔超平面的远近可以表示分类预测的确信程度。在

图 4.1 中，样本点 A 离分隔超平面最远，若预测其为正类，就比较确信该预测是正确的；而样本点 C 离分隔超平面较近，若预测其为正类，就不是那么确信。为了能够表示分类预测的确信程度，我们分别定义函数间隔（Functional Margin）和几何间隔（Geometric Margin）。

4.2.1 函数间隔

在感知机算法中，我们注意到分隔超平面 $W \cdot X + b$ 确定的情况下，$\left|W \cdot X^{(i)} + b\right|$ 可以相对地表示样本点 $X^{(i)}$ 距离分隔超平面的远近。而当预测值 $W \cdot X^{(i)} + b$ 和样本标签 $y^{(i)}$ 同号时，表明最终的分类是正确的，因此，可以使用 $y^{(i)}\left(W \cdot X^{(i)} + b\right)$ 来表示分类的正确性和确信度，这便是函数间隔的定义。

对于给定的训练数据集 $\left\{\left(X^{(1)}, y^{(1)}\right), \left(X^{(2)}, y^{(2)}\right), \cdots, \left(X^{(m)}, y^{(m)}\right)\right\}$ 和分隔超平面，定义分隔超平面关于样本点 $\left(X^{(i)}, y^{(i)}\right)$ 的函数间隔为：

$$\hat{\gamma}_i = y^{(i)}\left(W \cdot X^{(i)} + b\right)$$

同时，定义分隔超平面关于训练数据集的函数间隔为分隔超平面关于训练数据集中所有样本点的函数间隔的最小值：

$$\hat{\gamma} = \min_{i=1,\cdots,m} \hat{\gamma}_i$$

函数间隔可以表示分类预测的正确性和确定性。但是，在分隔超平面中，如果其参数 W 和 b 同时扩大为原来的 2 倍，这对于分隔超平面来说，并没有任何改变，但是对于函数间隔 $\hat{\gamma}_i$ 来说，即扩大为原来的 2 倍。为了解决这样的问题，我们引入几何间隔。

4.2.2 几何间隔

为了能够使得间隔是一个确定的值，可以对分隔超平面的参数 W 加上某些约束，如归一化 $\|W\| = 1$。在图 4.2 中，对于样本 $X^{(i)}$，其到分隔超平面之间的距离 S 为：

$$S = \left|\frac{W \cdot X^{(i)} + b}{\|W\|}\right|$$

而当 $W \cdot X^{(i)} + b$ 与 $y^{(i)}$ 同号时，表示预测正确，则样本 $X^{(i)}$ 到分隔超平面之间的

距离 S 可以表示为：

$$S = y^{(i)}\left(\frac{W}{\|W\|}\cdot X^{(i)} + \frac{b}{\|W\|}\right)$$

这便是几何间隔的定义。

对于给定的训练数据集 $\left\{\left(X^{(1)}, y^{(1)}\right), \left(X^{(2)}, y^{(2)}\right), \cdots, \left(X^{(m)}, y^{(m)}\right)\right\}$ 和分隔超平面，定义分隔超平面关于样本点 $\left(X^{(i)}, y^{(i)}\right)$ 的几何间隔为：

$$\gamma_i = y^{(i)}\left(\frac{W}{\|W\|}\cdot X^{(i)} + \frac{b}{\|W\|}\right)$$

同时，定义分隔超平面关于训练数据集的几何间隔为分隔超平面关于训练数据集中所有样本点的几何间隔的最小值：

$$\gamma = \min_{i=1,\cdots,m} \gamma_i$$

从上面的定义不难发现，几何间隔其实就是样本到分隔超平面的距离。对于几何间隔和函数间隔，有如下的关系：

$$\gamma_i = \frac{\hat{\gamma}_i}{\|W\|}$$

$$\gamma = \frac{\hat{\gamma}}{\|W\|}$$

4.3 支持向量机

与感知机算法不同，在支持向量机（Support Vector Machines，SVM）中，求解出的分隔超平面不仅能够正确划分训练数据集，而且几何间隔最大。

4.3.1 间隔最大化

对于几何间隔最大的分隔超平面：

$$\max_{W,b} \quad \gamma$$

同时，对于每一个样本，需要满足：

$$y^{(i)}\left(\frac{W}{\|W\|}\cdot X^{(i)}+\frac{b}{\|W\|}\right)\geqslant\gamma,\quad i=1,2,\cdots,m$$

考虑到几何间隔和函数间隔之间的关系，则上述的几何间隔最大的分隔超平面可以等价为：

$$\max_{W,b}\ \frac{\hat{\gamma}}{\|W\|}$$

同时需要满足：

$$y^{(i)}\left(W\cdot X^{(i)}+b\right)\geqslant\hat{\gamma},\quad i=1,2,\cdots,m$$

在函数间隔中，函数间隔$\hat{\gamma}$的取值并不影响到最优问题的解，如上所述，当参数W和b同时扩大为原来的 2 倍，函数间隔$\hat{\gamma}$也会同时扩大为原来的 2 倍，这对于上述的优化问题和约束条件并没有影响，因此，可以取$\hat{\gamma}=1$，则上述的优化问题变成：

$$\begin{aligned}&\min_{W,b}\ \frac{1}{2}\|W\|^2\\&s.t.\ \ y^{(i)}\left(W\cdot X^{(i)}+b\right)-1\geqslant 0,\quad i=1,2,\cdots,m\end{aligned}$$

4.3.2 支持向量和间隔边界

对于如图 4.1 所示的线性可分的二分类问题，在m个训练样本中，与分隔超平面距离最近的样本称为支持向量（Support Vector）。支持向量$X^{(i)}$对应着约束条件为：

$$y^{(i)}\left(W\cdot X^{(i)}+b\right)-1=0$$

当$y^{(i)}=+1$时，支持向量所在的超平面为：

$$H_1:W\cdot X+b=1$$

当$y^{(i)}=-1$时，支持向量所在的超平面为：

$$H_2:W\cdot X+b=-1$$

对于支持向量所在的超平面H_1和H_2，如图 4.4 所示。

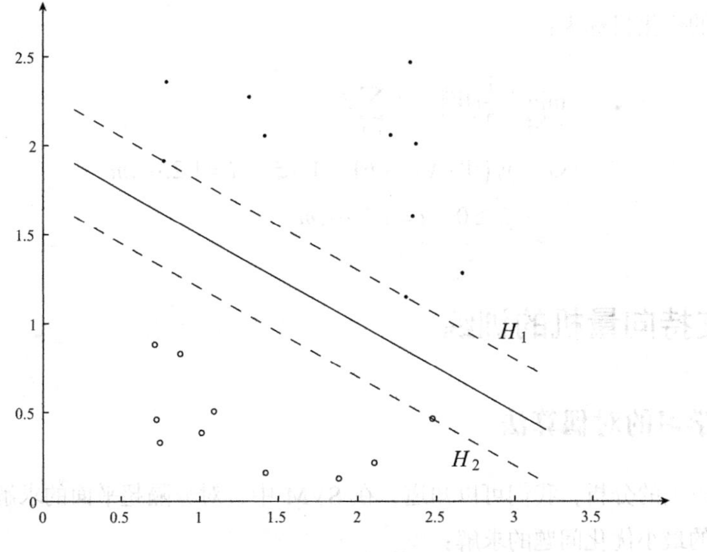

图 4.4　支持向量以及支持向量所在的超平面

在图 4.4 中，超平面 H_1 和超平面 H_2 之间的距离成为间隔，超平面 H_1 和超平面 H_2 又称为间隔边界。在确定最终的分隔超平面时，只有支持向量起作用，其他的样本点并不起作用，由于支持向量在确定分割超平面中起着重要的作用，因此，这种分类模型被称为支持向量机。

4.3.3　线性支持向量机

对于如图 4.1 所示的数据集，其条件极为苛刻，要求所有的样本都是线性可分的，即存在分隔超平面，能够将所有的正样本和负样本正确区分开，但是在实际情况中，数据集很难满足这样的条件，对于一个数据集，其中存在部分的特异点，但是将这些特异点除去后，剩下的大部分的样本点组成的集合是线性可分的。

对于线性不可分的某些样本点 $\left(X^{(i)}, y^{(i)}\right)$ 意味着其不能满足函数间隔大于或等于 1 的约束条件，为了解决这个问题，可以对每个样本点 $\left(X^{(i)}, y^{(i)}\right)$ 引进一个松弛变量 $\xi_i \geqslant 0$，使得函数间隔加上松弛变量大于或等于 1，这样，约束条件变为：

$$y^{(i)}\left(W \cdot X^{(i)} + b\right) \geqslant 1 - \xi_i$$

同时，对每个松弛变量 ξ_i，支付一个代价 C，此时，目标函数变为：

$$\frac{1}{2}\|W\|^2 + C\sum_{i=1}^{m}\xi_i$$

此时的优化目标为：

$$\begin{aligned}&\min_{W,b,\xi}\quad \frac{1}{2}\|W\|^2+C\sum_{i=1}^{m}\xi_i\\&s.t.\quad y_i\left(W\cdot X^{(i)}+b\right)\geqslant 1-\xi_i,\quad i=1,2,\cdots,m\\&\qquad\quad \xi_i\geq 0,\quad i=1,2,\cdots,m\end{aligned}$$

4.4 支持向量机的训练

4.4.1 学习的对偶算法

通过以上的分析，我们可以知道，在 SVM 中，对分隔超平面的求解转化为对如下带约束的最小优化问题的求解：

$$\begin{aligned}&\min_{W,b,\xi}\quad \frac{1}{2}\|W\|^2+C\sum_{i=1}^{m}\xi_i\\&s.t.\quad y_i\left(W\cdot X^{(i)}+b\right)\geqslant 1-\xi_i,\quad i=1,2,\cdots,m\\&\qquad\quad \xi_i\geq 0,\quad i=1,2,\cdots,m\end{aligned}$$

对于带约束的优化问题的求解，可以使用拉格朗日乘数法，将其转化为无约束优化问题的求解。对于上述的带约束的优化问题，可以转换成如下的拉格朗日函数：

$$L(W,b,\xi,\alpha,\beta)=\frac{1}{2}\|W\|^2+C\sum_{i=1}^{m}\xi_i-\sum_{i=1}^{m}\alpha_i\left(y^{(i)}\left(W\cdot X^{(i)}+b\right)-1+\xi_i\right)-\sum_{i=1}^{m}\beta_i\xi_i$$

其中，$\alpha=(\alpha_1,\alpha_2,\cdots,\alpha_m)$，$\beta=(\beta_1,\beta_2,\cdots,\beta_m)$，且 $\alpha_i\geq 0$，$\beta_i\geq 0$。向量 α 和向量 β 称为拉格朗日乘子向量。上述的最小优化问题即为：

$$\min_{W,b,\xi}\max_{\alpha,\beta}L(W,b,\xi,\alpha,\beta)$$

根据拉格朗日对偶性，原始问题的对偶问题为：

$$\max_{\alpha,\beta}\min_{W,b,\xi}L(W,b,\xi,\alpha,\beta)$$

先求 $\min_{W,b,\xi}L(W,b,\xi,\alpha,\beta)$，再对拉格朗日函数 $L(W,b,\xi,\alpha,\beta)$ 中的 W，b 和 ξ 求偏导，并令其为 0。

$$\frac{\partial L(W,b,\xi,\alpha,\beta)}{\partial W}=W-\sum_{i=1}^{m}\alpha_i y^{(i)}X^{(i)}=0$$
$$\frac{\partial L(W,b,\xi,\alpha,\beta)}{\partial b}=-\sum_{i=1}^{m}\alpha_i y^{(i)}=0$$
$$\frac{\partial L(W,b,\xi,\alpha,\beta)}{\partial \xi_i}=C-\alpha_i-\beta_i=0$$

化简得：

$$W=\sum_{i=1}^{m}\alpha_i y^{(i)}X^{(i)}$$
$$\sum_{i=1}^{m}\alpha_i y^{(i)}=0$$
$$C-\alpha_i-\beta_i=0$$

将上述代入到 $\min\limits_{W,b,\xi}L(W,b,\xi,\alpha,\beta)$ 中，得到：

$$\min_{W,b,\xi}L(W,b,\xi,\alpha,\beta)=-\frac{1}{2}\sum_{i=1}^{m}\sum_{j=1}^{m}\alpha_i\alpha_j y^{(i)}y^{(j)}\left(X^{(i)}\cdot X^{(j)}\right)+\sum_{i=1}^{m}\alpha_i$$

再对 $\min\limits_{W,b,\xi}L(W,b,\xi,\alpha,\beta)$ 求 α 的极大，即得对偶问题：

$$\begin{aligned}&\max_{\alpha}\quad -\frac{1}{2}\sum_{i=1}^{m}\sum_{j=1}^{m}\alpha_i\alpha_j y^{(i)}y^{(j)}\left(X^{(i)}\cdot X^{(j)}\right)+\sum_{i=1}^{m}\alpha_i\\&s.t.\quad \sum_{i=1}^{m}\alpha_i y^{(i)}=0\\&\qquad\ C-\alpha_i-\beta_i=0\\&\qquad\ \alpha_i\geq 0\\&\qquad\ \beta_i\geq 0,\quad i=1,2,\cdots,m\end{aligned}$$

由 $C-\alpha_i-\beta_i=0$， $\alpha_i\geqslant 0$ 和 $\beta_i\geqslant 0$ 可得：

$$0\leqslant\alpha_i\leqslant C$$

同时，将求解最大化问题转换为求解最小化问题，则上述的优化问题转换成：

$$\min_{\alpha} \quad \frac{1}{2}\sum_{i=1}^{m}\sum_{j=1}^{m}\alpha_i\alpha_j y^{(i)}y^{(j)}\left(X^{(i)}\cdot X^{(j)}\right)-\sum_{i=1}^{m}\alpha_i$$

$$s.t. \quad \sum_{i=1}^{m}\alpha_i y^{(i)}=0$$

$$0\leqslant \alpha_i \leqslant C, \quad i=1,2,\cdots,m$$

当α^*为上述对偶问题的最优解时，根据$W=\sum_{i=1}^{m}\alpha_i y^{(i)}X^{(i)}$可以求得原始问题的最优解：

$$W^*=\sum_{i=1}^{m}\alpha_i^* y^{(i)}X^{(i)}$$

对于b的最优解b^*，选择α^*的一个分量α_j^*，其中α_j^*满足：$0<\alpha_j^*<C$，b^*为：

$$b^*=y_j-\sum_{i=1}^{m}y_i\alpha_j^*\left(x_i\cdot x_j\right)$$

4.4.2 由线性支持向量机到非线性支持向量机

对于一个非线性可分的问题，如在第 3 章中图 3.1 所示的非线性可分的数据集，可以采用核函数的方式将非线性问题转换成线性问题，在本章中主要用到的函数是高斯核函数：

$$K\left(X^{(i)},X^{(j)}\right)=\exp\left(-\frac{\left\|X^{(i)}-X^{(j)}\right\|^2}{2\sigma^2}\right)$$

对于核函数的更多知识，请参见第 11 章的 11.2 节核函数。对于非线性支持向量机，此时的优化目标为：

$$\min_{\alpha} \quad \frac{1}{2}\sum_{i=1}^{m}\sum_{j=1}^{m}\alpha_i\alpha_j y^{(i)}y^{(j)}K\left(X^{(i)},X^{(j)}\right)-\sum_{i=1}^{m}\alpha_i$$

$$s.t. \quad \sum_{i=1}^{m}\alpha_i y^{(i)}=0$$

$$0\leqslant \alpha_i \leqslant C, \quad i=1,2,\cdots,m$$

4.4.3 序列最小最优化算法 SMO

通过拉格朗日的对偶性，我们将原始的带约束的优化问题转换成其对偶问题，并通过对对偶问题的求解，得到对偶问题的最优解 α^* ，最终得到原始问题的最优解 W^* 和 b^* 。对于如上的带约束的优化问题，我们应该如何求解呢？

对于如上的带约束的优化问题，可以使用二次规划的方法进行求解，在 SVM 的发展过程中，围绕着如何高效地求解上述带约束的优化问题，许多的求解方法被提出来，其中，在 1998 年，由 Platt 提出的序列最小最优化算法（Sequential Minimal Optimization，SMO）被广泛应用。

序列最小最优化算法 SMO 的思想是将一个大的问题划分成一系列小的问题，通过对这些子问题的求解，达到对对偶问题的求解过程。在 SMO 算法中，不断将对偶问题的二次规划问题分解为只有两个变量的二次规划子问题，并对子问题进行求解。对于 SMO 算法，每次取两个变量进行更新，假设取得的变量为 α_1 和 α_2 ，使其他的变量为固定的值，则由约束条件 $\sum_{i=1}^{m}\alpha_i y^{(i)}=0$ 可知：

$$\alpha_1=-y^{(1)}\sum_{k=2}^{m}\alpha_k y^{(k)}$$

如果此时 α_2 被确定了，那么 α_1 可由上式确定。那么，接下来的问题是：①每次应该如何选择需要更新的两个变量 α_1 和 α_2 ？②选择出的两个变量 α_1 和 α_2 应该如何更新？

在此，我们先求解两个变量 α_1 和 α_2 的更新方法。对于选择出的两个变量 α_1 和 α_2 ，此时的优化问题为：

$$\begin{aligned}\min_{\alpha_1,\alpha_2}\quad & \frac{1}{2}K_{11}\alpha_1^2+\frac{1}{2}K_{22}\alpha_2^2+y^{(1)}y^{(2)}K_{12}\alpha_1\alpha_2\\ & -\left(\alpha_1+\alpha_2\right)+y^{(1)}\alpha_1\sum_{k=3}^{m}y^{(k)}\alpha_k K_{k1}+y^{(2)}\alpha_2\sum_{k=3}^{m}y^{(k)}\alpha_k K_{k2}+M_1\\ s.t.\quad & \alpha_1 y^{(1)}+\alpha_2 y^{(2)}=-\sum_{k=3}^{m}\alpha_k y^{(k)}=M_2\\ & 0\leqslant\alpha_k\leqslant C,\quad k=1,2\end{aligned}$$

其中，$K_{ij}=K\left(X^{(i)},X^{(j)}\right)$，$M_1$ 和 M_2 表示的是与 α_1 和 α_2 无关的常数项。对于需要求解的优化函数，令：

$$W(\alpha_1,\alpha_2)=\frac{1}{2}K_{11}\alpha_1^2+\frac{1}{2}K_{22}\alpha_2^2+y^{(1)}y^{(2)}K_{12}\alpha_1\alpha_2$$
$$-(\alpha_1+\alpha_2)+y^{(1)}\alpha_1\sum_{k=3}^{m}y^{(k)}\alpha_kK_{k1}+y^{(2)}\alpha_2\sum_{k=3}^{m}y^{(k)}\alpha_kK_{k2}+M_1$$

需要求解的最优化问题为：

$$\min_{\alpha_1,\alpha_2}\ W(\alpha_1,\alpha_2)$$

由 $\alpha_1y^{(1)}+\alpha_2y^{(2)}=-\sum_{k=3}^{m}\alpha_ky^{(k)}=M_2$ 可知：

$$\alpha_1y^{(1)}=M_2-\alpha_2y^{(2)}$$

由于 $\left(y^{(1)}\right)^2=1$，所以上式可以转换成：

$$\alpha_1=\left(M_2-\alpha_2y^{(2)}\right)\cdot y^{(1)}$$

将其代入到优化目标函数 $W(\alpha_1,\alpha_2)$ 中，得到：

$$W(\alpha_2)=\frac{1}{2}K_{11}\left(M_2-\alpha_2y^{(2)}\right)^2+\frac{1}{2}K_{22}\alpha_2^2+y^{(2)}K_{12}\left(M_2-\alpha_2y^{(2)}\right)\alpha_2$$
$$-\left(\left(M_2-\alpha_2y^{(2)}\right)y^{(1)}+\alpha_2\right)+\left(M_2-\alpha_2y^{(2)}\right)\sum_{k=3}^{m}y^{(k)}\alpha_kK_{k1}+y^{(2)}\alpha_2\sum_{k=3}^{m}y^{(k)}\alpha_kK_{k2}+M_1$$

此时，变成只对 α_2 求解最优化的问题。为了求得 $\min\limits_{\alpha_2}\ W(\alpha_2)$，求 $\frac{\partial}{\partial\alpha_2}W(\alpha_2)$，即为：

$$\frac{\partial}{\partial\alpha_2}W(\alpha_2)=K_{11}\alpha_2+K_{22}\alpha_2-2K_{12}\alpha_2-K_{11}M_2y^{(2)}+K_{12}M_2y^{(2)}$$
$$+y^{(1)}y^{(2)}-1-y^{(2)}\sum_{k=3}^{m}y^{(k)}\alpha_kK_{k1}+y^{(2)}\sum_{k=3}^{m}y^{(k)}\alpha_kK_{k2}$$

令其为 0，得到：

$$\left(K_{11}+K_{22}-2K_{12}\right)\alpha_2$$
$$=\left(K_{11}M_2-K_{12}M_2-y^{(1)}+y^{(2)}+\sum_{k=3}^{m}y^{(k)}\alpha_kK_{k1}-\sum_{k=3}^{m}y^{(k)}\alpha_kK_{k2}\right)y^{(2)}$$

在此，令：

$$g(X)=\sum_{i=1}^{m}y^{(i)}\alpha_i K\left(X^{(i)},X\right)+b$$

$$E_i=g\left(X^{(i)}\right)-y^{(i)}=\left(\sum_{j=1}^{m}y^{(j)}\alpha_j K\left(X^{(j)},X^{(i)}\right)+b\right)-y^{(i)}$$

则：

$$\begin{aligned}&\left(K_{11}+K_{22}-2K_{12}\right)\alpha_2\\&=\left[\begin{array}{l}K_{11}M_2-K_{12}M_2-y^{(1)}+y^{(2)}\\+\left(g\left(X^{(1)}\right)-\sum_{k=1}^{2}y^{(k)}\alpha_k K_{k1}-b\right)-\left(g\left(X^{(2)}\right)-\sum_{k=1}^{2}y^{(k)}\alpha_k K_{k2}-b\right)\end{array}\right]y^{(2)}\end{aligned}$$

然而，假设第i代时，$\alpha_1^{(i)}y^{(1)}+\alpha_2^{(i)}y^{(2)}=M_2$，则对于第$i+1$代时，

$$\begin{aligned}&\left(K_{11}+K_{22}-2K_{12}\right)\alpha_2^{(i+1)}\\&=\left[\left(K_{11}+K_{22}-2K_{12}\right)\alpha_2^{(i)}y^{(2)}+y^{(2)}-y^{(1)}+g\left(X^{(1)}\right)-g\left(X^{(2)}\right)\right]y^{(2)}\\&=\left(K_{11}+K_{22}-2K_{12}\right)\alpha_2^{(i)}+y^{(2)}\left(E_1-E_2\right)\end{aligned}$$

则：

$$\alpha_2^{(i+1)}=\alpha_2^{(i)}+\frac{y^{(2)}\left(E_1-E_2\right)}{\eta}$$

其中，$\eta=K_{11}+K_{22}-2K_{12}$。然而，对于新求出的$\alpha_2^{(i+1)}$，需要满足上述的约束条件，$\alpha_1$和$\alpha_2$所满足的约束条件如图 4.5 所示。

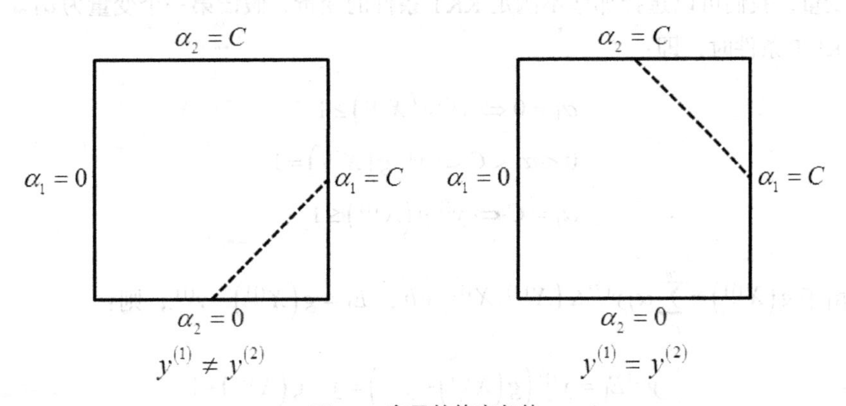

图 4.5 变量的约束条件

由于$y^{(i)} \in \{-1,1\}$，因此，当$y^{(1)} \neq y^{(2)}$时，即$y^{(1)}$与$y^{(2)}$异号，有$\alpha_1 - \alpha_2 = k_1$，其中$k_1$为常数，如图 4.5 中的左图所示。同理，当$y^{(1)} = y^{(2)}$时，即$y^{(1)}$与$y^{(2)}$同号，有$\alpha_1 + \alpha_2 = k_2$，其中$k_2$为常数，如图 4.5 中的右图所示。对于$\alpha_2^{(i+1)}$，其需要满足：

$$L \leqslant \alpha_2^{(i+1)} \leqslant H$$

其中，当$y^{(1)} \neq y^{(2)}$时：

$$L = \max\left(0, \alpha_2^{(i)} - \alpha_1^{(i)}\right), \quad H = \min\left(C, C + \alpha_2^{(i)} - \alpha_1^{(i)}\right)$$

当$y^{(1)} = y^{(2)}$时：

$$L = \max\left(0, \alpha_2^{(i)} + \alpha_1^{(i)} - C\right), \quad H = \min\left(C, \alpha_2^{(i)} + \alpha_1^{(i)}\right)$$

因此，新求解出的$\alpha_2^{(i+1)}$值为：

$$\alpha_2^{(i+1)} = \begin{cases} H & \alpha_2^{(i+1)} > H \\ \alpha_2^{(i+1)} & L \leq \alpha_2^{(i+1)} \leq H \\ L & \alpha_2^{(i+1)} < L \end{cases}$$

当求解出$\alpha_2^{(i+1)}$后，由$\alpha_1^{(i+1)} y^{(1)} + \alpha_2^{(i+1)} y^{(2)} = \alpha_1^{(i)} y^{(1)} + \alpha_2^{(i)} y^{(2)} = M_2$可知：

$$\alpha_1^{(i+1)} = \alpha_1^{(i)} + y^{(1)} y^{(2)} \left(\alpha_2^{(i)} - \alpha_2^{(i+1)}\right)$$

我们对两个变量α_1和α_2的求解方法进行了探讨，那么，我们如何选择两个变量α_1和α_2呢？当所有的变量都满足 KKT 条件时，那么便是最优化问题的解。那么对于第一个变量，我们可以选择那些不满足 KKT 条件的变量，假设第一个变量为α_1。当α_1满足 KKT 条件时，即：

$$\begin{aligned} \alpha_1 = 0 &\Leftrightarrow y^{(1)} g\left(X^{(1)}\right) \geq 1 \\ 0 < \alpha_1 < C &\Leftrightarrow y^{(1)} g\left(X^{(1)}\right) = 1 \\ \alpha_1 = C &\Leftrightarrow y^{(1)} g\left(X^{(1)}\right) \leq 1 \end{aligned}$$

由于$g\left(X^{(1)}\right) = \sum_{j=1}^{m} \alpha_j y^{(j)} K\left(X^{(j)}, X^{(1)}\right) + b$，$E_1 = g\left(X^{(1)}\right) - y^{(1)}$，则：

$$y^{(1)} E_1 = y^{(1)} \left(g\left(X^{(1)}\right) - y^{(1)}\right) = y^{(1)} g\left(X^{(1)}\right) - 1$$

因此，不满足 KKT 条件的情况如下所示：

- 如果 $y^{(1)}E_1 < 0$，即 $y^{(1)}g\left(X^{(1)}\right) < 1$ 时，此时，若 $\alpha_1 < C$ 则违反 KKT 条件；
- 如果 $y^{(1)}E_1 > 0$，即 $y^{(1)}g\left(X^{(1)}\right) > 1$ 时，此时，若 $\alpha_1 > 0$ 则违反 KKT 条件；
- 如果 $y^{(1)}E_1 = 0$，即 $y^{(1)}g\left(X^{(1)}\right) = 1$ 时，表明是支持向量，此时无需优化。

通过检查每一个样本点是否符合上述不满足 KKT 条件，选择出第一个变量 α_1。

假设我们选择出的第一个变量为 α_1，此时，我们需要选择出第二个变量 α_2，选择第二个变量的原则是要使得 α_2 能够发生足够大的变化。其中，α_2 的更新公式为：

$$\alpha_2^{(i+1)} = \alpha_2^{(i)} + \frac{y^{(2)}\left(E_1 - E_2\right)}{\eta}$$

$\alpha_2^{(i+1)}$ 依赖于 $E_1 - E_2$，我们选择 $\alpha_2^{(i+1)}$，以使得 $E_1 - E_2$ 最大。

当更新完成 α_1 和 α_2 后，需要重新计算阈值 b，由：

$$\sum_{j=1}^{m} \alpha_j y^{(j)} K\left(X^{(j)}, X^{(1)}\right) + b = y^{(1)}$$

可知：

$$b_1^{(i+1)} = y^{(1)} - \sum_{j=3}^{m} \alpha_j y^{(j)} K\left(X^{(j)}, X^{(1)}\right) - \alpha_1^{(i+1)} y^{(1)} K\left(X^{(1)}, X^{(1)}\right) - \alpha_2^{(i+1)} y^{(2)} K\left(X^{(2)}, X^{(1)}\right)$$

而 E_1 为：

$$E_1 = \sum_{j=3}^{m} \alpha_j y^{(j)} K\left(X^{(j)}, X^{(1)}\right) + \alpha_1^{(i)} y^{(1)} K\left(X^{(1)}, X^{(1)}\right) + \alpha_2^{(i)} y^{(2)} K\left(X^{(2)}, X^{(1)}\right) + b - y^{(1)}$$

因此，$b_1^{(i+1)}$ 可以表示为：

$$b_1^{(i+1)} = -E_1 - y^{(1)}\left(\alpha_1^{(i+1)} - \alpha_1^{(i)}\right) K\left(X^{(1)}, X^{(1)}\right) - y^{(2)}\left(\alpha_2^{(i+1)} - \alpha_2^{(i)}\right) K\left(X^{(2)}, X^{(1)}\right) + b$$

同理，$b_2^{(i+1)}$ 可以表示为：

$$b_2^{(i+1)} = -E_2 - y^{(1)}\left(\alpha_1^{(i+1)} - \alpha_1^{(i)}\right) K\left(X^{(1)}, X^{(2)}\right) - y^{(2)}\left(\alpha_2^{(i+1)} - \alpha_2^{(i)}\right) K\left(X^{(2)}, X^{(2)}\right) + b$$

当更新完阈值b后，需要重新计算误差E_i：

$$E_i=\sum_{j=1}^{m}\alpha_j y^{(j)}K\left(X^{(j)},X^{(i)}\right)+b^{(i+1)}-y^{(i)}$$

4.5 支持向量机 SVM 算法实践

接下来我们利用 Python 构建一个完整的 SVM 分类器。在构建 SVM 分类器的过程中，包含了 SVM 分类器的训练和利用 SVM 分类器对未知数据的分类。在实践的过程中，我们首先建立“svm.py”文件。“svm.py”文件中包含了 SVM 模型训练以及利用 SVM 模型对未知数据预测的函数。

4.5.1 训练 SVM 模型

在 SVM 模型的训练过程中，主要使用到的文件包括“svm.py”和“svm_train.py”。首先我们为 SVM 模型声明一个类，打开“svm.py”文件，为使 Python 文件支持中文的注释和在 SVM 中使用矩阵的相关计算，需要在“svm.py”文件的开始加入：

```
#coding:UTF-8
import numpy as np
```

同时，在训练好 SVM 分类器后，需要将 SVM 模型保存到本地，此时，需要使用到 cPickle 模块，我们需要导入该模块：

```
import cPickle as pickle
```

首先，我们需要为 SVM 模型构建相应的类，SVM 模型的类如程序清单 4-1 所示。

程序清单 4-1 SVM 模型对应的类

```
class SVM:
    def __init__(self, dataSet, labels, C, toler, kernel_option):
        self.train_x = dataSet # 训练特征
        self.train_y = labels  # 训练标签
        self.C = C # 惩罚参数
        self.toler = toler     # 迭代的终止条件之一
        self.n_samples = np.shape(dataSet)[0] # 训练样本的个数
        self.alphas = np.mat(np.zeros((self.n_samples, 1))) # 拉格
朗日乘子
        self.b = 0
        self.error_tmp = np.mat(np.zeros((self.n_samples, 2))) # 保
```

存 E 的缓存
```
        self.kernel_opt = kernel_option # 选用的核函数及其参数
        self.kernel_mat = calc_kernel(self.train_x, self.kernel_opt)
# 核函数的输出                                                     ①
```

在程序清单 4-1 中，实现了 SVM 模型的类，在 SVM 模型的类中，包含了 SVM 模型的训练数据，SVM 模型中的参数等。其中，calc_kernel 函数用于根据指定的核函数 kernel_opt 计算样本的核函数矩阵，如程序代码中的①所示。calc_kernel 函数的具体实现如程序清单 4-2 所示。

程序清单 4-2　样本的核函数矩阵

```
def calc_kernel(train_x, kernel_option):
    '''计算核函数的矩阵
    input:  train_x(mat):训练样本的特征值
            kernel_option(tuple):核函数的类型以及参数
    output: kernel_matrix(mat):样本的核函数的值
    '''
    m = np.shape(train_x)[0] # 样本的个数
    kernel_matrix = np.mat(np.zeros((m, m))) # 初始化样本之间的核函数值
    for i in xrange(m):
        kernel_matrix[:, i] = \
            cal_kernel_value(train_x, train_x[i, :], kernel_option)①
    return kernel_matrix
```

在程序清单 4-2 中，calc_kernel 函数用于根据指定的核函数类型以及参数 kernel_option 计算最终的样本核函数矩阵，样本核函数矩阵为：

$$K=\begin{bmatrix} K_{11} & K_{12} & \cdots & K_{1m} \\ K_{21} & K_{22} & \cdots & K_{2m} \\ \vdots & \vdots & & \vdots \\ K_{m1} & K_{m2} & \cdots & K_{mm} \end{bmatrix}$$

其中，$K_{i,j}$ 表示的是第 i 个样本和第 j 个样本之间的核函数的值，在计算的过程中，利用 cal_kernel_value 函数计算每一个样本与其他样本的核函数的值，如程序代码中的①所示，函数 cal_kernel_value 的具体实现如程序清单 4-3 所示。

程序清单 4-3　样本之间的核函数的值

```
def cal_kernel_value(train_x, train_x_i, kernel_option):
    '''样本之间的核函数的值
    input:  train_x(mat):训练样本
            train_x_i(mat):第 i 个训练样本
            kernel_option(tuple):核函数的类型以及参数
```

```
    output: kernel_value(mat):样本之间的核函数的值
    '''
    kernel_type = kernel_option[0] # 核函数的类型，分为rbf和其他
    m = np.shape(train_x)[0] # 样本的个数

    kernel_value = np.mat(np.zeros((m, 1)))

    if kernel_type == 'rbf': # rbf核函数                              ①
        sigma = kernel_option[1]
        if sigma == 0:
            sigma = 1.0
        for i in xrange(m):
            diff = train_x[i, :] - train_x_i
            kernel_value[i] = np.exp(diff * diff.T / (-2.0 * sigma**2))
    else: # 不使用核函数                                               ②
        kernel_value = train_x * train_x_i.T
    return kernel_value
```

在程序清单 4-3 中，cal_kernel_value 函数用于根据指定的核函数类型以及参数 kernel_option 计算样本 train_x_i 与其他所有样本之间的核函数的值。在实现的过程中，只实现了高斯核函数，如程序代码中的①所示，高斯核函数的具体形式如 4.3.4 节所示。若没有指定核函数的类型，则默认不使用核函数，如程序代码中的②所示。

当定义好 SVM 模型后，我们需要完成 SVM 模型的最重要的功能，即利用 SMO 算法对 SVM 模型进行训练，训练 SVM 模型的具体过程如程序清单 4-4 所示。

程序清单 4-4 SVM 模型的训练

```
def SVM_training(train_x, train_y, C, toler, max_iter, 
kernel_option = ('rbf', 0.431029)):
    '''SVM的训练
    input:  train_x(mat):训练数据的特征
            train_y(mat):训练数据的标签
            C(float):惩罚系数
            toler(float):迭代的终止条件之一
            max_iter(int):最大迭代次数
            kerner_option(tuple):核函数的类型及其参数
    output: svm模型
    '''
    # 1. 初始化SVM分类器
    svm = SVM(train_x, train_y, C, toler, kernel_option)

    # 2. 开始训练
    entireSet = True
```

```
        alpha_pairs_changed = 0
        iteration = 0

        while (iteration < max_iter) and ((alpha_pairs_changed > 0) or
entireSet):
            print "\t iterration: ", iteration
            alpha_pairs_changed = 0

            if entireSet:
                # 对所有的样本
                for x in xrange(svm.n_samples):
                    alpha_pairs_changed += choose_and_update(svm, x) ①
                iteration += 1
            else:
                # 非边界样本
                bound_samples = []
                for i in xrange(svm.n_samples):
                    if svm.alphas[i,0] > 0 and svm.alphas[i,0] < svm.C:
                        bound_samples.append(i)
                for x in bound_samples:
                    alpha_pairs_changed += choose_and_update(svm, x) ②
                iteration += 1

            # 在所有样本和非边界样本之间交替
            if entireSet:
                entireSet = False
            elif alpha_pairs_changed == 0:
                entireSet = True

        return svm
```

在程序清单 4-4 中，函数 SVM_training 通过在非边界样本或所有样本中交替遍历，选择出第一个需要优化的 α_i，优先选择遍历非边界样本，因为非边界样本更有可能需要调整，而边界样本常常不能得到进一步调整而留在边界上。循环遍历非边界样本并选出它们当中违反 KKT 条件的样本进行调整，直到非边界样本全部满足 KKT 条件为止。当某一次遍历发现没有非边界样本得到调整时，就遍历所有样本，以检验是否整个集合都满足 KKT 条件。如果在整个集合的检验中又有样本被进一步优化，就有必要再遍历非边界样本。这样，不停地在“遍历所有样本”和“遍历非边界样本”之间切换，直到整个训练集都满足 KKT 条件为止。在选择出第一个变量 α_i 后，需要判断其是否满足条件，同时需要选择第二个变量 α_j，如程序代码中的①和②所示，函数 choose_and_update 的具体实现如程序清单 4-5 所示。

程序清单 4-5　选择并更新参数

```
def choose_and_update(svm, alpha_i):
    '''判断和选择两个alpha进行更新
    input:  svm:SVM模型
            alpha_i(int):选择出的第一个变量
    '''
    error_i = cal_error(svm, alpha_i) # 计算第一个样本的E_i          ①

    # 判断选择出的第一个变量是否违反了KKT条件
    if (svm.train_y[alpha_i] * error_i < -svm.toler) \
        and (svm.alphas[alpha_i] < svm.C) or\
       (svm.train_y[alpha_i] * error_i > svm.toler) \
        and (svm.alphas[alpha_i] > 0):

        # 1. 选择第二个变量
        alpha_j, error_j = \
                select_second_sample_j(svm, alpha_i, error_i)  ②
        alpha_i_old = svm.alphas[alpha_i].copy()
        alpha_j_old = svm.alphas[alpha_j].copy()

        # 2. 计算上下界
        if svm.train_y[alpha_i] != svm.train_y[alpha_j]:
            L = max(0, svm.alphas[alpha_j] - svm.alphas[alpha_i])
            H = min(svm.C, svm.C + svm.alphas[alpha_j] \
                - svm.alphas[alpha_i])
        else:
            L = max(0, svm.alphas[alpha_j] \
                + svm.alphas[alpha_i] - svm.C)
            H = min(svm.C, svm.alphas[alpha_j] \
                + svm.alphas[alpha_i])
        if L == H:
            return 0

        # 3. 计算eta
        eta = 2.0 * svm.kernel_mat[alpha_i, alpha_j] \
              - svm.kernel_mat[alpha_i, alpha_i] \
              - svm.kernel_mat[alpha_j, alpha_j]
        if eta >= 0:
            return 0

        # 4. 更新alpha_j
        svm.alphas[alpha_j] -= svm.train_y[alpha_j] \
                                        * (error_i - error_j) / eta

        # 5. 确定最终的alpha_j
```

```
        if svm.alphas[alpha_j] > H:
            svm.alphas[alpha_j] = H
        if svm.alphas[alpha_j] < L:
            svm.alphas[alpha_j] = L

        # 6. 判断是否结束
        if abs(alpha_j_old - svm.alphas[alpha_j]) < 0.00001:
            update_error_tmp(svm, alpha_j)
            return 0

        # 7. 更新alpha_i
        svm.alphas[alpha_i] += svm.train_y[alpha_i] \
                              * svm.train_y[alpha_j] \
                              * (alpha_j_old - svm.alphas[alpha_j])

        # 8. 更新b
        b1 = svm.b - error_i - svm.train_y[alpha_i] \
             * (svm.alphas[alpha_i] - alpha_i_old) \
             * svm.kernel_mat[alpha_i, alpha_i] \
             - svm.train_y[alpha_j] * (svm.alphas[alpha_j] \
             - alpha_j_old) * svm.kernel_mat[alpha_i, alpha_j]
        b2 = svm.b - error_j - svm.train_y[alpha_i] \
             * (svm.alphas[alpha_i] - alpha_i_old) \
             * svm.kernel_mat[alpha_i, alpha_j] \
             - svm.train_y[alpha_j] * (svm.alphas[alpha_j] \
             - alpha_j_old) * svm.kernel_mat[alpha_j, alpha_j]
        if (0 < svm.alphas[alpha_i]) \
            and (svm.alphas[alpha_i] < svm.C):
            svm.b = b1
        elif (0 < svm.alphas[alpha_j]) \
            and (svm.alphas[alpha_j] < svm.C):
            svm.b = b2
        else:
            svm.b = (b1 + b2) / 2.0                              ③

        # 9. 更新error
        update_error_tmp(svm, alpha_j)                           ④
        update_error_tmp(svm, alpha_i)                           ⑤

        return 1
    else:
        return 0
```

在程序清单4-5中，函数choose_and_update实现了SMO中最核心的部分，在函数choose_and_update中，首先，判断选择出的第一个变量α_i是否满足要求，在判断的过程中需要计算第一个变量的误差值 E_i，如程序代码中的①所示，函数 cal_error 的具体实现如程序清单 4-6 所示；当检查完第一个变量 α_i 满足条件后，需要选择第二个变量 α_j，对于第二个变量，选择的标准是使得其改变最大，选择的具体过程如程序代码中的②所示，函数 select_second_sample_j 的具体实现如程序清单 4-7 所示。当两个变量 α_i 和 α_j 都更新完成后，此时需要重新计算 b 的值，如程序代码中的③所示。最终，需要重新计算两个变量 α_i 和 α_j 对应的误差值 E_i 和 E_j，如程序代码中的④和⑤所示，函数 update_error_tmp 的具体实现如程序清单 4-8 所示。

程序清单 4-6　计算误差

```
def cal_error(svm, alpha_k):
    '''误差值的计算
    input:  svm:SVM 模型
            alpha_k(int):选择出的变量
    output: error_k(float):误差值
    '''
    output_k = float(np.multiply(svm.alphas, svm.train_y).T \
                * svm.kernel_mat[:, alpha_k] + svm.b)
    error_k = output_k - float(svm.train_y[alpha_k])
    return error_k
```

在程序清单 4-6 中，函数 cal_error 用于计算变量 alpha_k 对应的误差 error_k。

程序清单 4-7　选择第二个变量

```
def select_second_sample_j(svm, alpha_i, error_i):
    '''选择第二个样本
    input:  svm:SVM 模型
            alpha_i(int):选择出的第一个变量
            error_i(float):E_i
    output: alpha_j(int):选择出的第二个变量
            error_j(float):E_j
    '''
    # 标记为已被优化
    svm.error_tmp[alpha_i] = [1, error_i]
    candidateAlphaList = np.nonzero(svm.error_tmp[:, 0].A)[0]

    maxStep = 0
    alpha_j = 0
    error_j = 0

    if len(candidateAlphaList) > 1:
        for alpha_k in candidateAlphaList:
            if alpha_k == alpha_i:
```

```
                continue
            error_k = cal_error(svm, alpha_k)
            if abs(error_k - error_i) > maxStep:                    ①
                maxStep = abs(error_k - error_i)
                alpha_j = alpha_k
                error_j = error_k
    else: # 随机选择
        alpha_j = alpha_i
        while alpha_j == alpha_i:
            alpha_j = int(np.random.uniform(0, svm.n_samples))       ②
        error_j = cal_error(svm, alpha_j)

    return alpha_j, error_j
```

在程序清单 4-7 中，函数 select_second_sample_j 用于选择出第二个变量 α_j，对于第二个变量的选择，选择的标准是误差值改变最大的，如程序代码中的①所示。若此时，候选集的长度为 0，则随机选择 α_j，如程序代码中的②所示。

程序清单 4-8　重新计算误差值

```
def update_error_tmp(svm, alpha_k):
    '''重新计算误差值
    input:  svm:SVM模型
            alpha_k(int):选择出的变量
    output: 对应误差值
    '''
    error = cal_error(svm, alpha_k)
    svm.error_tmp[alpha_k] = [1, error]
```

在程序清单 4-8 中，函数 update_error_tmp 用于重新计算变量 alpha_k 对应的误差，通过函数 cal_error 计算对应的误差，函数 cal_error 的具体计算过程如程序清单 4-6 所示。

4.5.2　利用训练样本训练 SVM 模型

在训练 SVM 模型的过程中，我们建立“svm_train.py”文件。首先我们需要在“svm_train.py”文件中增加如下的代码，以实现对中文注释的支持，同时，为了能够利用文件“svm.py”中的函数，我们需要将其导入：

```
#coding:UTF-8
import numpy as np
import svm
```

在“svm_train.py”文件中增加主函数，主函数的具体实现如程序清单 4-9 所示。

程序清单 4-9　SVM 模型训练的主函数

```
if __name__ == "__main__":
    # 1. 导入训练数据
    print "------------ 1. load data --------------"
    dataSet, labels = load_data_libsvm("heart_scale")                ①
    # 2. 训练 SVM 模型
    print "------------ 2. training ---------------"
    C = 0.6
    toler = 0.001
    maxIter = 500
    svm_model=svm.SVM_training(dataSet, labels, C, toler, maxIter)②
    # 3. 计算训练的准确性
    print "------------ 3. cal accuracy ---------------"
    accuracy = svm.cal_accuracy(svm_model, dataSet, labels)     ③
    print "The training accuracy is: %.3f%%" % (accuracy * 100)
    # 4. 保存最终的 SVM 模型
    print "------------ 4. save model ---------------"
    svm.save_svm_model(svm_model, "model_file")                      ④
```

在利用训练数据对 SVM 模型进行训练的过程中，主要分为：①利用函数 load_data_libsvm 导入训练数据，如程序代码中的①所示；②调用“svm.py”文件中的 SVM_training 方法对 SVM 模型进行训练，如程序代码中的②所示；③利用“svm.py”文件中的 cal_accuracy 函数对模型准确性进行评测，如程序代码中的③所示；④最后，利用“svm.py”文件中的 save_model 函数将最终的 SVM 模型保存到指定的文件中，如程序代码中的④所示。

首先，我们需要导入准备好的训练数据，在该实验中，我们使用到了训练数据“heart_scale”，该数据的样本格式如下所示：

```
label index:value …
```

具体的样本形式如下所示：

```
+1 1:0.708333 2:1 3:1 4:-0.320755 5:-0.105023 6:-1 7:1 8:-0.419847
9:-1 10:-0.225806 12:1 13:-1
```

其中，第一列“+1”为样本标签，其余为样本的特征，在样本特征中，以“索引:值”的形式存储每一维特征。我们需要导入训练数据，导入训练数据的具体过程如程序清单 4-10 所示。

程序清单 4-10 导入训练数据

```
def load_data_libsvm(data_file):
    '''导入训练数据
    input:  data_file(string):训练数据所在文件
    output: data(mat):训练样本的特征
            label(mat):训练样本的标签
    '''
    data = []
    label = []
    f = open(data_file)
    for line in f.readlines():
        lines = line.strip().split(' ')

        # 提取得出label
        label.append(float(lines[0]))
        # 提取出特征，并将其放入到矩阵中
        index = 0
        tmp = []
        for i in xrange(1, len(lines)):
            li = lines[i].strip().split(":")
            if int(li[0]) - 1 == index:
                tmp.append(float(li[1]))
            else:
                while(int(li[0]) - 1 > index):
                    tmp.append(0)
                    index += 1
                tmp.append(float(li[1]))
            index += 1
        while len(tmp) < 13:
            tmp.append(0)
        data.append(tmp)
    f.close()
    return np.mat(data), np.mat(label).T
```

在程序清单 4-10 中，通过函数 load_data_libsvm 将训练数据“heart_scale”中的样本特征与样本标签分开，转换后分别放入到矩阵 data 和矩阵 label 中。

在导入完成训练数据后，通过在“svm.py”文件中构建好函数 SVM_training，实现对 SVM 模型的训练，函数 SVM_training 的具体实现如程序清单 4-4 所示；当训练完成后，我们需要对训练好的 SVM 模型进行评估，此时，我们需要在 svm.py 文件中构建函数 cal_accuracy，函数 cal_accuracy 的具体形式如程序清单 4-11 所示。

程序清单 4-11　计算 SVM 模型的准确性

```
def cal_accuracy(svm, test_x, test_y):
    '''计算预测的准确性
    input:  svm:SVM 模型
            test_x(mat):测试的特征
            test_y(mat):测试的标签
    output: accuracy(float):预测的准确性
    '''
    n_samples = np.shape(test_x)[0] # 样本的个数
    correct = 0.0
    for i in xrange(n_samples):
        # 对每一个样本得到预测值
        predict=svm_predict(svm, test_x[i, :])                        ①
        # 判断每一个样本的预测值与真实值是否一致
        if np.sign(predict) == np.sign(test_y[i]):                    ②
            correct += 1
    accuracy = correct / n_samples
    return accuracy
```

在程序清单 4-11 中，函数 cal_accuracy 利用训练好的 SVM 模型，对训练样本进行预测，如程序代码中的①所示；在得到预测值后，与其标签进行比较，如果预测值的符号与真实值的符号一致，则说明预测准确，否则预测不准确，比较的过程如程序代码中的②所示。对每一个训练样本预测函数 svm_predict 的具体过程如程序清单 4-12 所示。

程序清单 4-12　对每一个样本预测

```
def svm_predict(svm, test_sample_x):
    '''利用 SVM 模型对每一个样本进行预测
    input:  svm:SVM 模型
            test_sample_x(mat):样本
    output: predict(float):对样本的预测
    '''
    # 1. 计算核函数矩阵
    kernel_value = cal_kernel_value(svm.train_x, \
                        test_sample_x, svm.kernel_opt)                ①
    # 2. 计算预测值
    predict = kernel_value.T * \
              np.multiply(svm.train_y, svm.alphas) + svm.b            ②
    return predict
```

在程序清单 4-12 中，svm_predict 函数用于对每一个样本进行预测。在预测的过程中，主要分为：①利用函数 cal_kernel_value 计算核函数的值，如程序代码中的①所示，函数 cal_kernel_value 的具体实现如程序清单 4-3 所示；②计算预测值，如程序代码中的②所示。计算预测值的方法为：

$$f\left(X\right)=\sum_{i=1}^{m}\alpha_i^*y^{(i)}K\left(X,X^{(i)}\right)+b^*$$

当训练完 SVM 模型后，需要保存最终的 SVM 模型，保存 SVM 模型的具体过程如程序清单 4-13 所示。

程序清单 4-13　保存 SVM 模型

```
def save_svm_model(svm_model, model_file):
    '''保存 SVM 模型
    input:  svm_model:SVM 模型
            model_file(string):SVM 模型需要保存到的文件
    '''
    with open(model_file, 'w') as f:
        pickle.dump(svm_model, f)
```

在程序清单 4-13 中，save_svm_model 函数将训练好的 SVM 模型 svm_model 保存到 model_file 指定的文件中，在保存 SVM 模型的过程中使用到了 cPickle 模块中的 dump 方法。

SVM 模型的训练过程为：

```
------------ 1. load data --------------
------------ 2. training ---------------
          iterration:  0
          iterration:  1
          iterration:  2
          iterration:  3
          iterration:  4
------------ 3. cal accuracy --------------
The training accuracy is: 97.037%
------------ 4. save model ----------------
```

最终，SVM 训练的准确性为 97.037%。

4.5.3　利用训练好的 SVM 模型对新数据进行预测

对于分类算法而言，训练好的模型需要能够对新的数据集进行划分。利用上述步骤，我们训练好支持向量机 SVM 模型，并将其保存在“model_file”文件中，此时，我们需要利用训练好的 SVM 模型对新数据进行预测，同样，为了能够使用 numpy 中的函数和对中文注释的支持，在文件“svm_test.py”开始，我们加入：

```
# coding:UTF-8
import numpy as np
```

同时，在对新数据进行预测的过程中，需要使用到 cPickle 模块进行模型的导入，需要使用到“svm.py”文件中的 svm_predict 函数，因此，需要在文件“svm_test.py”文件中导入这些模块：

```
import cPickle as pickle
from svm import svm_predict
```

对新数据的预测的主函数如程序清单 4-14 所示。

程序清单 4-14　对新数据的预测的主函数

```
if __name__ == "__main__":
    # 1. 导入测试数据
    print "--------- 1.load data ---------"
    test_data = load_test_data("svm_test_data")                    ①
    # 2. 导入 SVM 模型
    print "--------- 2.load model ----------"
    svm_model = load_svm_model("model_file")                       ②
    # 3. 得到预测值
    print "--------- 3.get prediction ---------"
    prediction = get_prediction(test_data, svm_model)              ③
    # 4. 保存最终的预测值
    print "--------- 4.save result ----------"
    save_prediction("result", prediction)                          ④
```

在程序清单 4-14 中，对新数据的预测的主要步骤有：①导入测试数据，如程序代码中的①所示，其中，函数 load_test_data 的具体形式如程序清单 4-15 所示；②导入支持向量机 SVM 模型，如程序代码中的②所示，函数 load_svm_model 的具体形式如程序清单 4-16 所示；③计算得到预测值，如程序代码中的③所示，其中函数 get_prediction 如程序清单 4-17 所示；④保存最终的预测结果，如程序代码中的④所示，函数 save_prediction 的具体形式如程序清单 4-18 所示。

程序清单 4-15　导入测试数据集

```
def load_test_data(test_file):
    '''导入测试数据
    input:  test_file(string):测试数据
    output: data(mat):测试样本的特征
    '''
```

```
    data = []
    f = open(test_file)
    for line in f.readlines():
        lines = line.strip().split(' ')

        # 处理测试样本中的特征
        index = 0
        tmp = []
        for i in xrange(0, len(lines)):
            li = lines[i].strip().split(":")
            if int(li[0]) - 1 == index:
                tmp.append(float(li[1]))
            else:
                while(int(li[0]) - 1 > index):
                    tmp.append(0)
                    index += 1
                tmp.append(float(li[1]))
            index += 1
        while len(tmp) < 13:
            tmp.append(0)
        data.append(tmp)
    f.close()
    return np.mat(data)
```

在程序清单 4-15 中，函数 load_test_data 用于导入测试数据，测试数据与训练数据的主要区别是：在测试数据中不包含样本标签，因此在导入测试数据的过程中只需要导入样本的特征。

程序清单 4-16　导入 SVM 模型

```
def load_svm_model(svm_model_file):
    '''导入 SVM 模型
    input:  svm_model_file(string):SVM 模型保存的文件
    output: svm_model:SVM 模型
    '''
    with open(svm_model_file, 'r') as f:
        svm_model = pickle.load(f)                          ①
    return svm_model
```

在程序清单 4-16 中，函数 load_svm_model 用于导入训练好的 SVM 模型，在导入 SVM 模型的过程中使用到了 cPickle 模块中的 load 函数，如程序代码中的①所示。

程序清单 4-17　对新数据的预测

```
def get_prediction(test_data, svm):
    '''对样本进行预测
```

```
    input:  test_data(mat):测试数据
            svm:SVM 模型
    output: prediction(list):预测所属的类别
    '''
    m = np.shape(test_data)[0]
    prediction = []
    for i in xrange(m):
        # 对每一个样本得到预测值
        predict = svm_predict(svm, test_data[i, :])                  ①
        # 得到最终的预测类别
        prediction.append(str(np.sign(predict)[0, 0]))               ②
    return prediction
```

在程序清单 4-17 中，函数 get_prediction 利用训练好的 SVM 模型对测试样本进行预测，在预测的过程中，利用“svm.py”中的 svm_predict 函数分别对每一个样本进行预测，如程序代码中的①所示，当预测完成后，利用 sign 函数将其转换成对应的类别，如程序代码中的②所示。

程序清单 4-18　保存最终的预测结果

```
def save_prediction(result_file, prediction):
    '''保存预测的结果
    input:  result_file(string):结果保存的文件
            prediction(list):预测的结果
    '''
    f = open(result_file, 'w')
    f.write(" ".join(prediction))
    f.close()
```

在程序清单 4-18 中，函数 save_prediction 将预测的结果 prediction 保存到指定的文件 result_file 中。

参考文献

[1] 李航. 统计学习方法[M]. 北京:清华大学出版社. 2012.

[2] Platt J C. Sequential Minimal Optimization: A Fast Algorithm for Training Support Vector Machines[C]. //Advances in Kernel Methods-support Vector Learning. 1998: 212-223.

[3] Peter Harrington. 机器学习实战[M]. 王斌，译. 人民邮电出版社.2013.

5 随机森林

对于一个复杂的分类问题来说，训练一个复杂的分类模型通常比较耗费时间，同时，为了能够提高对分类问题的预测准确性，通常可以选择训练多个分类模型，并将各自的预测结果组合起来，得到最终的预测。集成学习（Ensemble Learning）便是这样一种学习方法，集成学习是指将多种学习算法，通过适当的形式组合起来完成同一个任务。在集成学习中，主要分为 bagging 算法和 boosting 算法。

随机森林（Random Forest）是 bagging 算法中最重要的一种算法，通过对数据集的采样生成多个不同的数据集，并在每一个数据集上训练一棵分类树，最终结合每一棵分类树的预测结果作为随机森林的预测结果。

5.1 决策树分类器

5.1.1 决策树的基本概念

决策树（Decision Tree）算法是一类常用的机器学习算法，在分类问题中，决策树算法通过样本中某一维属性的值，将样本划分到不同的类别中。以二分类为例，二分类的数据集如表 5-1 所示。

表 5-1　数据集

	是否用鳃呼吸	有无鱼鳍	是否为鱼
鲨鱼	是	有	是
鲫鱼	是	有	是
河蚌	是	无	否
鲸	否	有	否
海豚	否	有	否

在表 5-1 中，有 5 个样本，样本中的属性为“是否用鳃呼吸”和“有无鱼鳍”，通过对样本的学习，如“鲸鲨”，可以利用学习到的决策树模型对于一个新的样本，正确地做出决策，即判断其是否为鱼。

决策树算法是基于树形结构来进行决策的。如对于表 5-1 所示的数据，首先通过属性“是否用鳃呼吸”判断样本是否为鱼，如图 5.1 所示。

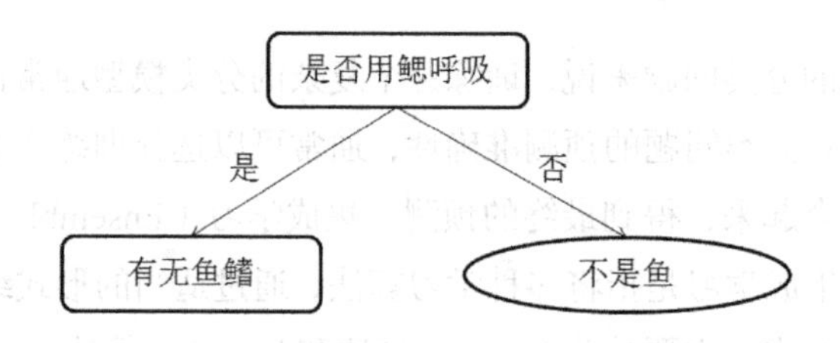

图 5.1　通过属性“是否用鳃呼吸”划分数据

从图 5.1 中可以看出，通过属性“是否用鳃呼吸”，已经将一部分样本区分开，即不用鳃呼吸的不是鱼，接下来对剩下的样本利用第二维属性“有无鱼鳍”进行划分，如图 5.2 所示。

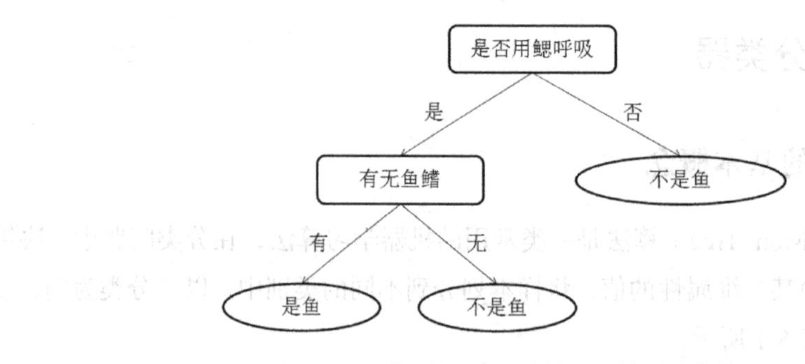

图 5.2　通过属性“有无鱼鳍”继续划分数据

在图 5.2 中，通过属性“有无鱼鳍”对剩余的样本继续划分，得到了最终的决策，从图 5.2 中可以看出，不用鳃呼吸的不是鱼，用鳃呼吸但是没有鱼鳍的也不是鱼，用鳃呼吸同时有鱼鳍的是鱼。对于一个新的样本“鲸鲨”，其样本属性为{用鳃呼吸，有鱼鳍}，符合上述对鱼的判断，因此，认为鲸鲨为鱼。

5.1.2　选择最佳划分的标准

对于表 5-1 中所示的数据，其中每个样本包含了两个特征，分别为是否用鳃呼吸和有无鱼鳍，对于这两维特征，选择划分数据集的特征的时候存在一定的顺序，如图 5.1 中，首先选择的是“是否用鳃呼吸”，选择的依据是这一维特征对数据的划分更具有区分性，在决策树算法中，通常有这些标准：信息增益（Information Gain）、增益率（Gain Ratio）和基尼指数（Gini Index）。

熵（Entropy）是度量样本集合纯度最常用的一种指标，对于包含 m 个训练样本的数据集 $D:\left\{\left(X^{(1)},y^{(1)}\right),\cdots,\left(X^{(m)},y^{(m)}\right)\right\}$，在数据集 D 中，第 k 类的样本所占的比例为 p_k，则数据集 D 的信息熵为：

$$Entropy\left(D\right)=-\sum_{k=1}^{K}p_k\log_2 p_k$$

其中，K 表示的是数据集 D 中类别的个数。对于表 5.1 所示的数据集，其信息熵为：

$$Entropy\left(D\right)=-\sum_{k=1}^{2}p_k\log_2 p_k=-\left(\frac{2}{5}\log_2\frac{2}{5}+\frac{3}{5}\log_2\frac{3}{5}\right)=0.971$$

当把样本按照特征 A 的值 a 划分成两个独立的子数据集 D_1 和 D_2 时，此时整个数据集 D 的熵为两个独立数据集 D_1 的熵和 D_2 的熵的加权和，即：

$$\begin{aligned}&Entropy\left(D\right)\\&=\frac{\left|D_1\right|}{\left|D\right|}Entropy\left(D_1\right)+\frac{\left|D_2\right|}{\left|D\right|}Entropy\left(D_2\right)\\&=-\left(\frac{\left|D_1\right|}{\left|D\right|}\sum_{k=1}^{K}p_k\log_2 p_k+\frac{\left|D_2\right|}{\left|D\right|}\sum_{k=1}^{K}p_k\log_2 p_k\right)\end{aligned}$$

其中，$\left|D_1\right|$ 表示的是数据集 D_1 中的样本的个数，$\left|D_2\right|$ 表示的是数据集 D_2 中的样本的个数。对于表 5-1 所示的数据集，将样本按照特征“是否用鳃呼吸”划分成两个独立的子数据集，如图 5.1 所示，此时，数据集 D 的信息熵为：

$$
\begin{aligned}
&Entropy(D)\\
&=\frac{3}{5}Entropy(D_1)+\frac{2}{5}Entropy(D_2)\\
&=-\left[\frac{3}{5}\left(\frac{2}{3}\log_2\frac{2}{3}+\frac{1}{3}\log_2\frac{1}{3}\right)+\frac{2}{5}(\log_2 1)\right]=0.551
\end{aligned}
$$

由上述的划分可以看出，在划分后数据集 D 的信息熵减小了，对于给定的数据集，划分前后信息熵的减少量称为信息增益（Information Gain），即：

$$
igain(D,A)=Entropy(D)-\sum_{p=1}^{P}\frac{|D_p|}{|D|}Entropy(D_p)
$$

其中，$|D_p|$ 表示的是属于第 p 类的样本的个数。信息熵表示的数据集中的不纯度，信息熵较小表明数据集纯度提升了。在选择数据集划分的标准时，通常选择能够使得信息增益最大的划分。ID3 决策树算法就是利用信息增益作为划分数据集的一种方法。

增益率（Gain Ratio）是可以作为选择最优划分属性的方法，增益率的计算方法为：

$$
gain\_ratio(D,A)=\frac{igain(D,A)}{IV(A)}
$$

其中，$IV(A)$ 被称为特征 A 的“固有值（Intrinsic Value）”，即：

$$
IV(A)=-\sum_{p=1}^{P}\frac{|D_p|}{|D|}\log_2\frac{|D_p|}{|D|}
$$

在著名的 C4.5 决策树算法中就是利用增益率作为划分数据集的方法。

基尼指数（Gini Index）也可以选择最优的划分属性，对于数据集 D，假设有 K 个分类，则样本属于第 k 个类的概率为 p_k，则此概率分布的基尼指数为：

$$
Gini(p)=\sum_{k=1}^{K}p_k(1-p_k)=1-\sum_{k=1}^{K}{p_k}^2
$$

对于数据集 D，其基尼指数为：

$$
Gini(D)=1-\sum_{k=1}^{K}\left(\frac{|C_k|}{|D|}\right)^2
$$

其中，$|C_k|$ 表示数据集 D 中，属于类别 k 的样本的个数。若此时根据特征 A 将数

据集 D 划分成独立的两个数据集 D_1 和 D_2，此时的基尼指数为：

$$Gini(D,A)=\frac{|D_1|}{|D|}Gini(D_1)+\frac{|D_2|}{|D|}Gini(D_2)$$

在如表 5-1 所示的数据集 D 中，其基尼指数为：

$$Gini(D)=1-\sum_{k=1}^{2}(p_k)^2=1-\left[\left(\frac{2}{5}\right)^2+\left(\frac{3}{5}\right)^2\right]=0.48$$

利用特征"是否用鳃呼吸"将数据集 D 划分成独立的两个数据集 D_1 和 D_2 后，其基尼指数为：

$$Gini(D,A)=\frac{3}{5}\left[1-\left(\left(\frac{2}{3}\right)^2+\left(\frac{1}{3}\right)^2\right)\right]+\frac{2}{5}[1-1]=0.267$$

在 CART 决策树算法中利用 Gini 指数作为划分数据集的方法。

现在，让我们一起利用 Python 实现上述的 Gini 指数的计算过程，Gini 指数的具体计算方法如程序清单 5-1 所示。

程序清单 5-1 Gini 指数的计算

```
def cal_gini_index(data):
    '''计算给定数据集的 Gini 指数
    input:  data(list):数据集
    output: gini(float):Gini 指数
    '''
    total_sample = len(data) # 样本的总个数
    if len(data)==0:
        return 0
    label_counts = label_uniq_cnt(data) # 统计数据集中不同标签的个数 ①

    # 计算数据集的 Gini 指数
    gini = 0
    for label in label_counts:
        gini = gini + pow(label_counts[label],2)                  ②

    gini = 1 - float(gini) / pow(total_sample,2)                  ③
    return gini
```

在程序清单 5-1 中，函数 cal_gini_index 用于计算数据集 data 的 Gini 指数，在计算 Gini 指数的过程中，需要判断数据集中类别标签的个数，label_uniq_cnt 函数用于计算数据集 data 中不同的类别标签的个数，如程序代码中的①所示，函数 label_uniq_cnt 的具体实现如程序清单 5-2 所示。通过统计不同类别标签的个数，并根据上述的计算方法计算当前的数据集 data 中的 Gini 指数，其具体的计算方法如程序代码中的②和③所示，在计算 Gini 指数的过程中，需要用到 pow 函数，因此，在程序开始前，我们需要导入 pow：

```
from math import pow
```

程序清单 5-2　统计数据集中不同标签的个数

```
def label_uniq_cnt(data):
    '''统计数据集中不同的类标签 label 的个数
    input:  data(list):原始数据集
    output: label_uniq_cnt(int):样本中的标签的个数
    '''
    label_uniq_cnt = {}

    for x in data:
        label = x[len(x) - 1]  # 取得每一个样本的类标签 label
        if label not in label_uniq_cnt:
            label_uniq_cnt[label] = 0
        label_uniq_cnt[label] = label_uniq_cnt[label] + 1
    return label_uniq_cnt
```

在程序清单 5-2 中，函数 label_uniq_cnt 用于统计数据集 data 中不同标签的个数，并将统计结果存储到字典 label_uniq_cnt 中。

5.1.3 停止划分的标准

在按照特征对上述的数据进行划分的过程中，需要设置划分的终止条件，通常在算法的过程中，设置划分终止条件的方法主要有：①结点中的样本数小于给定阀值；②样本集的基尼指数小于给定阀值（样本基本属于同一类）；③没有更多特征。

在图 5.2 所示的最终的划分中，当叶子节点中的所有样本属于同一个类别时，停止划分。

5.2 CART 分类树算法

5.2.1 CART 分类树算法的基本原理

CART 算法（Classification And Regression Tree）是决策树的一种，如上所述，主要的决策树模型有 ID3 算法、C4.5 算法和 CART 算法，与 ID3 算法和 C4.5 算法不同的是，CART 算法既能处理分类问题也可以处理回归问题。

CART 算法既可以用于创建分类树（Classification Tree），也可以用于创建回归树（Regression Tree），在本章中，主要是利用 CART 算法创建分类树。

5.2.2 CART 分类树的构建

在 CART 分类树算法中，利用 Gini 指数作为划分数的指标，通过样本中的特征，对样本进行划分，直到所有的叶节点中的所有样本都为同一个类别为止，CART 分类树的构建过程如下所示：

- 对于当前训练数据集，遍历所有属性及其所有可能的切分点，寻找最佳切分属性及其最佳切分点，使得切分之后的基尼指数最小，利用该最佳属性及其最佳切分点将训练数据集切分成两个子集，分别对应判别结果为左子树和判别结果为右子树。
- 重复以下的步骤直至满足停止条件：为每一个叶子节点寻找最佳切分属性及其最佳切分点，将其划分为左右子树。
- 生成 CART 决策树。

现在，让我们一起利用 Python 实现 CART 决策树。为了能构建 CART 分类树算法，首先，需要为 CART 分类树中节点设置一个结构，并将其保存到 CART 树的文件“tree.py”中，其具体的实现如程序清单 5-3 所示。

程序清单 5-3　树中节点的结构

```
class node:
    '''树的节点的类
    '''
    def __init__(self, fea=-1, value=None, results=None, right=None, 
left=None):
        self.fea = fea # 用于切分数据集的属性的列索引值
        self.value = value # 设置划分的值
```

```
        self.results = results # 存储叶节点所属的类别
        self.right = right # 右子树
        self.left = left # 左子树
```

在程序清单 5-3 中，为树中节点设置 node 类，在 node 类中，属性 fea 表示的是待切分的特征的索引值，属性 value 表示的是待切分的特征的索引处的具体的值，当 node 为叶子节点时，属性 results 表示的是该叶子节点所属的类别，属性 right 表示的是树中节点 node 的右子树，属性 left 表示的是树中节点的左子树。

当定义好树的节点后，利用训练数据训练 CART 分类树模型，其具体实现如程序清单 5-4 所示。

程序清单 5-4　构建 CART 分类树

```
def build_tree(data):
    '''构建树
    input:  data(list):训练样本
    output: node:树的根结点
    '''
    #构建决策树，函数返回该决策树的根节点
    if len(data) == 0:
        return node()

    # 1. 计算当前的 Gini 指数
    currentGini = cal_gini_index(data)                              ①

    bestGain = 0.0
    bestCriteria = None # 存储最佳切分属性以及最佳切分点
    bestSets = None # 存储切分后的两个数据集

    feature_num = len(data[0]) - 1 # 样本中特征的个数
    # 2. 找到最好的划分
    for fea in range(0,feature_num):
        # 2.1 取得 fea 特征处所有可能的取值
        feature_values = {} # 在 fea 位置处可能的取值
        for sample in data: # 对每一个样本
            feature_values[sample[fea]] = 1 # 存储特征 fea 处所有可能的
取值                                                                ②

        # 2.2 针对每一个可能的取值，尝试将数据集划分，并计算 Gini 指数
        for value in feature_values.keys(): #遍历该属性的所有切分点
            # 2.2.1 根据 fea 特征中的值 value 将数据集划分成左右子树
            (set_1,set_2) = split_tree(data,fea,value)              ③
            # 2.2.2 计算当前的 Gini 指数
```

```
            nowGini = float(len(set_1)*cal_gini_index(set_1) +\
                      len(set_2)*cal_gini_index(set_2)) / len(data) ④
            # 2.2.3 计算 Gini 指数的增加量
            gain = currentGini - nowGini
            # 2.2.4 判断此划分是否比当前的划分更好
            if gain > bestGain and len(set_1) > 0 and len(set_2) > 0: ⑤
                bestGain = gain
                bestCriteria = (fea,value)
                bestSets = (set_1,set_2)

    # 3. 判断划分是否结束
    if bestGain > 0:
        right = build_tree(bestSets[0])                               ⑥
        left = build_tree(bestSets[1])                                ⑦
        return node(fea=bestCriteria[0],value=bestCriteria[1],\
                right=right,left=left)
    else:
    # 返回当前的类别标签作为最终的类别标签
        return node(results=label_uniq_cnt(data))                     ⑧
```

在程序清单 5-4 中，函数 build_tree 用于构建 CART 分类树，在构建分类树的过程中，主要有如下的几步：①计算当前的 Gini 指数；②尝试按照数据集中的每一个特征将树划分成左右子树，计算出最好的划分，通过迭代的方式继续对左右子树进行划分；③判断当前是否还可以继续划分，若不能继续划分则退出。

在构建 CART 分类树的过程中，首先是计算当前的 Gini 指数，如程序代码中的①所示，函数 cal_gini_index 的具体实现如程序清单 5-1 所示。

在划分的过程中，需要按照 Gini 指数找到最好的划分。寻找最好的划分的方法是遍历所有的样本的特征，取得能够使得划分前后 Gini 指数的变化最大的特征，按照该特征的值将树划分成左右子树。在寻找最好划分的过程中，首先取得所有样本在 fea 特征处的可能的取值，并将其存储到字典 feature_values 中，如程序代码中的②所示。对特征 fea 处的每一种可能取值，利用函数 split_tree 尝试将数据集 data 划分成左右子树 set_1 和 set_2，如程序代码中的③所示。函数 split_tree 按照指定的特征 fea 处的值 value 将数据集划分成左右子树，函数 split_tree 的具体实现如程序清单 5-5 所示。划分后，计算此时的 Gini 指数，此时的 Gini 指数为左右子树的 Gini 指数之和，如程序代码中的④所示。判断当前的 Gini 指数与划分前 Gini 指数的变化，找到能够使得 Gini 指数变化最大的特征作为最终的划分标准，如程序代码中的⑤所示。

待找到了当前的最好划分后，将数据集 data 划分成左右子树 set_1 和 set_2，判断此时的划分中 Gini 指数是否为 0，若不为 0，则对左右子树重复上述的划分过程，如程序代码中的⑥和⑦所示；若此时 Gini 指数为 0，则停止划分，返回叶子节点的标签，如程序代码中的⑧所示。

程序清单 5-5　划分左右子树的 split_tree 函数

```
def split_tree(data, fea, value):
    '''根据特征 fea 中的值 value 将数据集 data 划分成左右子树
    input:  data(list):数据集
            fea(int):待分割特征的索引
            value(float):待分割的特征的具体值
    output: (set1,set2)(tuple):分割后的左右子树
    '''
    set_1 = []
    set_2 = []
    for x in data:
        if x[fea] >= value:
            set_1.append(x)                                      ①
        else:
            set_2.append(x)                                      ②
    return (set_1, set_2)
```

在程序清单 5-5 中，函数 split_tree 主要用于特征的值是连续的值时的划分，当特征 fea 处的值是一些连续值的时候，当该处的值大于或等于待划分的值 value 时，将该样本划分到 set_1 中，如程序代码中的①所示，否则，划分到 set_2 中，如程序代码中的②所示。

5.2.3　利用构建好的分类树进行预测

当整个 CART 分类树构建完成后，利用训练样本对分类树进行训练，最终得到分类树的模型，对于未知的样本，需要用训练好的分类树的模型对其进行预测，对样本进行预测的过程如程序清单 5-6 所示。

程序清单 5-6　利用训练好的分类树对新样本进行预测

```
def predict(sample, tree):
    '''对每一个样本 sample 进行预测
    input:  sample(list):需要预测的样本
            tree(类):构建好的分类树
    output: tree.results:所属的类别
    '''
    # 1. 只是树根
```

```
    if tree.results != None:
        return tree.results                                              ①
    else:
    # 2. 有左右子树
        val_sample = sample[tree.fea]
        branch = None
        if val_sample >= tree.value:
            branch = tree.right
        else:
            branch = tree.left
        return predict(sample, branch)
```

在程序清单5-6中，函数predict利用训练好的CART分类树模型tree对样本sample进行预测，当只有树根时，直接返回树根的类标签，如程序代码中的①所示，若此时有左右子树，则根据指定的特征 fea 处的值进行比较，选择左右子树，直到找到最终的标签。

5.3 集成学习（Ensemble Learning）

5.3.1 集成学习的思想

在前面章节中，面对一个复杂的分类问题，我们试图寻找到一种高效的算法处理这类复杂的分类问题，通过对训练数据的学习，构建出分类模型。然而，面对一个较为复杂的分类问题，训练一个高效的分类算法通常需要花费很多的资源，同时，训练好的模型在面对复杂的分类问题时，有时会显得不足。

集成学习(Ensemble Learning)是一种新的学习策略，对于一个复杂的分类问题，通过训练多个分类器，利用这些分类器来解决同一个问题。这样的思想有点类似于“三个臭皮匠赛过诸葛亮”，例如，在医学方面，面对一个新型的或者罕见的疾病时，通常会组织多个医学“专家”会诊，通过结合这些“专家”的意见，最终给出治疗的方法。在集成学习中，通过学习多个分类器，通过结合这些分类器对于同一个样本的预测结果，给出最终的预测结果。

5.3.2 集成学习中的典型方法

在集成学习方法中，其泛化能力比单个学习算法的泛化能力强很多。在集成学习方法中，根据多个分类器学习方式的不同，可以分为：Bagging 算法和 Boosting 算法。

Bagging（Bootstrap Aggregating）算法通过对训练样本有放回的抽取，由此产生多个训练数据的子集，并在每一个训练集的子集上训练一个分类器，最终分类结果是由多个分类器的分类结果投票而产生的。Bagging 算法的整个过程如图 5.3 所示。

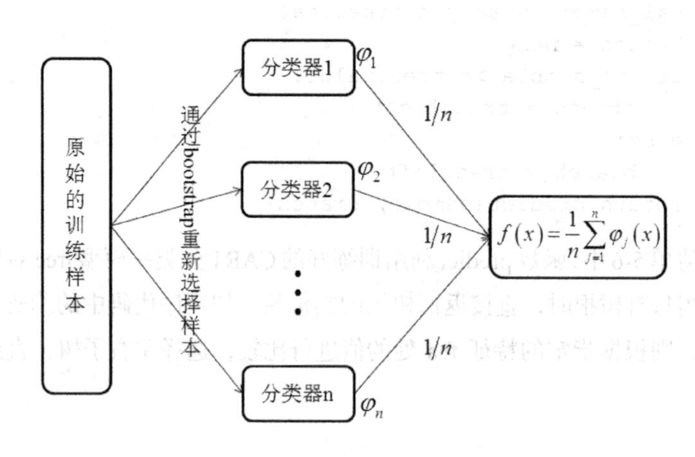

图 5.3　Bagging 算法过程

在图 5.3 中，对于一个分类问题而言，假设有 n 个分类器，每次通过有放回的从原始数据集中抽取训练样本，分别训练这 n 个分类器 $\{\varphi_1,\varphi_2,\cdots,\varphi_n\}$，最终，通过组合 n 个分类器的结果作为最终的预测结果。

与 Bagging 算法不同，Boosting 算法通过顺序地给训练集中的数据项重新加权创造不同的基础学习器。Boosting 算法的核心思想是重复应用一个基础学习器来修改训练数据集，这样在预定数量的迭代下可以产生一系列的基础学习器。在训练开始，所有的数据项都被初始化为同一个权重，在这次初始化之后，每次增强的迭代都会生成一个适应加权之后的训练数据集的基础学习器。每一次迭代的错误率都会计算出来，而且正确划分的数据项的权重会被降低，然后错误划分的数据项权重将会增大。Boosting 算法的最终模型是一系列基础学习器的线性组合，而且系数依赖于各个基础学习器的表现。Boosting 算法有很多版本，但是目前使用最广泛的是 AdaBoost 算法和 GBDT 算法。Boosting 算法的整个过程如图 5.4 所示。

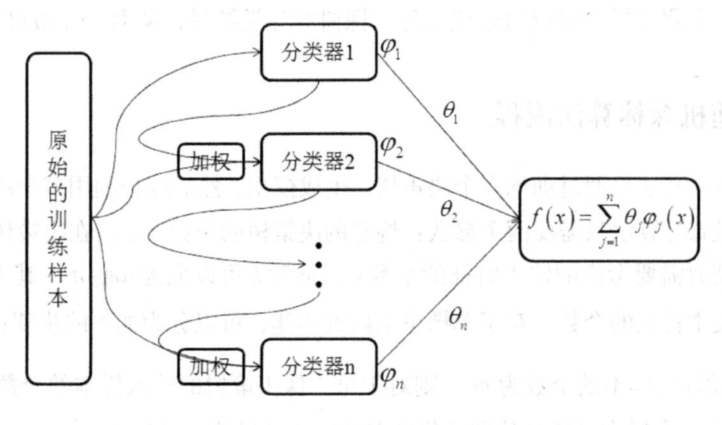

图 5.4 Boosting 算法的整个过程

在图 5.4 中，对于包含n个分类器的 Boosting 算法，依次利用训练样本对其进行学习，在每个分类器中，其样本的权重是不一样的，如对于第$i+1$个分类器来讲，第i个分类器会对每个样本进行评估，预测错误的样本，其权重会增加，反之，则减小。训练好每一个分类器后，对每一个分类器的结果线性加权得到最终的预测结果。

5.4 随机森林（Random Forests）

5.4.1 随机森林算法模型

随机森林（Random Forest，RF）算法是一种重要的基于 Bagging 的集成学习方法，加州大学伯克利分校的 Breiman Leo 和 Adele Cutler 在 2001 年发表的论文中提到了 Random Forest 算法，随机森林算法可以用来做分类、回归等问题，在本章节中主要介绍随机森林在分类问题中的应用。

随机森林算法是由一系列的决策树组成，它通过自助法（Bootstrap）重采样技术，从原始训练样本集中有放回地重复随机抽取m个样本，生成新的训练样本集合，然后根据自助样本集生成k个分类树组成随机森林，新数据的分类结果按分类树投票多少形成的分数而定。其实质是对决策树算法的一种改进，将多个决策树合并在一起，每棵树的建立依赖于一个独立抽取的样品，森林中的每棵树具有相同的分布，分类误差取决于每一棵树的分类能力和它们之间的相关性。特征选择采用随机的方法去分裂每一个节点，然后比较不同情况下产生的误差。能够检测到的内在估计误差、分类能力和相关性决定选择特征的数目。单棵树的分类能力可能很小，但在随机产生大量的决策树后，一个测试样品可以通过统计每一棵树的分类结果，从面选择最可能的分类。

5.4.2 随机森林算法流程

随机森林算法是通过训练多个决策树，生成模型，然后综合利用多个决策树进行分类。随机森林算法只需要两个参数：构建的决策树的个数 n_{tree}，在决策树的每个节点进行分裂时需要考虑的输入特征的个数 k，通常 k 可以取为 $\log_2 n$，其中 n 表示的是原数据集中特征的个数。对于单棵决策树的构建，可以分为如下的步骤：

- 假设训练样本的个数为 m，则对于每一棵决策树的输入样本的个数都为 m，且这 m 个样本是通过从训练集中有放回地随机抽取得到的。
- 假设训练样本特征的个数为 n，对于每一棵决策树的样本特征是从该 n 个特征中随机挑选 k 个，然后从这 k 个输入特征里选择一个最好的进行分裂。
- 每棵树都一直这样分裂下去，直到该节点的所有训练样例都属于同一类。在决策树分裂过程中不需要剪枝。

根据上述的过程，我们利用 Python 实现随机森林的训练过程，在实现随机森林的训练过程时，需要使用到 numpy 中的函数，因此需要导入 numpy 模块：

```
import numpy as np
```

随机森林的构建过程如程序清单 5-7 所示。

程序清单 5-7　构建随机森林

```
def random_forest_training(data_train, trees_num):
    '''构建随机森林
    input:  data_train(list):训练数据
            trees_num(int):分类树的个数
    output: trees_result(list):每一棵树的最好划分
            trees_feature(list):每一棵树中对原始特征的选择
    '''
    trees_result = []  # 构建好每一棵树的最好划分
    trees_feature = []
    n = np.shape(data_train)[1]  # 样本的维数
    if n > 2:
        k = int(log(n - 1, 2)) + 1 # 设置特征的个数               ①
    else:
        k = 1
    # 开始构建每一棵树
    for i in xrange(trees_num):
```

```
        # 1. 随机选择m个样本, k个特征
        data_samples, feature = choose_samples(data_train, k)    ②
        # 2. 构建每一棵分类树
        tree = build_tree(data_samples)                          ③
        # 3. 保存训练好的分类树
        trees_result.append(tree)                                ④
        # 4. 保存好该分类树使用到的特征
    trees_feature.append(feature)                                ⑤
    return trees_result, trees_feature
```

在程序清单 5-7 中，函数 random_forest_training 用于构建具有多棵树的随机森林，其中函数的输入 data_train 表示的是训练数据，trees_num 表示的是在随机森林中分类树的数量。在随机森林算法中，随机选择的特征的个数通常为 $k = \log_2 n$，其中 n 表示的是原数据集中特征的个数，如程序代码中的①所示；在程序代码中，使用到了 math 模块中的 log 函数，因此，需要导入 log 函数：

```
from math import log
```

当随机森林中分类树的数量 trees_num 和每一棵树的特征的个数 k 设置完成后，便可以利用训练样本训练随机森林中的每一棵树。在训练每一棵树的过程中，主要有如下几步：①从样本集中随机选择 m 个样本中的 k 个特征，其中，m 为原始数据集中的样本个数，如程序代码中的②所示，函数 choose_sample 的具体实现如程序清单 5-8 所示；②利用选择好的只包含部分特征的数据集 data_sample 构建分类树模型，如程序代码中的③所示，函数 build_tree 的具体实现如程序清单 5-4 所示，在此，为了使用 build_tree 函数，需要从"tree.py"文件中导入 build_tree 函数：

```
from tree import build_tree
```

③当训练好 CART 树后，保存训练好的分类树模型，如程序代码中的④所示；④保存在该分类树下选择的特征 feature，这一步主要是保证对新的数据集进行预测时，能够从中选择出特征。

程序清单 5-8 随机选择样本及特征

```
def choose_samples(data, k):
    '''从样本中随机选择样本及其特征
    input:  data(list):原始数据集
            k(int):选择特征的个数
    output: data_samples(list):被选择出来的样本
            feature(list):被选择的特征index
    '''
    m, n = np.shape(data)  # 样本的个数和样本特征的个数
```

```
    # 1. 选择出 k 个特征的 index
    feature = []
    for j in xrange(k):
        feature.append(rd.randint(0, n - 2))  # n-1 列是标签
    # 2. 选择出 m 个样本的 index
    index = []
    for i in xrange(m):
        index.append(rd.randint(0, m - 1))
    # 3. 从 data 中选择出 m 个样本的 k 个特征，组成数据集 data_samples
    data_samples = []
    for i in xrange(m):
        data_tmp = []
        for fea in feature:
            data_tmp.append(data[index[i]][fea])
        data_tmp.append(data[index[i]][-1])
        data_samples.append(data_tmp)
    return data_samples, feature
```

在程序清单 5-8 中，choose_samples 函数的功能是从原始的训练样本 data 中随机选择出 *m* 个样本，这里的随机选择是指有放回地选择，样本之间是可以重复的，同时这 *m* 个样本中只保留 *k* 维特征，用来组成新的样本 data_sample，同时为了能够还原选择出的样本特征，需要保存选择出的特征 feature。在随机选择的过程中，使用到了 random 模块中的 randint 函数，因此需要导入 random 模块：

```
import random as rd
```

5.5 随机森林 RF 算法实践

在如上的几节中，我们介绍了随机森林 RF 算法的基本概念和具体的构建过程，介绍了 CART 树的基本概念和如何构建一棵 CART 分类树。接下来，我们利用图 5.5 所示的非线性可分的分类数据，并结合之前完成的函数，训练完整的随机森林 RF 模型，训练数据如图 5.5 所示。

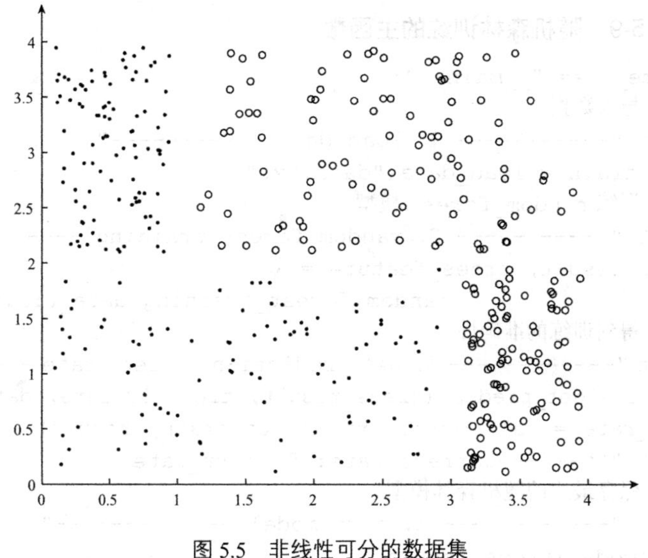

图 5.5　非线性可分的数据集

利用随机森林算法对其进行分类的过程中，主要有两个部分：①利用训练数据对模型进行训练；②对新的数据进行预测。

5.5.1　训练随机森林模型

首先，我们利用训练样本训练模型，为了使得 Python 能够支持中文注释和利用 numpy，我们需要在训练文件“random_forests_train.py”的开始加入：

```
# coding:UTF-8
import numpy as np
```

同时，在训练随机森林模型时，还需要使用到如下的一些函数：

```
import random as rd
from math import log
from tree import build_tree, predict
import cPickle as pickle
```

其中，random 模块用于随机选择样本和特征，math 模块中的 log 函数用于计算选择的特征个数，tree 模块包含构建 CART 分类树的主要过程，tree 模块中的 build_tree 用于构建 CART 分类树模型，predict 函数利用构建好的 CART 树模型对样本进行预测，cPickle 模块用于保存和导入训练好的随机森林 RF 模型。

随机森林模型训练的主函数如程序清单 5-9 所示。

程序清单 5-9　随机森林训练的主函数

```
if __name__ == "__main__":
    # 1. 导入数据
    print "----------- 1. load data -----------"
    data_train = load_data("data.txt")                                ①
    # 2. 训练 random_forest 模型
    print "----------- 2. random forest training ------------"
    trees_result, trees_feature = \
                    random_forest_training(data_train, 50)   ②
    # 3. 得到训练的准确性
    print "------------ 3. get prediction correct rate ------------"
    result = get_predict(trees_result, trees_feature, data_train)③
    corr_rate = cal_correct_rate(data_train, result)             ④
    print "\t------correct rate: ", corr_rate
    # 4. 保存最终的随机森林模型
    print "------------ 4. save model -------------"
    save_model(trees_result, \
                trees_feature, "result_file", "feature_file")   ⑤
```

程序清单 5-9 是训练随机森林模型的主函数，在训练随机森林模型的过程中，主要包括：①导入训练数据，如程序代码中的①所示，函数 load_data 的具体实现如程序清单 5-10 所示；②利用训练数据 data_train 训练随机森林模型，如程序代码中的②所示，函数 random_forest_training 的具体实现如程序清单 5-7 所示；③评估训练好的随机森林模型，首先是利用训练好的随机森林模型对训练样本进行预测，如程序代码中的③所示，函数 get_predict 的具体实现如程序清单 5-11 所示，在得到预测值后，比较预测值与训练样本中的标签之间的差异，如程序代码中的④所示，函数 cal_correct_rate 的具体实现如程序清单 5-12 所示；④保存最终的随机森林模型，如程序代码中的⑤所示，函数 save_model 的具体实现如程序清单 5-13 所示。

程序清单 5-10　导入训练集

```
def load_data(file_name):
    '''导入数据
    input:  file_name(string):训练数据保存的文件名
    output: data_train(list):训练数据
    '''
    data_train = []
    f = open(file_name)
    for line in f.readlines():
        lines = line.strip().split("\t")
        data_tmp = []
        for x in lines:
```

```
            data_tmp.append(float(x))
        data_train.append(data_tmp)
    f.close()
    return data_train
```

在程序清单 5-10 中，首先需要导入一些模块，其中 cPickle 模块用于保存训练好的随机森林模型到本地，如程序代码中的①所示。函数 load_data 用于导入保存训练数据的文件“file_name”。

程序清单 5-11　get_predict 对样本预测

```
def get_predict(trees_result, trees_feature, data_train):
    '''利用训练好的随机森林模型对样本进行预测
    input:  trees_result(list):训练好的随机森林模型
            trees_feature(list):每一棵分类树选择的特征
            data_train(list):训练样本
    output: final_predict(list):对样本预测的结果
    '''
    m_tree = len(trees_result)
    m = np.shape(data_train)[0]

    result = []
    for i in xrange(m_tree):
        clf = trees_result[i]
        feature = trees_feature[i]
        data = split_data(data_train, feature)                ①
        result_i = []
        for i in xrange(m):
            result_i.append((predict(data[i][0:-1],
clf).keys())[0])                                              ②
        result.append(result_i)
    final_predict = np.sum(result, axis=0)                    ③
    return final_predict
```

在程序清单 5-11 中，函数 get_predict 利用训练好的随机森林模型对训练数据进行预测，其中，trees_feature 中保存了每一棵分类树中随机选择的特征，在利用每一棵树对样本进行预测的过程中，根据 trees_feature 中选择好的特征对原始数据集采样，并利用对应的分类树对采样后的数据进行预测，采样的过程如程序代码中的①所示，函数 split_data 的具体过程如程序清单 5-14 所示，预测的过程如程序代码中的②所示，函数 predict 的具体过程如程序清单 5-6 所示。当所有的分类树对样本都预测完成后，结合所有的预测结果作为随机森林模型的预测结果，如程序代码中的③所示。

程序清单 5-12 计算模型的预测准确性

```
def cal_correct_rate(data_train, final_predict):
    '''计算模型的预测准确性
    input:  data_train(list):训练样本
            final_predict(list):预测结果
    output: corr / m(float):准确性
    '''
    m = len(final_predict)
    corr = 0.0
    for i in xrange(m):
        if data_train[i][-1] * final_predict[i] > 0:    ①
            corr += 1
    return corr / m                                      ②
```

在程序清单 5-12 中，函数 cal_correct_rate 通过比较预测结果 final_predict 与原始样本中的标签，若两者同号，则表明预测正确，如程序代码中的①所示。最终返回正确率，如程序代码中的②所示。

程序清单 5-13 保存最终的模型

```
def save_model(trees_result, trees_feature, result_file, feature_
file):
    '''保存最终的模型
    input:  trees_result:训练好的随机森林模型
            trees_feature(list):每一棵决策树选择的特征
            result_file(string):模型保存的文件
            feature_file(string):特征保存的文件
    '''
    # 1. 保存选择的特征
    m = len(trees_feature)
    f_fea = open(feature_file, "w")
    for i in xrange(m):
        fea_tmp = []
        for x in trees_feature[i]:
            fea_tmp.append(str(x))
        f_fea.writelines("\t".join(fea_tmp) + "\n")
    f_fea.close()

    # 2. 保存最终的随机森林模型
    with open(result_file, 'w') as f:
        pickle.dump(trees_result, f)
```

在程序清单 5-13 中，函数 save_model 用于将最终的随机森林模型 trees_result 保存到 result_file 文件中，同时将每棵树选择的特征 trees_feature 保存到 feature_file 文件中。

程序清单 5-14　划分数据的 split_data 函数

```
def split_data(data_train, feature):
    '''选择特征
    input:  data_train(list):训练数据集
            feature(list):要选择的特征
    output: data(list):选择出来的数据集
    '''
    m = np.shape(data_train)[0]
    data = []

    for i in xrange(m):
        data_x_tmp = []
        for x in feature:
            data_x_tmp.append(data_train[i][x])
        data_x_tmp.append(data_train[i][-1])
        data.append(data_x_tmp)
    return data
```

在程序清单 5-14 中，函数 split_data 按照 feature 中的特征从原始数据集 data_train 中选择出指定的特征，并将其保存到 data 中。

5.5.2　最终的训练结果

随机森林的训练过程为：

```
----------- 1. load data -----------
----------- 2. random forest training ------------
----------- 3. get prediction correct rate ------------
   ------correct rate:  1.0
----------- 4. save model -------------
```

最终，随机森林的训练准确率为 100%。

当设置的分类树的数量为 50 棵时，其结果如图 5.6 所示。

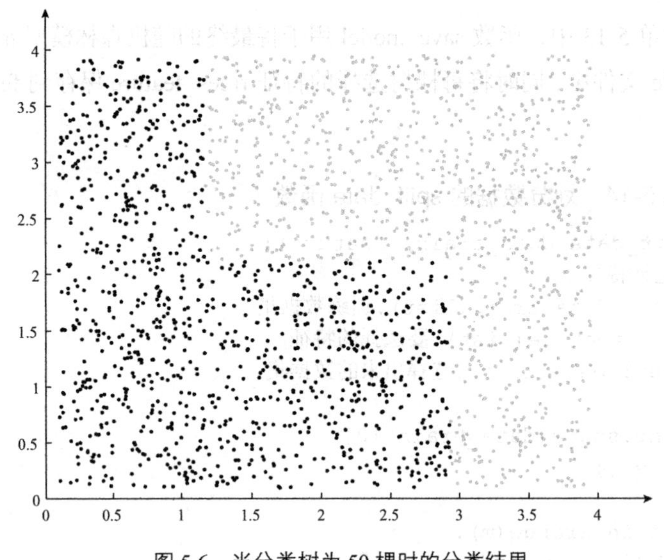

图 5.6　当分类树为 50 棵时的分类结果

5.5.3　对新数据的预测

利用上述内容，我们训练好随机森林 RF 模型，并将 RF 模型保存在“result_file”文件中，将每一棵 CART 分类树中选择的特征编号保存到“feature_file”文件中。此时，我们需要利用训练好的 RF 模型对新数据进行预测，而为了能够导入训练好的 RF 模型和利用 RF 模型对新数据进行预测，同时实现对中文注释的支持，我们在文件“random_forests_test.py”的开始，加入：

```
# coding:UTF-8
import cPickle as pickle
from random_forests_train import get_predict
```

对新数据的预测的主函数如程序清单 5-15 所示。

程序清单 5-15　对新数据的预测的主函数

```
if __name__ == "__main__":
    # 1. 导入测试数据集
    print "--------- 1. load test data --------"
    data_test = load_data("test_data.txt")                          ①
    # 2. 导入随机森林模型
    print "--------- 2. load random forest model ----------"
    trees_result, trees_feature = \
                     load_model("result_file", "feature_file")  ②
    # 3. 预测
```

```
    print "--------- 3. get prediction -----------"
    prediction = get_predict(trees_result, trees_feature, data_test)③
    # 4. 保存最终的预测结果
    print "--------- 4. save result -----------"
    save_result(data_test, prediction, "final_result")          ④
```

程序清单 5-15 是利用训练好的随机森林模型对新数据预测的主函数,在程序清单 5-15 中,对新数据的预测主要包括:①导入需要预测的数据,如程序代码中的①所示,函数 load_data 的具体实现如程序清单 5-16 所示;②导入训练好的随机森林模型和每一个分类中选择的特征,如程序代码中的②所示,函数 load_model 的具体实现如程序清单 5-17 所示;③利用训练好的随机森林模型对测试数据进行预测,如程序代码中的③所示,函数 get_predict 的具体实现如程序清单 5-11 所示;④最终,将预测的结果保存到文件 final_result 中,如程序代码中的④所示,函数 save_reuslt 的具体实现如程序清单 5-18 所示。

程序清单 5-16　导入待分类的数据集

```
def load_data(file_name):
    '''导入待分类的数据集
    input:  file_name(string):待分类数据存储的位置
    output: test_data(list)
    '''
    f = open(file_name)
    test_data = []
    for line in f.readlines():
        lines = line.strip().split("\t")
        tmp = []
        for x in lines:
            tmp.append(float(x))
        tmp.append(0) # 保存初始的 label                          ①
        test_data.append(tmp)
    f.close()
    return test_data
```

在程序清单 5-16 中,在 load_data 函数中,需要将存储在文件 file_name 中的数据导入到 test_data 中,为了与训练数据格式一致,在每一个样本中,加入一个值为 0 的标签,如程序代码中的①所示。

程序清单 5-17　导入随机森林模型

```
def load_model(result_file, feature_file):
    '''导入随机森林模型和每一个分类树中选择的特征
    input:  result_file(string):随机森林模型存储的文件
```

```
        feature_file(string):分类树选择的特征存储的文件
    output: trees_result(list):随机森林模型
        trees_fiture(list):每一棵分类树选择的特征
    '''
    # 1 导入选择的特征
    trees_fiture = []
    f_fea = open(feature_file)
    for line in f_fea.readlines():
        lines = line.strip().split("\t")
        tmp = []
        for x in lines:
            tmp.append(int(x))
        trees_fiture.append(tmp)
    f_fea.close()

    # 2 导入随机森林模型
    with open(result_file, 'r') as f:
        trees_result = pickle.load(f)                    ①

    return trees_result, trees_fiture
```

在程序清单 5-17 中，load_model 函数主要用于导入存储在文件“result_file”中的随机森林模型和存储在文件“feature_file”中的每一棵分类树选择的特征。在导入随机森林模型的过程中，使用到了 cPickle 模型中的 load 函数，如程序代码中的①所示。

程序清单 5-18 保存最终的预测结果

```
def save_result(data_test, prediction, result_file):
    '''保存最终的预测结果
    input:  data_test(list):待预测的数据
        prediction(list):预测的结果
        result_file(string):存储最终预测结果的文件名
    '''
    m = len(prediction)
    n = len(data_test[0])

    f_result = open(result_file, "w")
    for i in xrange(m):
        tmp = []
        for j in xrange(n -1):
            tmp.append(str(data_test[i][j]))
        tmp.append(str(prediction[i]))
        f_result.writelines("\t".join(tmp) + "\n")
    f_result.close()
```

在程序清单 5-18 中，save_result 函数将预测结果 prediction 保存到文件“result_file”中。

参考文献

[1] 周志华. 机器学习[M]. 北京:清华大学出版社. 2016.

[2] GJS Blog. Ensemble learning(集成学习)[DB/OL]. http://www.cnblogs.com/GuoJiaSheng/p/4033584.html

[3] Wikipedia. Ensemble learning[DB/OL]. https://en.wikipedia.org/wiki/Ensemble_learning

6

BP 神经网络

人工神经网络（Artificial Neural Network，ANN）作为对人脑最简单的一种抽象和模拟，是人们模仿人的大脑神经系统信息处理功能的一个智能化系统，是 20 世纪 80 年代以来人工智能领域兴起的研究热点。在神经网络发展的不同阶段，相继出现了不同的神经网络模型，从最初的浅层神经网络到现在如火如荼的深度神经网络。

在神经网络技术的发展过程中，BP（Back Propagation）神经网络的出现和发展对整个神经网络技术的发展起着重要的作用，BP 神经网络通常指的是具有三层网络结构的浅层神经网络。

6.1 神经元概述

6.1.1 神经元的基本结构

神经网络是由一个个被称为“神经元”的基本单元构成，神经元结构由输入、计算单元和输出组成，单个神经元的结构如图 6.1 所示。

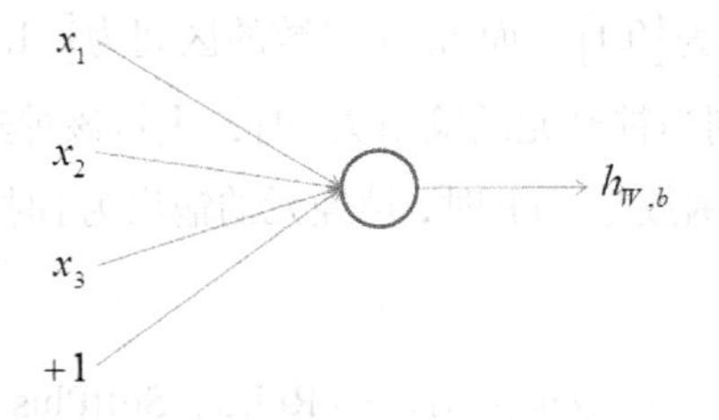

图 6.1 神经元的结构

6.1.2 激活函数

对于图 6.1 所示的神经元结构，其输入为 x_1、x_2、x_3 和截距 +1，其输出为：

$$h_{W,b}(X)=f\left(W^T X\right)=f\left(\sum_{i=1}^{3} w_i x_i+b\right)$$

其中，W 表示的是权重向量，函数 $f: R \rightarrow R$ 称为激活函数，通常激活函数可以选择为 Sigmoid 函数，或者 tanh 双曲正切函数，其中，Sigmoid 函数的形式为：

$$f(x)=\frac{1}{1+\exp(-x)}$$

双曲正切函数的形式为：

$$f(x)=\tanh(x)=\frac{e^x-e^{-x}}{e^x+e^{-x}}$$

以下分别是 Sigmoid 函数和 tanh 函数的图像，左边为 Sigmoid 函数的图像，右边为 tanh 函数的图像：

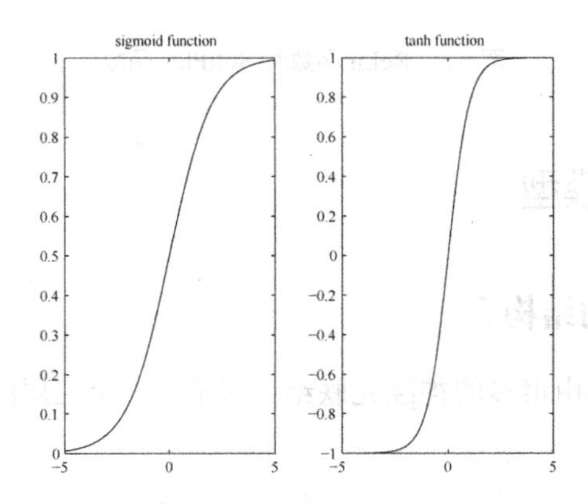

图 6.2 Sigmoid 函数和 tanh 函数的图像

Sigmoid 函数的区间为$[0,1]$，而 tanh 函数的区间为$[-1,1]$。若是使用 sigmoid 作为神经元的激活函数，则当神经元的输出为1时，表示该神经元被激活，否则称为未被激活。同样，对于激活函数是 tanh 时，神经元的输出为1时，表示该神经元被激活，否则称为未被激活。

近年来，一些新的激活函数被提出，如 ReLu、SoftPlus 等。激活函数 ReLu 的具体形式为：

$$f(x)=\begin{cases}0 & if\ x<0\\ x & if\ x\geqslant 0\end{cases}$$

激活函数 SoftPlus 的具体形式为：

$$f(x)=\log_e\left(1+e^x\right)$$

激活函数 ReLu 和 SoftPlus 的图像如图 6.3 所示。

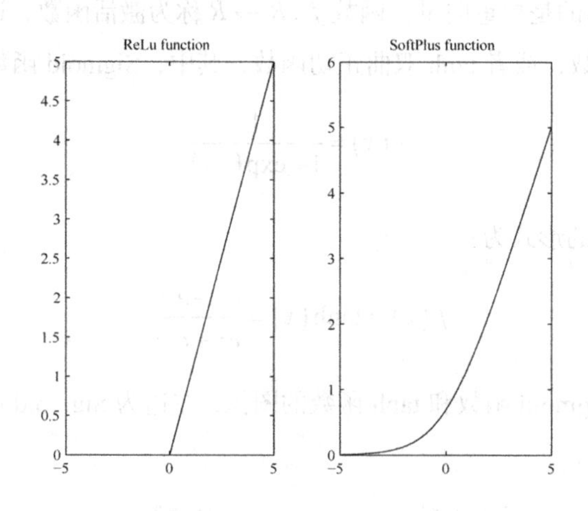

图 6.3　ReLu 函数和 SoftPlus 函数

6.2　神经网络模型

6.2.1　神经网络的结构

神经网络是由很多的神经元联结而成的，一个三层的神经网络的结构如图 6.4 所示。

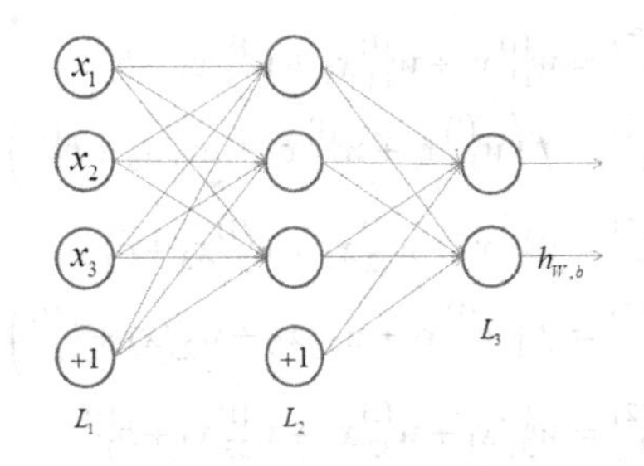

图 6.4 三层的神经网络结构

在神经网络中，一个神经元的输出是另一个神经元的输入，+1 项表示的是偏置项。在图 6.4 中，三层的神经网络结构含有一个隐含层的神经网络模型，其中 L_1 层为输入层，L_2 层为隐含层，L_3 层为输出层。

6.2.2 神经网络中的参数说明

在神经网络中，主要有如下的一些参数：

- 网络的层数 n_l。在图 6.4 所示的神经网络的层数 $n_l=3$，将第 l 层记为 L_l，则对于上述的神经网络，输入层为 L_1，输出层为 L_3。
- 网络权重和偏置 $(W,b)=\left(W^{(1)},b^{(1)},W^{(2)},b^{(2)}\right)$，其中 $W_{ij}^{(l)}$ 表示的是第 l 层的第 j 个神经元和第 $l+1$ 层的第 i 个神经元之间的连接参数，$b_i^{(l)}$ 标识的是第 $l+1$ 层的第 i 个神经元的偏置项。在图 6.4 所示的神经网络中，$W^{(1)}\in\mathbb{R}^{3\times3}$，$W^{(2)}\in\mathbb{R}^{1\times3}$。

6.2.3 神经网络的计算

在神经网络中，一个神经元的输出是另一个神经元的输入。假设 $z_i^{(l)}$ 表示的是第 l 层的第 i 个神经元的输入，假设 $a_i^{(l)}$ 表示的是第 l 层的第 i 个神经元的输出，其中，当 $l=1$ 时，$a_i^{(l)}=x_i$。根据上述的神经网络中的权重和偏置，就可以计算神经网络中每一个神经元的输出，从而计算出神经网络的最终的输出 $h_{W,b}$。

对于上述的神经网络结构，有下述的计算：

$$z_1^{(2)} = w_{11}^{(1)}x_1 + w_{12}^{(1)}x_2 + w_{13}^{(1)}x_3 + b_1^{(1)}$$
$$a_1^{(2)} = f\left(w_{11}^{(1)}x_1 + w_{12}^{(1)}x_2 + w_{13}^{(1)}x_3 + b_1^{(1)}\right)$$
$$z_2^{(2)} = w_{21}^{(1)}x_1 + w_{22}^{(1)}x_2 + w_{23}^{(1)}x_3 + b_2^{(1)}$$
$$a_2^{(2)} = f\left(w_{21}^{(1)}x_1 + w_{22}^{(1)}x_2 + w_{23}^{(1)}x_3 + b_2^{(1)}\right)$$
$$z_3^{(2)} = w_{31}^{(1)}x_1 + w_{32}^{(1)}x_2 + w_{33}^{(1)}x_3 + b_3^{(1)}$$
$$a_3^{(2)} = f\left(w_{31}^{(1)}x_1 + w_{32}^{(1)}x_2 + w_{33}^{(1)}x_3 + b_3^{(1)}\right)$$

从而，上述神经网络结构的最终输出结果为：

$$h_{W,b}\left(X\right) = f\left(w_{11}^{(2)}a_1^{(2)} + w_{12}^{(2)}a_2^{(2)} + w_{13}^{(2)}a_3^{(2)} + b_1^{(2)}\right)$$

上述的步骤称为前向传播，指的是信号从输入层，经过每一个神经元，直到输出神经元的传播过程。

6.3 神经网络中参数的求解

6.3.1 神经网络损失函数

对于上述神经网络模型，假设有 m 个训练样本 $\left\{\left(X^{(1)}, y^{(1)}\right), \cdots, \left(X^{(m)}, y^{(m)}\right)\right\}$，对于一个训练样本 $\left(X, y\right)$，其损失函数为：

$$J\left(W, b, X, y\right) = \frac{1}{2}\left\|h_{W,b}\left(X\right) - y\right\|^2$$

为了防止模型的过拟合，在损失函数中会加入正则项，即：

$$J = loss + R$$

其中，$loss$ 表示的是损失函数，R 表示的是正则项。则对于上述的含有 m 个样本的训练集，其损失函数为：

$$J\left(W, b\right) = \left[\frac{1}{m}\sum_{i=1}^{m} J(W, b; X^{(i)}, y^{(i)})\right] + \frac{\lambda}{2}\sum_{l=1}^{n_l-1}\sum_{i=1}^{s_{l+1}}\sum_{j=1}^{s_l}\left(W_{ij}^{(l)}\right)^2$$

通常，偏置项并不放在正则化中，因为在正则化中放入偏置项只会对神经网络产生很小的影响。

6.3.2 损失函数的求解

我们的目标是求得参数W 和参数b以使得损失函数$J(W,b)$达到最小值。首先需要对参数进行随机初始化，即将参数初始化为一个很小的接近0的随机值。

参数的初始化有很多不同的策略，基本的是要在0附近的很小的邻域内取得随机值。

在随机初始化参数后，利用前向传播得到预测值$h_{W,b}$，进而可以得到损失函数，此时需要利用损失函数对其参数进行调整，可以使用梯度下降的方法，梯度下降对参数的调整如下：

$$W_{ij}^{(l)} = W_{ij}^{(l)} - \alpha \frac{\partial}{\partial W_{ij}^{(l)}} J(W,b)$$

$$b_i^{(l)} = b_i^{(l)} - \alpha \frac{\partial}{\partial b_i^{(l)}} J(W,b)$$

其中，α 称为学习率，在计算参数的更新公式中，需要使用到反向传播算法。

而$\frac{\partial}{\partial W_{ij}^{(l)}} J(W,b)$，$\frac{\partial}{\partial b_i^{(l)}} J(W,b)$的具体形式如下：

$$\frac{\partial}{\partial W_{ij}^{(l)}} J(W,b) = \left[\frac{1}{m}\sum_{i=1}^{m} \frac{\partial}{\partial W_{ij}^{(l)}} J\left(W,b;X^{(i)},y^{(i)}\right)\right] + \lambda W_{ij}^{(l)}$$

$$\frac{\partial}{\partial b_i^{(l)}} J(W,b) = \frac{1}{m}\sum_{i=1}^{m} \frac{\partial}{\partial b_i^{(l)}} J\left(W,b;X^{(i)},y^{(i)}\right)$$

反向传播算法的思路如下：对于给定的训练数据(X,y)，通过前向传播算法计算出每一个神经元的输出值，当所有神经元的输出都计算完成后，对每一个神经元计算其“残差”，如第l层的神经元i的残差可以表示为$\delta_i^{(l)}$。该残差表示的是该神经元对最终的残差产生的影响。这里主要分为两种情况：一是神经元为输出神经元，二是神经元为非输出神经元。这里假设$z_i^{(l)}$表示第l层上的第i个神经元的输入加权和，假设$a_i^{(l)}$表示的是第l层上的第i个神经元的输出，即$a_i^{(l)} = f\left(z_i^{(l)}\right)$。

- 对于输出层n_l上的神经元i，其残差为：

$$\delta_i^{(n_l)}=\frac{\partial}{\partial z_i^{n_l}}J\left(W,b;X,y\right)=\frac{\partial}{\partial z_i^{n_l}}\frac{1}{2}\left\|y-h_{W,b}\left(X\right)\right\|^2$$
$$=\frac{\partial}{\partial z_i^{n_l}}\frac{1}{2}\sum_{i=1}^{s_{nl}}\left\|y_i-a_i^{n_l}\right\|^2=\left(y_i-a_i^{n_l}\right)\cdot\left(-1\right)\cdot\frac{\partial}{\partial z_i^{n_l}}a_i^{n_l}$$
$$=-\left(y_i-a_i^{n_l}\right)\cdot f'\left(z_i^{n_l}\right)$$

- 对于非输出层，即对于 $l=n_{l-1},n_{l-2},\cdots,2$ 各层，第 l 层的残差的计算方法如下（以第 n_{l-1} 层为例）：

$$\delta_i^{(n_{l-1})}=\frac{\partial}{\partial z_i^{n_{l-1}}}J\left(W,b;X,y\right)=\frac{\partial}{\partial z_i^{n_{l-1}}}\frac{1}{2}\left\|y-h_{W,b}\left(X\right)\right\|^2$$
$$=\frac{\partial}{\partial z_i^{n_{l-1}}}\frac{1}{2}\sum_{j=1}^{s_{nl}}\left\|y_j-a_j^{n_l}\right\|^2=\frac{1}{2}\sum_{j=1}^{s_{nl}}\frac{\partial}{\partial z_i^{n_{l-1}}}\left\|y_j-a_j^{n_l}\right\|^2$$
$$=\frac{1}{2}\sum_{j=1}^{s_{nl}}\frac{\partial}{\partial z_j^{n_l}}\left\|y_j-a_j^{n_l}\right\|^2\cdot\frac{\partial}{\partial z_i^{n_{l-1}}}z_j^{n_l}=\sum_{j=1}^{s_{nl}}\delta_j^{(n_l)}\cdot\frac{\partial}{\partial z_i^{n_{l-1}}}z_j^{n_l}$$
$$=\sum_{j=1}^{s_{nl}}\left(\delta_j^{(n_l)}\cdot\frac{\partial}{\partial z_i^{n_{l-1}}}\sum_{k=1}^{s_{nl-1}}f\left(z_k^{n_{l-1}}\right)\cdot W_{jk}^{n_{l-1}}\right)=\sum_{j=1}^{s_{nl}}\left(\delta_j^{(n_l)}\cdot W_{jk}^{n_{l-1}}\cdot f'\left(z_i^{n_{l-1}}\right)\right)$$
$$=\sum_{j=1}^{s_{nl}}\left(\delta_j^{(n_l)}\cdot W_{jk}^{n_{l-1}}\right)\cdot f'\left(z_i^{n_{l-1}}\right)$$

因此有：

$$\delta_i^{(l)}=\left(\sum_{j=1}^{s_{l+1}}\delta_j^{(l+1)}\cdot W_{ji}^{(l)}\right)\cdot f'\left(z_i^{(l)}\right)$$

对于神经网络中的权重和偏置的更新公式为：

$$\frac{\partial}{\partial W_{ij}^{(l)}}J\left(W,b;X,y\right)=a_j^{(l)}\delta_i^{(l+1)}$$

$$\frac{\partial}{\partial b_i^{(l)}}J\left(W,b;X,y\right)=\delta_i^{(l+1)}$$

6.3.3 BP 神经网络的学习过程

对于神经网络的学习过程，大致分为如下的几步：

- 初始化参数，包括权重、偏置、网络层结构、激活函数等

- 循环计算
- 正向传播，计算误差
- 反向传播，调整参数
- 返回最终的神经网络模型

现在，让我们一起利用 Python 实现上述的 BP 神经网络的更新过程，首先，我们需要导入在训练过程中需要用到函数：

```
import numpy as np
from math import sqrt
```

BP 神经网络模型的训练过程如程序清单 6-1 所示。

程序清单 6-1　BP 神经网络模型的训练

```
def bp_train(feature, label, n_hidden, maxCycle, alpha, n_output):
    '''计算隐含层的输入
    input:  feature(mat):特征
            label(mat):标签
            n_hidden(int):隐含层的节点个数
            maxCycle(int):最大的迭代次数
            alpha(float):学习率
            n_output(int):输出层的节点个数
    output: w0(mat):输入层到隐含层之间的权重
            b0(mat):输入层到隐含层之间的偏置
            w1(mat):隐含层到输出层之间的权重
            b1(mat):隐含层到输出层之间的偏置
    '''
    m, n = np.shape(feature)
    # 1 初始化
    w0 = np.mat(np.random.rand(n, n_hidden))
    w0 = w0 * (8.0 * sqrt(6) / sqrt(n + n_hidden)) -\
        np.mat(np.ones((n, n_hidden))) * \
        (4.0 * sqrt(6) / sqrt(n + n_hidden))                    ①
    b0 = np.mat(np.random.rand(1, n_hidden))
    b0 = b0 * (8.0 * sqrt(6) / sqrt(n + n_hidden)) - \
        np.mat(np.ones((1, n_hidden))) * \
        (4.0 * sqrt(6) / sqrt(n + n_hidden))                    ②
    w1 = np.mat(np.random.rand(n_hidden, n_output))
    w1 = w1 * (8.0 * sqrt(6) / sqrt(n_hidden + n_output)) - \
        np.mat(np.ones((n_hidden, n_output))) * \
        (4.0 * sqrt(6) / sqrt(n_hidden + n_output))             ③
    b1 = np.mat(np.random.rand(1, n_output))
    b1 = b1 * (8.0 * sqrt(6) / sqrt(n_hidden + n_output)) - \
```

```
        np.mat(np.ones((1, n_output))) * \
        (4.0 * sqrt(6) / sqrt(n_hidden + n_output))                    ④

    # 2 训练
    i = 0
    while i <= maxCycle:
        # 2.1 信号正向传播                                                ⑤
        # 2.1.1 计算隐含层的输入
        hidden_input = hidden_in(feature, w0, b0) # mXn_hidden
        # 2.1.2 计算隐含层的输出
        hidden_output = hidden_out(hidden_input)
        # 2.1.3 计算输出层的输入
        output_in = predict_in(hidden_output, w1, b1)  # mXn_output
        # 2.1.4 计算输出层的输出
        output_out = predict_out(output_in)

        # 2.2 误差的反向传播                                              ⑥
        # 2.2.1 隐含层到输出层之间的残差
        delta_output = -np.multiply((label - output_out), \
                       partial_sig(output_in))
        # 2.2.2 输入层到隐含层之间的残差
        delta_hidden = np.multiply((delta_output * w1.T), \
                       partial_sig(hidden_input))

        # 2.3 修正权重和偏置                                              ⑦
        w1 = w1 - alpha * (hidden_output.T * delta_output)
        b1 = b1 - alpha * np.sum(delta_output, axis=0) * (1.0 / m)
        w0 = w0 - alpha * (feature.T * delta_hidden)
        b0 = b0 - alpha * np.sum(delta_hidden, axis=0) * (1.0 / m)
        if i % 100 == 0:
            print "\t-------- iter: ", i, \
                  " ,cost: ",  (1.0/2) * \
                  get_cost(get_predict(feature, \
                  w0, w1, b0, b1) - label)                            ⑧
        i += 1
    return w0, w1, b0, b1
```

在程序清单 6-1 中，函数 bp_train 实现了对 BP 神经网络的训练，其输入为训练数据的特征 feature，训练数据的标签 label，隐含层节点个数 n_hidden，最大的迭代次数 maxCycle，梯度下降过程中的学习率 alpha 和最终的输出节点个数 n_output。输出为 BP 神经网络的模型，包括输入层到隐含层的权重 w_0 和偏置 b_0，隐含层到输出层的权重 w_1 和偏置 b_1。在模型训练之前，首先是对输入层到隐含层的权重 w_0 和偏置 b_0，隐含层到输出层的权重 w_1 和偏置 b_1 进行初始化，初始化的过程如程序代码中的①、

②、③和④所示，从指定的区间中生成随机数，程序代码中使用的区间为：

$$\left[-4*\frac{\sqrt{6}}{\sqrt{fan_{in}+fan_{out}}},4*\frac{\sqrt{6}}{\sqrt{fan_{in}+fan_{out}}}\right]$$

其中，fan_{in} 为 $i-1$ 层节点的个数，fan_{out} 为第 i 层节点的个数。在对 BP 神经网络初始化完成后，利用训练数据对 BP 神经网络模型进行训练，训练的过程包括以下几个方面：①信号的正向传播，如程序代码中的⑤所示；②误差的反向传播，如程序代码中的⑥所示；③利用反向传播的误差修正 BP 神经网络模型中的参数，如程序代码中的⑦所示；④在每 100 代后计算当前的损失函数的值，如程序代码中的⑧所示。

在信号的正向传播过程中，对于 BP 神经网络，主要分为：①计算隐含层的输入，如程序代码中的 hidden_in 函数，hidden_in 函数的具体实现如程序清单 6-2 所示；②计算隐含层的输出，如程序代码中的 hidden_out 函数，hidden_out 函数的具体实现如程序清单 6-3 所示；③计算输出层的输入，如程序代码中的 predict_in 函数，predict_in 函数的具体实现如程序清单 6-4 所示；④计算输出层的输出，如程序代码中的 predict_out 函数，predict_out 函数的具体实现如程序清单 6-5 所示。

程序清单 6-2　计算隐含层的输入的 hidden_in 函数

```
def hidden_in(feature, w0, b0):
    '''计算隐含层的输入
    input:  feature(mat):特征
            w0(mat):输入层到隐含层之间的权重
            b0(mat):输入层到隐含层之间的偏置
    output: hidden_in(mat):隐含层的输入
    '''
    m = np.shape(feature)[0]
    hidden_in = feature * w0
    for i in xrange(m):
        hidden_in[i, ] += b0
    return hidden_in
```

在程序清单 6-2 中，函数 hidden_in 对隐含层的输入进行计算。在函数 hidden_in 中，其输入为训练数据的特征 feature，输入层到隐含层的权重 w_0 和输入层到隐含层的偏置 b_0，其输出为隐含层的输入 hidden_in。计算的方法如上所述。

程序清单 6-3　计算隐含层的输出的 hidden_out 函数

```
def hidden_out(hidden_in):
    '''隐含层的输出
```

```
    input:  hidden_in(mat):隐含层的输入
    output: hidden_output(mat):隐含层的输出
    '''
    hidden_output = sig(hidden_in)                                  ①
    return hidden_output;
```

在程序清单 6-3 中，函数 hidden_out 对隐含层的输出进行计算。在函数 hidden_out 中，其输入为隐含层的输入 hidden_in，其输出为隐含层的输出 hidden_output。计算的方法是对隐含层的输入 hidden_in 中的每一个值计算其 Sigmoid 值，如程序代码中的①所示，sig 函数的具体实现如程序清单 6-6 所示。

程序清单 6-4　计算输出层的输入的 predict_in 函数

```
def predict_in(hidden_out, w1, b1):
    '''计算输出层的输入
    input:  hidden_out(mat):隐含层的输出
            w1(mat):隐含层到输出层之间的权重
            b1(mat):隐含层到输出层之间的偏置
    output: predict_in(mat):输出层的输入
    '''
    m = np.shape(hidden_out)[0]
    predict_in = hidden_out * w1
    for i in xrange(m):
        predict_in[i, ] += b1
    return predict_in
```

在程序清单 6-4 中，函数 predict_in 对输出层的输入进行计算。在函数 predict_in 中，其输入为隐含层的输出 hidden_out，隐含层到输出层的权重 w_1 和隐含层到输出层的偏置 b_1，其输出为隐含层的输入 predict_in。

程序清单 6-5　计算输出层的输出的 predict_out 函数

```
def predict_out(predict_in):
    '''输出层的输出
    input:  predict_in(mat):输出层的输入
    output: result(mat):输出层的输出
    '''
    result = sig(predict_in)
    return result
```

在程序清单 6-5 中，函数 predict_out 对输出层的输出进行计算。在函数 predict_out 中，其输入为输出层的输入 predict_in，其输出为输出层的输出 result。计算的方法是对输出层的输入 predict_in 中的每一个值计算其 Sigmoid 值。

程序清单 6-6 求 Sigmoid 值的 sig 函数

```
def sig(x):
    '''Sigmoid 函数
    input:  x(mat/float):自变量，可以是矩阵或者是任意实数
    output: Sigmoid 值(mat/float):Sigmoid 函数的值
    '''
    return 1.0 / (1 + np.exp(-x))
```

在程序清单 6-6 中，sig 函数实现了对数值或者矩阵的 Sigmoid 值的计算。

在误差的反向传播的过程中，对于 BP 神经网络，主要分为：①计算隐含层到输出层之间的残差；②计算输入层到隐含层之间的残差。在残差的计算过程中使用到了 partial_sig 函数，partial_sig 函数的具体实现如程序清单 6-7 所示。

程序清单 6-7 partial_sig 函数

```
def partial_sig(x):
    '''Sigmoid 导函数的值
    input:  x(mat/float):自变量，可以是矩阵或者是任意实数
    output: out(mat/float):Sigmoid 导函数的值
    '''
    m, n = np.shape(x)
    out = np.mat(np.zeros((m, n)))
    for i in xrange(m):
        for j in xrange(n):
            out[i, j] = sig(x[i, j]) * (1 - sig(x[i, j]))          ①
    return out
```

在程序清单 6-7 中，函数 partial_sig 计算输入 Sigmoid 函数在输入为 x 时的导函数的值，具体的计算方法如程序代码中的①所示。假设 $\text{Sigmoid}(x)=\sigma(x)$，则其导函数为：

$$\sigma'(x)=\sigma(x)(1-\sigma(x))$$

当 BP 神经网络中的权重更新完成后，每 100 次迭代后，需要计算当前的损失函数的值，get_cost 函数用于计算当前的损失函数的值，get_cost 函数的具体实现如程序清单 6-8 所示。

程序清单 6-8 get_cost 函数

```
def get_cost(cost):
    '''计算当前损失函数的值
    input:  cost(mat):预测值与标签之间的差
    output: cost_sum / m (double):损失函数的值
```

```
    '''
    m,n = np.shape(cost)

    cost_sum = 0.0
    for i in xrange(m):
        for j in xrange(n):
            cost_sum += cost[i,j] * cost[i,j]
    return cost_sum / m
```

在程序清单 6-8 中，get_cost 函数的输入为利用当前的 BP 神经网络模型得到的预测值与样本标签之间的差值 cost，输出为当前的损失函数的值。

6.4 BP 神经网络中参数的设置

在 BP 神经网络中存在很多的参数，有些参数的选择是不能通过梯度下降法得到的，这些参数称为超参数。一般无法得到超参数的最优解。首先，我们不能单独优化每一个超参数。其次，我们不能直接使用梯度下降法，因为有些超参数是离散的，有些超参数是连续的。最后，这是非凸优化问题，找到一个局部最优解需要花费很大的功夫。在多年的研究中，研究者们已经设计出大量的经验法则用于在一个神经网络中选择超参数。除了超参数的选择外，在 BP 神经网络中，非线性变换的选择也同样重要，不同的非线性变换具有不同的性质。

6.4.1 非线性变换

两个最常见的非线性函数是 sigmoid 函数和 tanh 函数。其中 sigmoid 函数的输出均值不为 0，这会导致后一层的神经元得到上一层输出的非 0 均值的信号作为输入。与 sigmoid 函数不一样的是，tanh 函数的输出均值为 0，因此，tanh 函数通常具有更好的收敛性。

在本文的实验中，我们依旧选择 sigmoid 函数作为激活函数。

6.4.2 权重向量的初始化

在初始化阶段，权重应该设置在原点的附近，而且应尽可能的小，这样，激活函数对其进行操作就像是线性函数，此处的梯度也是最大的。

对于 tanh 激活函数，在区间：

$$\left[-\frac{\sqrt{6}}{\sqrt{fan_{in}+fan_{out}}},\frac{\sqrt{6}}{\sqrt{fan_{in}+fan_{out}}}\right]$$

上以均匀分布的方式产生随机数。而对于 sigmoid 激活函数，则是在区间：

$$\left[-4*\frac{\sqrt{6}}{\sqrt{fan_{in}+fan_{out}}},4*\frac{\sqrt{6}}{\sqrt{fan_{in}+fan_{out}}}\right]$$

上以均匀分布的方式产生随机数。其中，fan_{in} 是 $i-1$ 层节点的个数，而 fan_{out} 是 i 层节点的个数。

6.4.3 学习率

对于学习率的选择，最简单的办法是选择一个固定的学习率，即常数，如 $10^{-2}, 10^{-3}, \cdots\cdots$ 除了设置固定的学习率外，同样可以设置动态的学习率，如随着迭代的代数 t 动态变化的学习率：

$$\frac{\alpha}{\sqrt{t}}$$

其中，α 是初始的学习率，t 是迭代的次数。

6.4.4 隐含层节点的个数

隐含层节点个数的选择取决于具体的数据集，对于越复杂的数据分布，神经网络需要越强的能力去对这批数据建模，因此，需要越多的隐含层节点个数。

6.5 BP 神经网络算法实践

有了以上的理论储备，我们利用上述实现好的函数，构建 BP 神经网络分类器。在训练分类器的过程中，我们使用如图 6.5 所示的非线性可分的数据集作为训练数据集：

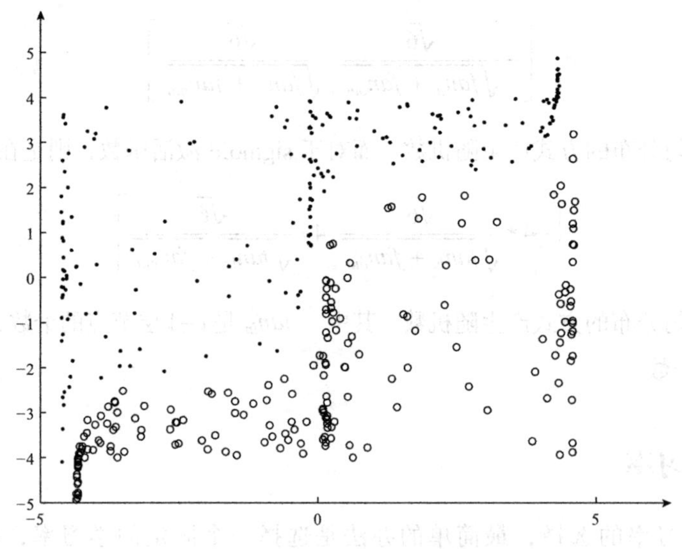

图 6.5　非线性可分数据集

在利用 BP 神经网络算法对其进行分类的过程中，主要有两个部分：①利用训练数据对模型进行训练；②对新的数据进行预测。

6.5.1　训练 BP 神经网络模型

首先，我们利用训练样本训练模型，为了使得 Python 能够支持中文的注释和利用 numpy，我们需要在训练文件“bp_train.py”的开始加入：

```
# coding:UTF-8
import numpy as np
```

同时，在训练 BP 神经网络模型的过程中，需要用到 sqrt 函数，因此，我们需要在文件“bp_train.py”中加入：

```
from math import sqrt
```

BP 神经网络模型的训练的主函数如程序清单 6-9 所示。

程序清单 6-9　BP 神经网络模型的训练的主函数

```
if __name__ == "__main__":
    # 1. 导入数据
    print "--------- 1.load data ------------"
    feature, label, n_class = load_data("data.txt")                    ①
    # 2. 训练网络模型
    print "--------- 2.training ------------"
```

```
w0, w1, b0, b1 = bp_train(feature, label, 20, 1000, 0.1, n_class)②
# 3. 保存最终的模型
print "--------- 3.save model ------------"
save_model(w0, w1, b0, b1)                                        ③
# 4. 得到最终的预测结果
print "--------- 4.get prediction ------------"
result = get_predict(feature, w0, w1, b0, b1)                     ④
print "训练准确性为：", (1- \
      err_rate(np.argmax(label, axis=1), \
      np.argmax(result, axis=1)))                                 ⑤
```

在程序清单 6-9 中，训练 BP 神经网络模型主要包括：①导入训练数据，如程序代码中的①所示，导入训练数据的 load_data 函数的具体实现如程序清单 6-10 所示；②利用训练数据对 BP 神经网络模型进行训练，如程序代码中的②所示，训练 BP 神经网络的 bp_train 函数如程序清单 6-1 所示；③在训练完成后，保存训练好的 BP 神经网络模型，如程序代码中的③所示，函数 save_model 的具体实现如程序清单 6-11 所示；④计算训练好的模型在训练数据上的准确性，此时需要先利用训练好的 BP 神经网络模型对训练数据进行预测，如程序代码中的④所示，再计算预测结果与真实结果之间的差异，得到模型在训练数据集上的准确性，如程序代码中的⑤所示，预测函数 get_predict 的具体实现如程序清单 6-12 所示，计算错误率的函数 err_rate 如程序清单 6-13 所示。

程序清单 6-10 导入训练数据的 load_data 函数

```
def load_data(file_name):
    '''导入数据
    input:  file_name(string):文件的存储位置
    output: feature_data(mat):特征
            label_data(mat):标签
            n_class(int):类别的个数
    '''
    # 1. 获取特征
    f = open(file_name)  # 打开文件
    feature_data = []
    label_tmp = []
    for line in f.readlines():
        feature_tmp = []
        lines = line.strip().split("\t")
        for i in xrange(len(lines) - 1):
            feature_tmp.append(float(lines[i]))
        label_tmp.append(int(lines[-1]))
        feature_data.append(feature_tmp)
```

```
    f.close()  # 关闭文件

    # 2. 获取标签
    m = len(label_tmp)
    n_class = len(set(label_tmp))  # 得到类别的个数                ①

    label_data = np.mat(np.zeros((m, n_class)))
    for i in xrange(m):
        label_data[i, label_tmp[i]] = 1                          ②

    return np.mat(feature_data), label_data, n_class
```

在程序清单 6-10 中，函数 load_data 将训练数据分成特征和标签分别导入到特征数组 feature_data 和标签数组 label_data 中，在获取标签的过程中，需要计算训练数据中类别的个数，如程序代码中的①所示，对于标签，如二分类的输入标签为$\{0,1\}$，在转换的过程中，需要将0转换成$[1,0]$，将1转换成$[0,1]$，如程序代码中的②所示。

程序清单 6-11　保存 BP 神经网络模型的 save_model 函数

```
def save_model(w0, w1, b0, b1):
    '''保存最终的模型
    input:  w0(mat):输入层到隐含层之间的权重
            b0(mat):输入层到隐含层之间的偏置
            w1(mat):隐含层到输出层之间的权重
            b1(mat):隐含层到输出层之间的偏置
    output:
    '''
    def write_file(file_name, source):
        f = open(file_name, "w")
        m, n = np.shape(source)
        for i in xrange(m):
            tmp = []
            for j in xrange(n):
                tmp.append(str(source[i, j]))
            f.write("\t".join(tmp) + "\n")
        f.close()

    write_file("weight_w0", w0)                                    ①
    write_file("weight_w1", w1)                                    ②
    write_file("weight_b0", b0)                                    ③
    write_file("weight_b1", b1)                                    ④
```

在程序清单 6-11 中，函数 save_model 将训练好的 BP 神经网络模型保存对应的文件中，在三层的网络结构中，需要保存的参数包括输入层到隐含层之间的权重 w_0，输入层到隐含层之间的偏置 b0，隐含层到输出层之间的权重 w_1 和隐含层到输出层之间的偏置 b_1。在 save_model 函数中定义了 write_file 函数，用于将 source 中的值写入到 file_name 对应的文件中，保存 w_0 的过程如程序代码中的①所示，保存 w_1 的过程如程序代码中的②所示，保存 b_0 的过程如程序代码中的③所示，保存 b_1 的过程如程序代码中的④所示。

程序清单 6-12　对样本进行预测的 get_predict 函数

```
def get_predict(feature, w0, w1, b0, b1):
    '''计算最终的预测
    input:  feature(mat):特征
            w0(mat):输入层到隐含层之间的权重
            b0(mat):输入层到隐含层之间的偏置
            w1(mat):隐含层到输出层之间的权重
            b1(mat):隐含层到输出层之间的偏置
    output: 预测值
    '''
    return predict_out(predict_in(hidden_out(hidden_in(feature, w0,
b0)), w1, b1))                                                    ①
```

在程序清单 6-12 中，get_predict 函数对训练数据进行预测，get_predict 函数的输入为训练数据的特征和 BP 神经网络模型的参数。计算的方法与程序清单 6-1 中的信息的正向传播一致，具体过程如程序清单中的①所示。

程序清单 6-13　计算错误率的 err_rate 函数

```
def err_rate(label, pre):
    '''计算训练样本上的错误率
    input:  label(mat):训练样本的标签
            pre(mat):训练样本的预测值
    output: rate(float):错误率
    '''
    m = np.shape(label)[0]
    err = 0.0
    for i in xrange(m):
        if label[i, 0] != pre[i, 0]:
            err += 1
    rate = err / m
    return rate
```

在程序清单 6-13 中，函数 err_rate 将训练的结果 pre 与样本中的标签 label 进行对比，最终计算出错误率。

6.5.2 最终的训练效果

BP 神经网络的训练过程为：

```
--------- 1.load data ------------
--------- 2.training ------------
    -------- iter:  0  ,cost:  0.183146470162
    -------- iter:  100  ,cost:  0.0255417343075
    -------- iter:  200  ,cost:  0.0195278367489
    -------- iter:  300  ,cost:  0.0176912542481
    -------- iter:  400  ,cost:  0.015130687073
    -------- iter:  500  ,cost:  0.0133448627129
    -------- iter:  600  ,cost:  0.01219041702
    -------- iter:  700  ,cost:  0.0115354985776
    -------- iter:  800  ,cost:  0.0105429262488
    -------- iter:  900  ,cost:  0.00940324964542
    -------- iter:  1000  ,cost:  0.00888182686481
--------- 3.save model ------------
--------- 4.get prediction ------------
```

最终在训练数据上的准确率为 0.99，为了能够清晰看到分隔超平面，我们在区间 $[-4.5, 4.5]$ 上随机生成 20000 个样本，生成样本点的具体过程如代码清单 6-14 所示，最终的分隔超平面如图 6.6 所示。

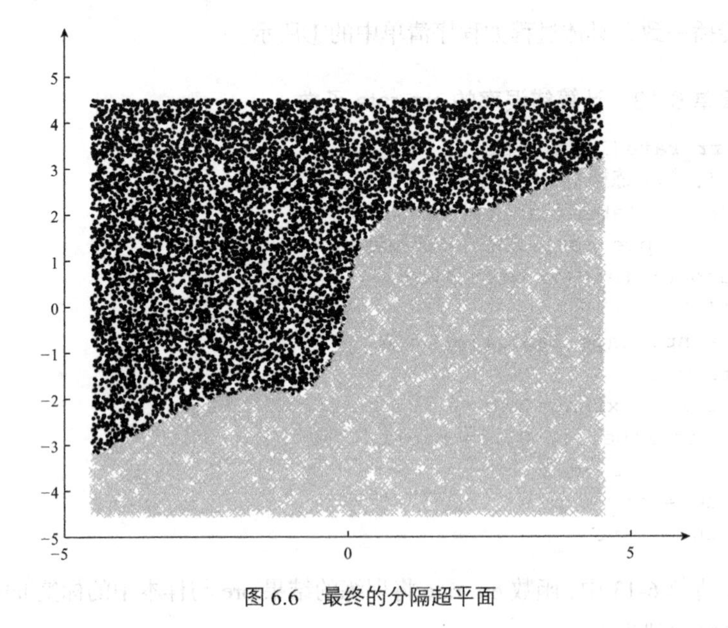

图 6.6 最终的分隔超平面

程序清单 6-14 随机生成 20000 个样本的 generate_data 函数

```
def generate_data():
    '''在[-4.5,4.5]之间随机生成 20000 组点
    '''
    # 1. 随机生成数据点
    data = np.mat(np.zeros((20000, 2)))
    m = np.shape(data)[0]
    x = np.mat(np.random.rand(20000, 2))
    for i in xrange(m):
        data[i, 0] = x[i, 0] * 9 - 4.5
        data[i, 1] = x[i, 1] * 9 - 4.5
    # 2. 将数据点保存到文件"test_data"中
    f = open("test_data", "w")
    m,n = np.shape(data)
    for i in xrange(m):
        tmp =[]
        for j in xrange(n):
            tmp.append(str(data[i,j]))
        f.write("\t".join(tmp) + "\n")
    f.close()
```

在程序清单 6-14 中，函数 generate_data 在区间$[-4.5,4.5]$上生成了 20000 个样本，并将这些样本保存到文件 test_data 中。

6.5.3 对新数据的预测

在训练完 BP 神经网络后，需要利用训练好的 BP 神经网络模型对新的数据进行预测。利用上述步骤，我们训练好 BP 神经网络模型，并将其保存在“weight_w0”、“weight_w1”、“weight_b0”和“weight_b1”文件中，此时，我们需要利用训练好的 BP 神经网络模型对新数据进行预测，同样，为了能够使用 numpy 中的函数和对中文注释的支持，在文件“bp_test.py”开始，我们加入：

```
# coding:UTF-8
import numpy as np
```

同时，为了使用文件“bp_train.py”，需要在文件“bp_test.py”中加入：

```
from bp_train import get_predict
```

如上述 generate_data 函数生成的 20000 个样本，对新数据进行预测的主函数如程序清单 6-15 所示。

程序清单 6-15　对新数据的预测的主函数

```
if __name__ == "__main__":
    generate_data()
    # 1 导入测试数据
    print "--------- 1.load data ------------"
    dataTest = load_data("test_data")                                    ①
    # 2 导入 BP 神经网络模型
    print "--------- 2.load model ------------"
    w0, w1, b0, b1 = load_model("weight_w0", "weight_w1", "weight_b0",
"weight_b1")                                                             ②
    # 3 得到最终的预测值
    print "--------- 3.get prediction ------------"
    result = get_predict(dataTest, w0, w1, b0, b1)                       ③
    # 4 保存最终的预测结果
    print "--------- 4.save result ------------"
    pre = np.argmax(result, axis=1)
    save_predict("result", pre)                                          ④
```

在程序清单 6-15 中，利用训练好的 BP 神经网络模型对新数据进行预测，主要的步骤为：①导入新的数据集，如程序代码中的所示，导入新数据集的 load_data 函数如程序清单 6-16 所示；②导入训练好的 BP 神经网络模型，即导入 BP 神经网络中的四个参数，如程序代码中的②所示，导入 BP 神经网络模型的 load_model 函数如程序清单 6-17 所示；③在 BP 神经网络模型和测试数据都导入后，利用 BP 神经网络对这些数据进行预测，如程序代码中的③所示，函数 get_predict 的具体实现如程序清单 6-12 所示；④最终，将预测的结果保存到指定的文件中，如程序代码中的④所示，保存预测结果的 save_predict 函数的具体实现如程序清单 6-18 所示。

程序清单 6-16　导入测试数据的 load_data 函数

```
def load_data(file_name):
    '''导入数据
    input:  file_name(string):文件的存储位置
    output: feature_data(mat):特征
    '''
    f = open(file_name)  # 打开文件
    feature_data = []
    for line in f.readlines():
        feature_tmp = []
        lines = line.strip().split("\t")
        for i in xrange(len(lines)):
            feature_tmp.append(float(lines[i]))
        feature_data.append(feature_tmp)
```

```
    f.close()  # 关闭文件
    return np.mat(feature_data)
```

在程序清单 6-16 中，在对新数据的预测中，要使用到 bp_train 文件中的 get_predict 函数，因此，首先需要从 bp_train 文件中导入 get_predict 函数。在函数 load_data 中，需要将 file_name 指定的文件中的测试数据导入到数组 feature_data 中。

程序清单 6-17　导入 BP 神经网络模型的 load_model 函数

```
def load_model(file_w0, file_w1, file_b0, file_b1):

    def get_model(file_name):
        f = open(file_name)
        model = []
        for line in f.readlines():
            lines = line.strip().split("\t")
            model_tmp = []
            for x in lines:
                model_tmp.append(float(x.strip()))
            model.append(model_tmp)
        f.close()
        return np.mat(model)

    # 1.导入输入层到隐含层之间的权重
    w0 = get_model(file_w0)                                    ①

    # 2.导入隐含层到输出层之间的权重
    w1 = get_model(file_w1)                                    ②

    # 3.导入输入层到隐含层之间的权重
    b0 = get_model(file_b0)                                    ③

    # 4.导入隐含层到输出层之间的权重
    b1 = get_model(file_b1)                                    ④

    return w0, w1, b0, b1
```

在程序清单 6-17 中，load_model 函数需要将训练好的 BP 神经网络模型导入，BP 神经网络模型分别保存在 4 个文件中，即 file_w0、file_w1、file_b0、file_b1。需要分别导入 4 个文件，如程序代码中的①、②、③和④所示。

程序清单 6-18　保存最终预测结果的 save_predict 函数

```
def save_predict(file_name, pre):
    '''保存最终的预测结果
```

```
    input:  pre(mat):最终的预测结果
    output:
    '''
    f = open(file_name, "w")
    m = np.shape(pre)[0]
    result = []
    for i in xrange(m):
        result.append(str(pre[i, 0]))
    f.write("\n".join(result))
    f.close()
```

在程序清单 6-18 中，函数 save_predict 将预测的结果 pre 保存到 file_name 对应的文件中。

参考文献

[1] 周志华. 机器学习[M]. 北京：清华大学出版社. 2016.

[2] 邱希鹏.《神经网络与深度学习》讲义[DB/OL]. http://nlp.fudan.edu.cn/dl-book/

[3] 仙道菜. 神经网络之激活函数(Activation Function)[DB/OL]. http://blog.csdn.net/cyh_24/article/details/5 0593400

[4] Mhaskar H N, Micchelli C A. How to Choose an Activation Function.[C]// Advances in Neural Information Processing Systems. 1993:319-326.

第二部分

回归算法

回归算法与分类算法都属于监督学习算法，不同的是，在分类算法中标签是一些离散的值，代表着不同的类别，而在回归算法中，标签是一些连续的值，回归算法需要训练得到样本特征到这些连续标签之间的映射。

第 7 章介绍最基本的线性回归算法。线性回归算法是很多算法的基础，然而，基本的线性回归算法对处理复杂的数据表现出很多的不足，因此利用局部信息的局部加权线性回归算法被提出。在基本线性回归中，使用了牛顿法对其进行训练。如果在训练数据中，样本之间存在很高的相关性，利用基本线性回归算法很难得到泛化能力较高的模型，因此在第 8 章中介绍基于 L_2 正则的岭回归（Ridge Regression）算法和基于 L_1 正则的 Lasso 算法。在岭回归的训练中，使用了拟牛顿法 L-BFGS 算法对其进行训练。线性回归算法是一种全局的回归算法，对于局部的拟合效果并不好，第 9 章中介绍 CART 树回归算法，CART 树回归算法能有效利用局部信息对数据进行拟合。

7 线性回归

回归（Regression）是另一类重要的监督学习算法。与分类问题不同的是，在回归问题中，其目标是通过对训练样本的学习，得到从样本特征到样本标签之间的映射，其中，在回归问题中，样本标签是连续值。典型的回归问题有：①根据人的身高、性别和体重等信息预测其鞋子的大小；②根据房屋的面积、卧室的数量预估房屋的价格；③根据博文的历史阅读数量预测该用户的博文阅读数等。

线性回归（Linear Regression）是一类重要的回归问题。在线性回归中，目标值与特征之间存在线性相关的关系。

7.1 基本线性回归

7.1.1 线性回归的模型

对于线性回归算法，我们希望从训练数据中学习到线性回归方程，即

$$y = b + \sum_{i=1}^{n} w_i \cdot x_i$$

其中，b 称为偏置，w_i 为回归系数。对于上式，令 $x_0 = 1$，则上式可以表示为

$$y = \sum_{i=0}^{n} w_i \cdot x_i$$

假设小麦的产量 y 与施肥量 x 之间的关系如表 7-1 所示。

表 7-1　小麦产量 y 与施肥量 x 之间的关系

施肥量	15	20	25	30	35	40	45
小麦产量	330	345	365	405	445	450	455

对于回归方程，需要从数据中学习到相应的回归系数 w_i，表 7-1 中小麦产量 y 与施肥量 x 之间的关系如图 7.1 所示。

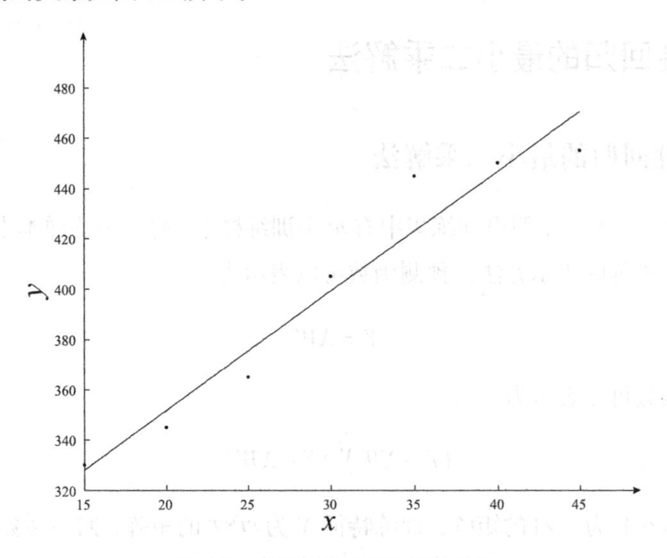

图 7.1　产量与施肥量之间的关系

7.1.2　线性回归模型的损失函数

在线性回归模型中，其目标是求出线性回归方程，即求出线性回归方程中的回归系数 w_i。线性回归的评价是指如何度量预测值（Prediction）与标签（Label）之间的接近程序，线性回归模型的损失函数可以是绝对损失（Absolute Loss）或者平方损失（Squared Loss）。其中，绝对损失函数为：

$$l = \left| y - \hat{y} \right|$$

其中，$\hat{y}$ 为预测值，且 $\hat{y} = \sum_{i=0}^{n} w_i \cdot x_i$。

平方损失函数为：

$$l = \left(y - \hat{y} \right)^2$$

由于平方损失处处可导，通常使用平方误差作为线性回归模型的损失函数。假设有 m 个训练样本，每个样本中有 $n-1$ 个特征，则平方误差可以表示为：

$$l=\frac{1}{2}\sum_{i=1}^{m}\left(y^{(i)}-\sum_{j=0}^{n-1}w_j\cdot x_j^{(i)}\right)^2$$

对于如上的损失函数，线性回归的求解是希望求得平方误差的最小值。

7.2 线性回归的最小二乘解法

7.2.1 线性回归的最小二乘解法

对于线性回归模型，假设训练集中有 m 个训练样本，每个训练样本中有 $n-1$ 个特征，可以使用矩阵的表示方法，预测函数可以表示为：

$$Y=XW$$

其损失函数可以表示为

$$(Y-XW)^T(Y-XW)$$

其中，标签 Y 为 $m\times 1$ 的矩阵，训练特征 X 为 $m\times n$ 的矩阵，回归系数 W 为 $n\times 1$ 的矩阵。在最小二乘法中，对 W 求导，即

$$\frac{d}{dW}(Y-XW)^T(Y-XW)=X^T(Y-XW)$$

令其为 0，得到

$$\hat{W}=\left(X^TX\right)^{-1}X^TY$$

现在让我们一起利用 Python 实现最小二乘的解法，在最小二乘法的求解过程中，需要用到矩阵的计算，因此，我们需要导入 Python 的矩阵计算模块：

```
import numpy as np
```

最小二乘的具体实现如程序清单 7-1 所示。

程序清单 7-1　最小二乘求解

```
def least_square(feature, label):
```

```
    '''最小二乘法
    input:  feature(mat):特征
            label(mat):标签
    output: w(mat):回归系数
    '''
    w = (feature.T * feature).I * feature.T * label          ①
    return w
```

在程序清单 7-1 中，函数 least_square 实现了线性回归模型的最小二乘解法，函数的输入是训练数据的特征和标签，其输出是线性回归模型的回归系数。具体的回归系数的求解如程序清单中的①所示，其与上述的公式一致。

7.2.2 广义逆的概念

对于线性回归的模型，其预测函数的矩阵表示为

$$Y = XW$$

若矩阵 X 是一个方阵，且矩阵 X 的行列式 $|X| \neq 0$，则矩阵 X 的逆 X^{-1} 存在，即对于满秩矩阵 X，其逆矩阵存在。如果矩阵 X 不是方阵，可以求矩阵 X 的 Moore-Penrose 广义逆 $X^{\dagger}$。Moore-Penrose 广义逆具有很好的性质，如 Moore-Penrose 广义逆存在而且唯一，则回归系数可以表示为

$$W = X^{\dagger} \cdot Y$$

7.3 牛顿法

除了前面说的梯度下降法，牛顿法也是机器学习中用的比较多的一种优化算法。牛顿法的基本思想是利用迭代点 x_k 处的一阶导数（梯度）和二阶导数（Hessen 矩阵）对目标函数进行二次函数近似，然后把二次函数的极小点作为新的迭代点，并不断重复这一过程，直至求得满足精度的近似极小值。牛顿法下降的速度比梯度下降的快，而且能高度逼近最优值。牛顿法分为基本的牛顿法和全局牛顿法。

7.3.1 基本牛顿法的原理

基本牛顿法是一种基于导数的算法，它每一步的迭代方向都是沿着当前点函数值下降的方向。对于一维的情形，对于一个需要求解的优化函数 $f(x)$，求函数的极值

的问题可以转化为求导函数 $f'(x)=0$ 。对函数 $f(x)$ 进行泰勒展开到二阶，得到

$$f(x)=f(x_k)+f'(x_k)(x-x_k)+\frac{1}{2}f''(x_k)(x-x_k)^2$$

对上式求导并令其为0，则为

$$f'(x_k)+f''(x_k)(x-x_k)=0$$

即得到

$$x=x_k-\frac{f'(x_k)}{f''(x_k)}$$

这就是牛顿法的更新公式。

7.3.2 基本牛顿法的流程

1. 给定终止误差值 $0\leqslant\varepsilon\ll 1$，初始点 $x_0\in\mathbb{R}^n$，令 $k=0$；
2. 计算 $g_k=\nabla f(x_k)$，若 $\|g_k\|\leqslant\varepsilon$，则停止，输出 $x^*\approx x_k$；
3. 计算 $G_k=\nabla^2 f(x_k)$，并求解线性方程组 $G_k d=-g_k$ 得解 d_k；
4. 令 $x_{k+1}=x_k+d_k$，$k=k+1$，并转2。

7.3.3 全局牛顿法

牛顿法最突出的优点是收敛速度快，具有局部二阶收敛性，但是，基本牛顿法初始点需要足够“靠近”极小点，否则，有可能导致算法不收敛，此时就引入了全局牛顿法。全局牛顿法的流程为：

1. 给定终止误差值 $0\leqslant\varepsilon\ll 1$，$\delta\in(0,1)$，$\sigma\in(0,0.5)$，初始点 $x_0\in\mathbb{R}^n$，令 $k=0$；
2. 计算 $g_k=\nabla f(x_k)$，若 $\|g_k\|\leqslant\varepsilon$，则停止，输出 $x^*\approx x_k$；
3. 计算 $G_k=\nabla^2 f(x_k)$，并求解线性方程组 $G_k d=-g_k$ 得解 d_k；
4. 设 m_k 是不满足下列不等式的最小非负整数 m：

$$f(x_k+\delta^m d_k)\leqslant f(x_k)+\sigma\delta^m g_k^T d_k$$

5. 令 $\alpha_k=\delta^{m_k}$，$x_{k+1}=x_k+\alpha_k d_k$，$k=k+1$，并转2。

全局牛顿法的具体实现如程序清单 7-2 所示。

程序清单 7-2 全局牛顿法

```
def newton(feature, label, iterMax, sigma, delta):
    '''牛顿法
    input:  feature(mat):特征
            label(mat):标签
            iterMax(int):最大迭代次数
            sigma(float), delta(float):牛顿法中的参数
    output: w(mat):回归系数
    '''
    n = np.shape(feature)[1]
    w = np.mat(np.zeros((n, 1)))
    it = 0
    while it <= iterMax:
        print it
        g = first_derivativ(feature, label, w) # 一阶导数              ①
        G = second_derivative(feature) # 二阶导数                      ②
        d = -G.I * g
        m = get_min_m(feature, label, sigma, delta, d, w, g) # 得到
最小的m                                                                ③
        w = w + pow(sigma, m) * d                                      ④
        if it % 10 == 0:
            print "\t---- itration: ", it, " , error: ",\
                    get_error(feature, label , w)[0, 0]
        it += 1
    return w
```

在程序清单 7-2 中，函数 newton 利用全局牛顿法对线性回归模型中的参数进行学习，函数 newton 的输入为训练特征 feature、训练的目标值 label、全局牛顿法的最大迭代次数 iterMax 以及全局牛顿法的两个参数 sigma 和 delta。函数 newton 的输出是线性回归模型的参数 w。在函数 newton 中需要计算损失函数的一阶导数，如程序代码中的①所示，计算损失函数的二阶导数，如程序代码中的②所示，同时需要计算最小的 m 值，如程序代码中的③所示，最终根据上述的值更新权重，如程序代码中的④所示。求最小 m 值的函数 get_min_m 如程序清单 7-3 所示。求一阶导数的函数 first_derivativ 的具体实现如程序清单 7-5 所示。求二阶导数的函数 second_derivative 如程序清单 7-6 所示。

程序清单 7-3 最小 m 值的计算

```
def get_min_m(feature, label, sigma, delta, d, w, g):
    '''计算步长中最小的值m
```

```
    input:  feature(mat):特征
            label(mat):标签
            sigma(float),delta(float):全局牛顿法的参数
            d(mat):负的一阶导数除以二阶导数值
            g(mat):一阶导数值
    output: m(int):最小 m 值
    '''
    m = 0
    while True:
        w_new = w + pow(sigma, m) * d
        left = get_error(feature, label , w_new)
        right = get_error(feature, label , w) + \
                delta * pow(sigma, m) * g.T * d
        if left <= right:
            break
        else:
            m += 1
    return m
```

程序清单 7-3 中实现了全局牛顿法中最小 m 值的确定，在函数 get_min_m 中，其输入为训练数据的特征 feature，训练数据的目标值 label，全局牛顿法的参数 sigma、delta、d 以及损失函数的一阶导数值 g。其输出是最小的 m 值 m。在计算的过程中，计算损失函数值时使用到了 get_error 函数，其具体实现如程序清单 7-4 所示。

程序清单 7-4　损失函数的计算

```
def get_error(feature, label, w):
    '''计算误差
    input:  feature(mat):特征
            label(mat):标签
            w(mat):线性回归模型的参数
    output: 损失函数值
    '''
    return (label - feature * w).T * (label - feature * w) / 2
```

程序清单 7-4 中的 get_error 函数实现的是对于不同的线性回归的模型的损失函数值。函数 get_error 的输入为训练数据的特征 feature，训练数据的目标值 label 和线性回归模型的参数，其输出为损失函数值。

7.3.4　Armijo 搜索

全局牛顿法是基于 Armijo 的搜索，满足 Armijo 准则：

给定 $\beta \in (0,1)$，$\sigma \in (0,0.5)$，令步长因子 $\alpha_k = \beta^{m_k}$，其中 m_k 是满足下列不等式的最小非负整数：

$$f(x_k + \delta^m d_k) \le f(x_k) + \sigma \delta^m g_k^T d_k$$

7.3.5 利用全局牛顿法求解线性回归模型

假设有 m 个训练样本，其中，每个样本有 $n-1$ 个特征，则线性回归模型的损失函数为：

$$l = \frac{1}{2}\sum_{i=1}^{m}\left(y^{(i)} - \sum_{j=0}^{n-1} w_j \cdot x_j^{(i)}\right)^2$$

若是利用全局牛顿法求解线性回归模型，需要计算线性回归模型损失函数的一阶导数和二阶导数，其一阶导数为：

$$\frac{\partial l}{\partial w_j} = -\sum_{i=1}^{m}\left\{\left(y^{(i)} - \sum_{j=0}^{n-1} w_j \cdot x_j^{(i)}\right)\cdot x_j^{(i)}\right\}$$

其实现如程序清单 7-5 所示。

程序清单 7-5 一阶导数

```
def first_derivativ(feature, label, w):
    '''计算一阶导函数的值
    input:  feature(mat):特征
            label(mat):标签
    output: g(mat):一阶导数值
    '''
    m, n = np.shape(feature)
    g = np.mat(np.zeros((n, 1)))
    for i in xrange(m):
        err = label[i, 0] - feature[i,] * w
        for j in xrange(n):
            g[j,] -= err * feature[i, j]
    return g
```

程序清单 7-5 中的 first_derivativ 实现了损失函数一阶导数值的求解。在函数 first_derivativ 中，其输入为训练数据的特征 feature 和训练数据的目标值 label，其输出为损失函数的一阶导数 g，其中 g 是一个 $n \times 1$ 的向量。

损失函数的二阶导数为

$$\frac{\partial l}{\partial w_j \partial w_k}=\sum_{i=1}^{m}\left\{x_j^{(i)}\cdot x_k^{(i)}\right\}$$

其具体实现如程序清单 7-6 所示。

程序清单 7-6　二阶导数

```
def second_derivative(feature):
    '''计算二阶导函数的值
    input:  feature(mat):特征
    output: G(mat):二阶导数值
    '''
    m, n = np.shape(feature)
    G = np.mat(np.zeros((n, n)))
    for i in xrange(m):
        x_left = feature[i,].T
        x_right = feature[i,]
        G += x_left * x_right
    return G
```

程序清单 7-6 中的 second_derivative 函数实现了损失函数二阶导数值的计算。在函数 second_derivative 中，其输入为训练数据的特征 feature，输出为损失函数的二阶导数 G，其中 G 是一个 $n\times n$ 的矩阵。

7.4　利用线性回归进行预测

有了以上的理论准备，我们利用上述实现好的函数，构建线性回归模型。在训练线性回归模型的过程中，我们使用如图 7.2 所示的数据集作为训练数据集。

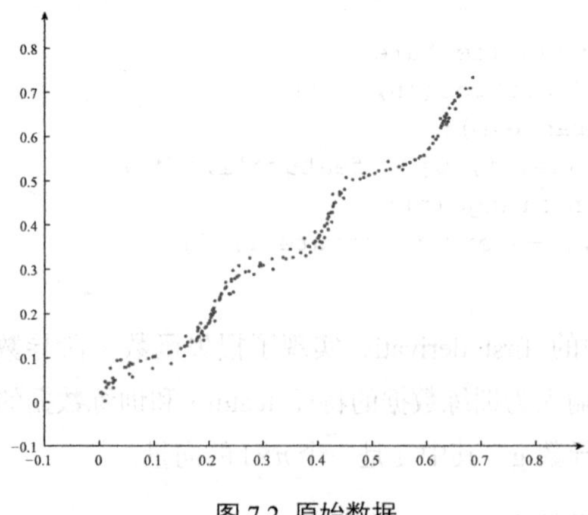

图 7.2 原始数据

在求解模型的过程中，我们分别利用最小二乘法和全局牛顿法对其回归系数进行求解，求解的过程分为：①训练线性回归模型；②利用训练好的线性回归模型预测新的数据。

7.4.1 训练线性回归模型

首先，我们利用训练样本训练模型，为了使得 Python 能够支持中文的注释和利用 numpy，我们需要在“linear_regression_train.py”文件的开始加入：

```
# coding:UTF-8
import numpy as np
```

同时，在计算最小 m 值的过程中，需要使用 pow 函数，因此在“linear_regression_train.py”文件中加入：

```
from math import pow
```

线性回归模型的训练的主函数如程序清单 7-7 所示。

程序清单 7-7 线性回归模型训练的主函数

```
if __name__ == "__main__":
    # 1 导入数据集
    print "----------- 1.load data ----------"
    feature, label = load_data("data.txt")                          ①
    # 1.1 最小二乘求解
    print "----------- 2.training ----------"
    # print "\t ---------- least_square ----------"
    # w = least_square(feature, label)                              ②
    # 1.2 牛顿法
    print "\t ---------- newton ----------"
    w = newton(feature, label, 50, 0.1, 0.5)                        ③
    # 2 保存最终的结果
    print "----------- 3.save result ----------"
    save_model("weights", w)                                        ④
```

程序清单 7-7 是线性回归模型训练的主函数，在线性回归模型的训练过程中，首先是导入训练数据，如程序代码中的①所示，函数 load_data 的具体实现如程序清单 7-8 所示。导入完训练数据后，可以利用最小二乘法对其参数进行训练，如程序代码中的②所示，最小二乘法的具体实现如程序清单 7-1 所示，也可以利用全局牛顿法对其参数进行训练，如程序代码中的③所示，全局牛顿法的具体实现如程序清单 7-2 所示。训练完成后，将最终的线性回归的模型参数保存在文件“weights”中，如程序代码中的④所示，保存模型的 save_model 函数的具体实现如程序清单 7-9 所示。

程序清单 7-8 导入训练数据

```
def load_data(file_path):
    '''导入数据
    input:  file_path(string):训练数据
    output: feature(mat):特征
            label(mat):标签
    '''
    f = open(file_path)
    feature = []
    label = []
    for line in f.readlines():
        feature_tmp = []
        lines = line.strip().split("\t")
        feature_tmp.append(1)  # x0
        for i in xrange(len(lines) - 1):
            feature_tmp.append(float(lines[i]))
        feature.append(feature_tmp)
        label.append(float(lines[-1]))
    f.close()
    return np.mat(feature), np.mat(label).T
```

在程序清单 7-8 中，load_data 函数将训练数据集中的特征导入到矩阵 feature 中，将样本标签导入到矩阵 label 中。

程序清单 7-9 保存模型的 save_model 函数

```
def save_model(file_name, w):
    '''保存最终的模型
    input:  file_name(string):要保存的文件的名称
            w(mat):训练好的线性回归模型
    '''
    f_result = open(file_name, "w")
    m, n = np.shape(w)
    for i in xrange(m):
        w_tmp = []
        for j in xrange(n):
            w_tmp.append(str(w[i, j]))
        f_result.write("\t".join(w_tmp) + "\n")
    f_result.close()
```

在程序清单 7-9 中，函数 save_model 将训练好的线性回归模型 w 保存到 file_name 指定的文件中。

7.4.2 最终的训练结果

若使用最小二乘法进行训练，则训练过程为：

```
----------- 1.load data ----------
----------- 2.training ----------
   ---------- least_square ----------
----------- 3.save result ----------
```

若使用全局牛顿法进行训练，则训练过程为：

```
----------- 1.load data ----------
----------- 2.training ----------
   ---------- newton ----------
   ---- itration:  0  , error:  12.3464440917
   ---- itration:  10  , error:  0.0701706541513
   ---- itration:  20  , error:  0.0701706541513
   ---- itration:  30  , error:  0.0701706541513
   ---- itration:  40  , error:  0.0701706541513
   ---- itration:  50  , error:  0.0701706541513
----------- 3.save result ----------
```

对于使用最小二乘法和全局牛顿法，线性回归模型最终得到了相同的参数值，最终的参数值为：

$$w_0 = 0.00310499443379$$
$$w_1 = 0.99450247031$$

最终的数据的拟合效果如图 7.3 所示。

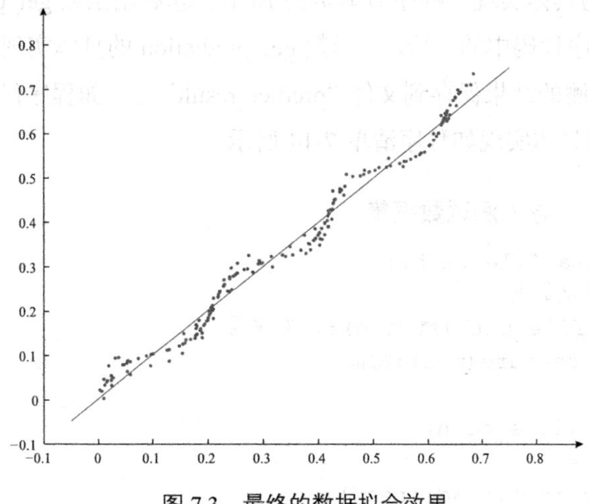

图 7.3 最终的数据拟合效果

7.4.3 对新数据的预测

对于回归算法而言，训练好的模型需要能够对新的数据集进行预测。利用上述步骤，我们训练好线性回归模型，并将其保存在“weights”文件中，此时，我们需要利用训练好的线性回归模型对新数据进行预测，同样，为了能够使用 numpy 中的函数和对中文注释的支持，在文件“linear_regression_test.py”的开始，我们加入：

```
# coding:UTF-8
import numpy as np
```

在对新数据的预测中，其主函数如程序清单 7-10 所示。

程序清单 7-10 对新数据的预测的主函数

```
if __name__ == "__main__":
    # 1.导入测试数据
    testData = load_data("data_test.txt")                          ①
    # 2.导入线性回归模型
    w = load_model("weights")                                      ②
    # 3.得到预测结果
    predict = get_prediction(testData, w)                          ③
    # 4.保存最终的结果
    save_predict("predict_result", predict)                        ④
```

在程序清单 7-10 中，对新数据的预测主要有如下的步骤：①利用函数 load_data 导入测试数据集，如程序代码中的①所示，load_data 函数的具体实现如程序清单 7-11 所示；②利用函数 load_model 导入训练好的线性回归的模型，如程序代码中的②所示，函数 load_model 的具体实现如程序清单 7-12 所示；③利用函数 get_prediction 对新数据进行预测，如程序代码中的③所示，函数 get_prediction 的具体实现如程序清单 7-13 所示；④最终将预测的结果保存到文件“predict_result”中，如程序代码中的④所示，save_model 函数的具体实现如程序清单 7-14 所示。

程序清单 7-11 导入测试数据集

```
def load_data(file_path):
    '''导入测试数据
    input:  file_path(string):训练数据
    output: feature(mat):特征
    '''
    f = open(file_path)
    feature = []
    for line in f.readlines():
        feature_tmp = []
```

```
            lines = line.strip().split("\t")
            feature_tmp.append(1)  # x0
            for i in xrange(len(lines)):
                feature_tmp.append(float(lines[i]))
            feature.append(feature_tmp)
        f.close()
    return np.mat(feature)
```

在程序清单 7-11 中，函数 load_data 实现了导入测试数据集的功能，函数 load_data 的输入为测试数据集的位置，输出为测试数据集。

程序清单 7-12　导入线性回归模型

```
def load_model(model_file):
    '''导入模型
    input:  model_file(string):线性回归模型
    output: w(mat):权重值
    '''
    w = []
    f = open(model_file)
    for line in f.readlines():
        w.append(float(line.strip()))
    f.close()
return np.mat(w).T
```

在程序清单 7-12 中，函数 load_model 将训练好的线性回归模型导入，函数 load_model 的输入为线性回归的参数所在的文件，其输出为权重值。

程序清单 7-13　对新数据的预测

```
def get_prediction(data, w):
    '''得到预测值
    input:  data(mat):测试数据
            w(mat):权重值
    output: 最终的预测
    '''
    return data * w
```

在程序清单 7-13 中，函数 get_prediction 利用训练好的线性回归模型对新数据进行预测，函数 get_prediction 的输入为测试数据 data 和线性回归模型 w，其输出为最终的预测值。

程序清单 7-14　保存最终的预测结果的 save_predict 函数

```
def save_predict(file_name, predict):
    '''保存最终的预测值
```

```
    input:  file_name(string):需要保存的文件名
            predict(mat):对测试数据的预测值
    '''
    m = np.shape(predict)[0]
    result = []
    for i in xrange(m):
        result.append(str(predict[i,0]))
    f = open(file_name, "w")
    f.write("\n".join(result))
    f.close()
```

在程序清单 7-14 中，save_predict 函数将预测的结果 predict 保存到 file_name 指定的文件中。

7.5 局部加权线性回归

7.5.1 局部加权线性回归模型

在线性回归中会出现欠拟合的情况，有些方法可以用来解决这样的问题。局部加权线性回归（LWLR）就是这样的一种方法。局部加权线性回归采用的是给预测点附近的每个点赋予一定的权重，此时的回归系数可以表示为：

$$\hat{W} = \left(X^T MX\right)^{-1} X^T MY$$

M 为给每个点的权重。

LWLR 使用核函数来对附近的点赋予更高的权重，常用的有高斯核，对应的权重为：

$$M(i,i) = \exp\left(\frac{\left\|X^i - X\right\|^2}{-2k^2}\right)$$

这样的权重矩阵只含对角元素。

局部加权线性回归的具体实现如程序清单 7-15 所示。

程序清单 7-15　局部加权线性回归

```
def lwlr(feature, label, k):
    '''局部加权线性回归
    input:  feature(mat):特征
```

```
        label(mat):标签
        k(int):核函数的系数
output: predict(mat):最终的结果
'''
m = np.shape(feature)[0]
predict = np.zeros(m)
weights = np.mat(np.eye(m))
for i in xrange(m):
    for j in xrange(m):
        diff = feature[i, ] - feature[j, ]
        weights[j,j] = np.exp(diff * diff.T / (-2.0 * k ** 2)) ①
    xTx = feature.T * (weights * feature)
    ws = xTx.I * (feature.T * (weights * label))          ②
    predict[i] = feature[i, ] * ws
return predict
```

在程序清单 7-15 中，函数 lwlr 实现了局部加权线性回归模型的训练，在 lwlr 函数中，输入为训练数据的特征 feature，训练数据的预测值 label 以及高斯核函数的参数 k，函数 lwlr 的输出为训练样本的最终的预测值。对于每一个样本，需要计算其与其他所有样本之间的权重，如程序代码中的①所示，再利用如上的加权线性回归模型的计算方法，求得权重，如程序代码中的②所示。

7.5.2 局部加权线性回归的最终结果

当 $k=1$ 时，最终的结果如图 7.4 所示，当 $k=0.01$ 时，最终的结果如图 7.5 所示，当 $k=0.002$ 时，最终的结果如图 7.6 所示。

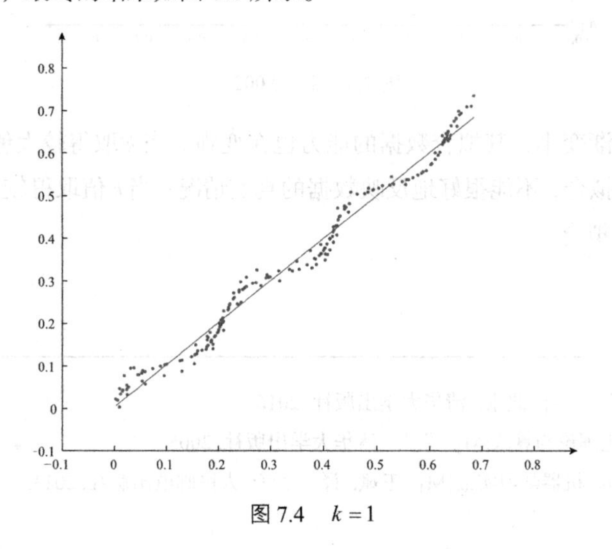

图 7.4 $k=1$

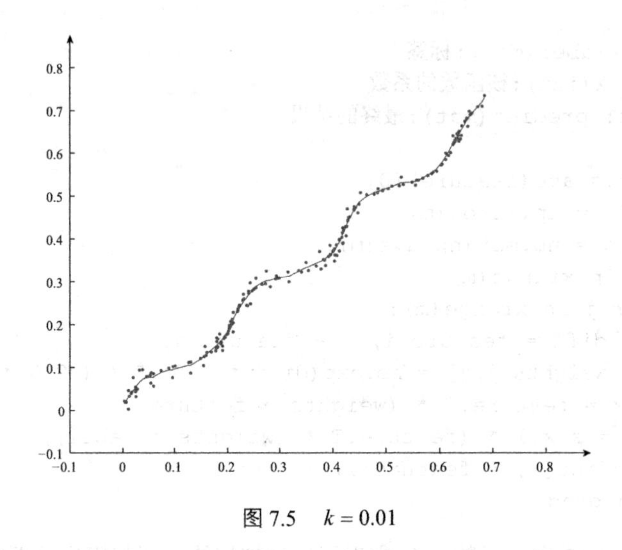

图 7.5　$k = 0.01$

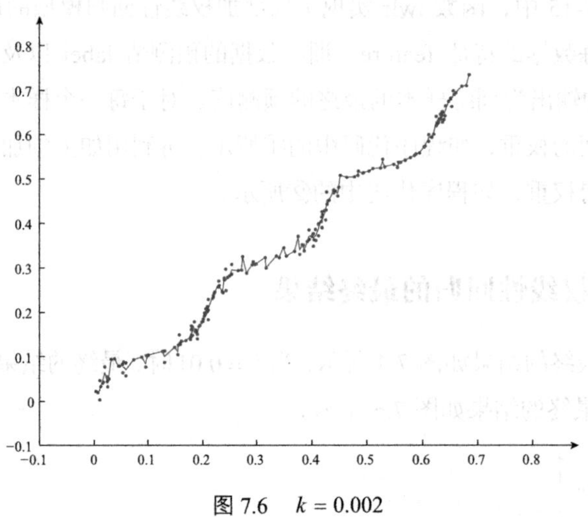

图 7.6　$k = 0.002$

当k的值逐渐变小，其拟合数据的能力也在变强。当k取得较大值时，如图 7.4 所示，出现了欠拟合，不能很好地反映数据的真实情况；当k值取得较小时，如图 7.6 所示，出现了过拟合。

参考文献

[1] 周志华. 机器学习[M]. 北京：清华大学出版社. 2016.

[2] 陈宝林. 最优化理论与算法[M]. 北京：清华大学出版社. 2005.

[3] Peter Harrington. 机器学习实战[M]. 王斌，译. 北京：人民邮电出版社. 2013.

8 岭回归和 Lasso 回归

在处理较为复杂的数据的回归问题时，普通的线性回归算法通常会出现预测精度不够，如果模型中的特征之间有相关关系，就会增加模型的复杂程度，并且对整个模型的解释能力并没有提高，这时，就需要对数据中的特征进行选择。对于回归算法，特征选择的方法有岭回归（Ridge Regression）和 Lasso 回归。

岭回归和 Lasso 回归都属于正则化的特征选择方法，对于处理较为复杂的数据回归问题通常选用这两种方法。

8.1 线性回归存在的问题

如果模型中的特征之间有相关关系，就会增加模型的复杂程度。当数据集中的特征之间有较强的线性相关性时，即特征之间出现严重的多重共线性时，用普通最小二乘法估计模型参数，往往参数估计的方差太大，此时，求解出来的模型就很不稳定。在具体取值上与真值有较大的偏差，有时会出现与实际经济意义不符的正负号。

假设已知线性回归模型为：

$$y = 10 + 2x_1 + 5x_2$$

其中，$x_1 \in (0,10)$，$x_2 \in (10,25)$。其中部分训练数据如表 8-1 所示。

表 8-1　部分训练数据

x_1	9.44471	9.78873	10.46342	9.022327	9.314014	10.26329	10.46425	9.875585
x_2	53.22728	48.11541	62.48848	72.6516	66.08382	71.54447	62.61083	55.89001

利用普通最小二乘法求回归系数的估计得：

$$w_0 = 22.7096264655$$

$$w_1 = 3.06628545724$$

$$w_2 = 4.07831381518$$

这与实际模型中的参数有很大的差别。计算 x_1 、x_2 的样本相关系数得 $r_{12} = 0.9854$，表明 x_1 与 x_2 之间高度相关。通过这个例子可以看到解释变量之间高度相关时，普通最小二乘估计明显变坏。

8.2　岭回归模型

8.2.1　岭回归模型

岭回归（Ridge Regression）是在平方误差的基础上增加正则项：

$$l = \sum_{i=1}^{m}\left(y^{(i)} - \sum_{j=0}^{n} w_j x_j^{(i)}\right)^2 + \lambda \sum_{j=0}^{n} w_j^2$$

其中，$\lambda > 0$。通过确定 λ 的值可以使得在方差和偏差之间达到平衡：随着 λ 的增大，模型方差减小而偏差增大。

8.2.2　岭回归模型的求解

与线性回归一样，在利用最小二乘法求解岭回归模型的参数时，首先对 W 求导，结果为：

$$2X^T\left(Y - XW\right) - 2\lambda W$$

令其为 0，可求得 W 的值为：

$$\hat{W} = \left(X^T X + \lambda I\right)^{-1} X^T Y$$

其中，I 是单位对角矩阵。

现在让我们一起利用 Python 实现最小二乘的解法，在最小二乘法的求解过程中，需要用到矩阵的计算，因此，我们需要导入 Python 的矩阵计算模块：

```
import numpy as np
```

岭回归的最小二乘解法的具体实现如程序清单 8-1 所示。

程序清单 8-1　岭回归的最小二乘解法

```
def ridge_regression(feature, label, lam):
    '''最小二乘的求解方法
    input:  feature(mat):特征
            label(mat):标签
    output: w(mat):回归系数
    '''
    n = np.shape(feature)[1]
    w = (feature.T * feature + lam * np.mat(np.eye(n))).I * \
         feature.T * label                                    ①
    return w
```

程序清单 8-1 中的 ridge_regression 函数实现了岭回归模型的最小二乘解法。函数 ridge_regression 的输入为训练数据的特征 feature、训练数据的目标值 label 以及参数 lam，ridge_regression 函数的输出为权重 w。在岭回归的求解过程中，最关键的是上述权重的求解过程，如程序代码中的①所示。

8.3　Lasso 回归模型

Lasso 采用的则是 L_1 正则，即 Lasso 是在平方误差的基础上增加 L_1 正则：

$$l=\sum_{i=1}^{m}\left(y^{(i)}-\sum_{j=0}^{n}w_j x_j^{(i)}\right)^2+\lambda\sum_{j=0}^{n}\left|w_j\right|$$

其中，$\lambda>0$。通过确定 λ 的值可以使得在方差和偏差之间达到平衡：随着 λ 的增大，模型方差减小而偏差增大。与基于 L_2 正则的岭回归不同的是，上述的损失函数在 $w_j=0$ 处是不可导的，因此传统的基于梯度的方法不能直接应用在上述的损失函数的求解上。为了求解这样的问题，一些近似的优化算法被采用，或者可以采用一些简单的方法来近似这样的优化过程。

8.4 拟牛顿法

8.4.1 拟牛顿法

BFGS 算法是使用较多的一种拟牛顿方法，是由 Broyden、Fletcher、Goldfarb 和 Shanno 四个人分别提出的，故称为 BFGS 校正。

对于拟牛顿方程：

$$\nabla f\left(x_k\right)=\nabla f\left(x_{k+1}\right)+G_{k+1}\left(x_k-x_{k+1}\right)$$

可以化简为：

$$G_{k+1}\left(x_{k+1}-x_k\right)=\nabla f\left(x_{k+1}\right)-\nabla f\left(x_k\right)$$

令 $B_{k+1} \triangleq G_{k+1}$，则可得：

$$B_{k+1}\left(x_{k+1}-x_k\right)=\nabla f\left(x_{k+1}\right)-\nabla f\left(x_k\right)$$

在 BFGS 校正方法中，假设：

$$B_{k+1}=B_k+E_k$$

8.4.2 BFGS 校正公式的推导

令 $E_k=\alpha u_k u_k^T+\beta v_k v_k^T$，其中 u_k、v_k 均为 $n\times 1$ 的向量。$y_k=\nabla f\left(x_{k+1}\right)-\nabla f\left(x_k\right)$，$s_k=x_{k+1}-x_k$。

则对于拟牛顿方程 $B_{k+1}\left(x_{k+1}-x_k\right)=\nabla f\left(x_{k+1}\right)-\nabla f\left(x_k\right)$ 可以化简为：

$$B_{k+1}s_k=y_k$$

将 $B_{k+1}=B_k+E_k$ 代入上式：

$$\left(B_k+E_k\right)s_k=y_k$$

将 $E_k=\alpha u_k u_k^T+\beta v_k v_k^T$ 代入上式：

$$\left(B_k+\alpha u_k u_k^T+\beta v_k v_k^T\right)s_k=y_k$$

$$\Rightarrow \alpha\left(u_k^T s_k\right)u_k+\beta\left(v_k^T s_k\right)v_k=y_k-B_k s_k$$

已知 $u_k^T s_k$、$v_k^T s_k$ 均为实数，$y_k-B_k s_k$ 为 $n\times 1$ 的向量。上式中，参数 α 和 β 解的

可能性有很多，我们取特殊的情况，假设 $u_k = rB_k s_k$ ， $v_k = \theta y_k$ ，则：

$$E_k = \alpha r^2 B_k s_k s_k^T B_k + \beta\theta^2 y_k y_k^T$$

代入上式：

$$\alpha\left[\left(rB_k s_k\right)^T s_k\right]\left(rB_k s_k\right)+\beta\left[\left(\theta y_k\right)^T s_k\right]\left(\theta y_k\right)=y_k-B_k s_k$$

即

$$\left[\alpha r^2\left(s_k^T B_k s_k\right)+1\right]\left(B_k s_k\right)+\left[\beta\theta^2\left(y_k^T s_k\right)-1\right]\left(y_k\right)=0$$

令 $\alpha r^2\left(s_k^T B_k s_k\right)+1=0$ ， $\beta\theta^2\left(y_k^T s_k\right)-1=0$ ，则：

$$\alpha r^2=-\frac{1}{s_k^T B_k s_k}$$

$$\beta\theta^2=\frac{1}{y_k^T s_k}$$

最终的 BFGS 校正公式为：

$$B_{k+1}=B_k-\frac{B_k s_k s_k^T B_k}{s_k^T B_k s_k}+\frac{y_k y_k^T}{y_k^T s_k}$$

8.4.3 BFGS 校正的算法流程

设 B_k 对称正定， B_{k+1} 由上述的 BFGS 校正公式确定，那么 B_{k+1} 对称正定的充要条件是 $y_k^T s_k > 0$ 。

在利用 Armijo 搜索准则时，并不是都满足上述的充要条件，此时可以对 BFGS 校正公式做些许改变：

$$B_{k+1}=\begin{cases} B_k & if\ y_k^T s_k \le 0 \\ B_k-\dfrac{B_k s_k s_k^T B_k}{s_k^T B_k s_k}+\dfrac{y_k y_k^T}{y_k^T s_k} & if\ y_k^T s_k > 0 \end{cases}$$

BFGS 拟牛顿法的算法流程：

- 初始化参数 $\delta \in (0,1)$ ， $\sigma \in (0,0.5)$ ，初始化点 x_0 ，终止误差 $0 \le \varepsilon \ll 1$ ，初始化对称正定矩阵 B_0 。令 $k := 0$ 。

- 重复以下过程：

① 计算 $g_k=\nabla f(x_k)$。若 $\|g_k\|\leqslant\varepsilon$，退出。输出 x_k 作为近似极小值点。

② 解线性方程组得解 d_k： $B_k d=-g_k$

③ 设 m_k 是满足如下不等式的最小非负整数 m：

$$f(x_k+\delta^m d_k)\leqslant f(x_k)+\sigma\delta^m g_k^T d_k$$

令 $\alpha_k=\delta^{m_k}$， $x_{k+1}=x_k+\alpha_k d_k$

④ 由上述公式确定 B_{k+1}

- 令 $k:=k+1$

利用 Sherman-Morrison 公式可对上式进行变换，得到：

$$B_{k+1}^{-1}=\left(I-\frac{s_k y_k^T}{y_k^T s_k}\right)^T B_k^{-1}\left(I-\frac{y_k s_k^T}{y_k^T s_k}\right)+\frac{s_k s_k^T}{y_k^T s_k}$$

令 $H_{k+1}=B_{k+1}^{-1}$，则得到：

$$H_{k+1}=\left(I-\frac{s_k y_k^T}{y_k^T s_k}\right)^T H_k\left(I-\frac{y_k s_k^T}{y_k^T s_k}\right)+\frac{s_k s_k^T}{y_k^T s_k}$$

利用 BFGS 求解岭回归模型的具体过程如程序清单 8-2 所示。

程序清单 8-2　岭回归的 BFGS 解法

```
def bfgs(feature, label, lam, maxCycle):
    '''利用bfgs训练Ridge Regression模型
    input:  feature(mat):特征
            label(mat):标签
            lam(float):正则化参数
            maxCycle(int):最大迭代次数
    output: w(mat):回归系数
    '''
    n = np.shape(feature)[1]
    # 初始化
    w0 = np.mat(np.zeros((n, 1)))
    rho = 0.55
    sigma = 0.4
    Bk = np.eye(n)
    k = 1
```

```
    while (k < maxCycle):
        print "\titer: ", k, "\terror: ", \
              get_error(feature, label, w0)
        gk = get_gradient(feature, label, w0, lam)  # 计算梯度
        dk = np.mat(-np.linalg.solve(Bk, gk))
        m = 0
        mk = 0
        while (m < 20):                                          ①
            newf = get_result(feature, label, \
                    (w0 + rho ** m * dk), lam)
            oldf = get_result(feature, label, w0, lam)
            if (newf < oldf + sigma * (rho ** m) * (gk.T * dk)[0, 0]):
                mk = m
                break
            m = m + 1

        # BFGS 校正
        w = w0 + rho ** mk * dk                                  ②
        sk = w - w0
        yk = get_gradient(feature, label, w, lam) - gk
        if (yk.T * sk > 0):
            Bk = Bk - \
                (Bk * sk * sk.T * Bk) / (sk.T * Bk * sk) + \
                (yk * yk.T) / (yk.T * sk)                        ③

        k = k + 1
        w0 = w
    return w0
```

在程序清单 8-2 中，函数 bfgs 对岭回归模型中的参数进行求解。在 BFGS 校正公式中，最优的步长是通过 Armijo 线搜索的方法确定的，如程序代码中的①所示，BFGS 的校正公式如程序代码中的②所示。利用上述的公式更新 Bk，如程序代码中的③所示。在 bfgs 函数中，使用到了导函数的求解函数 get_gradient，函数的具体实现如程序清单 8-3 所示，同时，需要计算函数值，使用到了函数 get_result 函数，函数的具体实现如程序清单 8-4 所示。

程序清单 8-3　求梯度的 get_gradient 函数

```
def get_gradient(feature, label, w, lam):
    '''计算导函数的值
    input:  feature(mat):特征
            label(mat):标签
    output: w(mat):回归系数
    '''
```

```
    err = (label - feature * w).T
    left = err * (-1) * feature
    return left.T + lam * w
```

在程序清单 8-3 中，get_gradient 函数计算损失函数的导函数的值。

程序清单 8-4　get_result 函数

```
def get_result(feature, label, w, lam):
    '''
    input:  feature(mat):特征
            label(mat):标签
    output: w(mat):回归系数
    '''
    left = (label - feature * w).T * (label - feature * w)
    right = lam * w.T * w
    return (left + right) / 2
```

在程序清单 8-4 中，get_result 函数计算训练样本的损失函数的值。

8.5　L-BFGS 求解岭回归模型

8.5.1　BGFS 算法存在的问题

在 BFGS 算法中，每次都要存储近似 Hesse 矩阵 B_k^{-1}，在高维数据时，存储 B_k^{-1} 浪费很多的存储空间，而在实际的运算过程中，我们需要的是搜索方向，因此出现了 L-BFGS 算法，是对 BFGS 算法的一种改进算法。在 L-BFGS 算法中，只保存最近的 m 次迭代信息，以降低数据的存储空间。

8.5.2　L-BFGS 算法思路

令 $\rho_k = \frac{1}{y_k^T s_k}$，$V_k = I - \frac{y_k s_k^T}{y_k^T s_k}$，则 BFGS 算法中的 H_{k+1} 可以表示为：

$$H_{k+1} = V_k^T H_k V_k + \rho_k s_k s_k^T$$

若在初始时，假定初始的矩阵 $H_0 = I$，则我们可以得到：

$$H_1 = V_0^T H_0 V_0 + \rho_0 s_0 s_0^T$$

$$\begin{aligned} H_2 &= V_1^T H_1 V_1 + \rho_1 s_1 s_1^T \\ &= V_1^T \left(V_0^T H_0 V_0 + \rho_0 s_0 s_0^T \right) V_1 + \rho_1 s_1 s_1^T \\ &= V_1^T V_0^T H_0 V_0 V_1 + V_1^T \rho_0 s_0 s_0^T V_1 + \rho_1 s_1 s_1^T \end{aligned}$$

则，H_{k+1} 为：

$$\begin{aligned} H_{k+1} = &\left(V_k^T V_{k-1}^T \cdots V_1^T V_0^T \right) H_0 \left(V_0 V_1 \cdots V_{k-1} V_k \right) \\ &+ \left(V_k^T V_{k-1}^T \cdots V_1^T \right) \rho_1 s_1 s_1^T \left(V_1 \cdots V_{k-1} V_k \right) \\ &+ \cdots \\ &+ V_k^T \rho_{k-1} s_{k-1} s_{k-1}^T V_k \\ &+ \rho_k s_k s_k^T \end{aligned}$$

若此时，只保留最近的 m 步，则：

$$\begin{aligned} H_{k+1} = &\left(V_k^T V_{k-1}^T \cdots V_{k-m}^T \right) H_0 \left(V_{k-m} \cdots V_{k-1} V_k \right) \\ &+ \left(V_k^T V_{k-1}^T \cdots V_{k-m}^T \right) \rho_1 s_1 s_1^T \left(V_{k-m} \cdots V_{k-1} V_k \right) \\ &+ \cdots \\ &+ V_k^T \rho_{k-1} s_{k-1} s_{k-1}^T V_k \\ &+ \rho_k s_k s_k^T \end{aligned}$$

这样在 L-BFGS 算法中，不再保存完整的 H_k，而是存储向量序列 $\{s_k\}$ 和 $\{y_k\}$，需要矩阵 H_k 时，使用向量序列 $\{s_k\}$ 和 $\{y_k\}$ 计算就可以得到，而向量序列 $\{s_k\}$ 和 $\{y_k\}$ 也不是都要保存，只要保存最新的 m 步向量即可。L-BFGS 算法中确定新的下降方向的具体过程为：

- $d = -\nabla f\left(x_k\right)$
- 令 $i = k-1 : k-m$
  - $\alpha_i = \dfrac{s_i \cdot p}{s_i \cdot y_i}$
  - $p = p - \alpha_i \cdot y_i$
- $p = \left(\dfrac{s_{k-1} \cdot y_{k-1}}{y_{k-1} \cdot y_{k-1}} \right) p$
- 令 $i = k-m : k-1$
  - $\beta = \dfrac{y_i \cdot p}{s_i \cdot y_i}$
  - $p = p + \left(\alpha_i - \beta\right) \cdot s_i$

L-BFGS 算法的具体实现如程序清单 8-5 所示。

程序清单 8-5　岭回归的拟牛顿 L-BFGS 解法

```
def lbfgs(feature, label, lam, maxCycle, m=10):
    '''利用 lbfgs 训练 Ridge Regression 模型
    input:  feature(mat):特征
            label(mat):标签
            lam(float):正则化参数
            maxCycle(int):最大迭代次数
            m(int):lbfgs 中选择保留的个数
    output: w(mat):回归系数
    '''
    n = np.shape(feature)[1]
    # 1 初始化
    w0 = np.mat(np.zeros((n, 1)))
    rho = 0.55
    sigma = 0.4

    H0 = np.eye(n)

    s = []
    y = []

    k = 1
    gk = get_gradient(feature, label, w0, lam)  # 3X1
    dk = -H0 * gk
    # 2 迭代
    while (k < maxCycle):
        print "iter: ", k, "\terror: ", get_error(feature, label, w0)
        m1 = 0
        mk = 0
        gk = get_gradient(feature, label, w0, lam)
        # 2.1 Armijo 线搜索
        while (m1 < 20):
            newf = get_result(feature, label, \
                    (w0 + rho ** m1 * dk), lam)
            oldf = get_result(feature, label, w0, lam)
            if newf < oldf + sigma * (rho ** m1) * (gk.T * dk)[0, 0]:
                mk = m1
                break
            m1 = m1 + 1

        # 2.2 LBFGS 校正
        w = w0 + rho ** mk * dk
```

```
        # 保留m个
        if k > m:
            s.pop(0)
            y.pop(0)

        # 保留最新的
        sk = w - w0
        qk = get_gradient(feature, label, w, lam) # 3X1
        yk = qk - gk

        s.append(sk)
        y.append(yk)

        # two-loop                                                ①
        t = len(s)
        a = []
        for i in xrange(t):
            alpha = (s[t - i - 1].T * qk) / (y[t - i - 1].T * \
                      s[t - i - 1])
            qk = qk - alpha[0, 0] * y[t - i - 1]
            a.append(alpha[0, 0])
        r = H0 * qk

        for i in xrange(t):
            beta = (y[i].T * r) / (y[i].T * s[i])
            r = r + s[i] * (a[t - i - 1] - beta[0, 0])

        if yk.T * sk > 0:
            dk = -r

        k = k + 1
        w0 = w
    return w0
```

在程序清单 8-5 中，函数 lbfgs 利用 L-BFGS 算法对岭回归模型进行求解。在求解的过程中，摒弃了 BFGS 算法中的 Bk 的求解，取而代之的是两个阶段的循环过程，如程序代码中的①所示。

8.6 岭回归对数据的预测

有了以上的理论准备，我们利用上述实现好的函数，构建岭回归模型。在训练岭回归模型的过程中，我们使用表 8-1 所示的数据集为训练数据集。我们分别利用最小二乘法，拟牛顿法 BFGS 和拟牛顿法 L-BFGS 对其回归系数进行求解，求解的过程分为：①训练线性回归模型；②利用训练好的线性回归模型预测新的数据。

8.6.1 训练岭回归模型

首先，我们利用训练样本训练模型，为了使得 Python 能够支持中文的注释和利用 numpy，我们需要在“ridge_regression_train.py”文件的开始加入：

```
# coding:UTF-8
import numpy as np
```

岭回归模型的训练的主函数如程序清单 8-6 所示。

程序清单 8-6　岭回归模型训练的主函数

```
if __name__ == "__main__":
    #1 导入数据
    print "----------1.load data ------------"
    feature, label = load_data("data.txt")                          ①
    #2 训练模型
    print "----------2.training ridge_regression ------------"
    method ="bfgs" #选择的方法                                       ②
    if method == "bfgs":#选择 BFGS 训练模型
        w0 = bfgs(feature, label, 0.5, 1000)                        ③
    elif method == "lbfgs":#選擇 L-BFGS 训练模型
        w0 = lbfgs(feature, label, 0.5, 1000, m=10)                 ④
    else:#使用最小二乘的方法
        w0 = ridge_regression(feature, label, 0.5)                  ⑤
    #3 保存最终的模型
    print "----------3.save model ------------"
    save_weights("weights", w0)                                     ⑥
```

程序清单 8-6 是岭回归模型训练的主函数，在岭回归模型的训练过程中主要分为以下的步骤：①导入训练数据，如程序代码中的①所示，函数 load_data 的具体实现如程序清单 8-7 所示；②导入完训练数据后，可以选择不同的方法对其模型的参数进行训练，如程序代码中的②所示，函数 bfgs 实现了拟牛顿法 BFGS 的求解过程，如程序代码中的③所示，bfgs 函数的具体实现如程序清单 8-2 所示，函数 lbfgs 实现了拟牛顿法 L-BFGS 的求解过程，如程序代码中的④所示，lbfgs 函数的具体实现如程序清单 8-3 所示，也可以利用最小二乘法对其参数进行训练，如程序代码中的⑤所示，最小二乘法的具体实现如程序清单 8-1 所示；③训练完成后，利用函数 save_weights 将最终的线性回归的模型参数保存在文件“weights”中，如程序代码中的⑥所示，函数

save_weights 的具体实现如程序清单 8-8 所示。

程序清单 8-7 导入训练数据的 load_data 函数

```
def load_data(file_path):
    '''导入训练数据
    input:  file_path(string):训练数据
    output: feature(mat):特征
            label(mat):标签
    '''
    f = open(file_path)
    feature = []
    label = []
    for line in f.readlines():
        feature_tmp = []
        lines = line.strip().split("\t")
        feature_tmp.append(1)  # x0
        for i in xrange(len(lines) - 1):
            feature_tmp.append(float(lines[i]))
        feature.append(feature_tmp)
        label.append(float(lines[-1]))
    f.close()
    return np.mat(feature), np.mat(label).T
```

在程序清单 8-7 中，函数 load_data 将训练样本中的特征导入到矩阵 feature 中，同时将样本中的标签导入到矩阵 label 中。

程序清单 8-8 保存模型的 save_model 函数

```
def save_model(file_name, w):
    '''保存最终的模型
    input:  file_name(string):要保存的文件的名称
            w(mat):训练好的线性回归模型
    '''
    f_result = open(file_name, "w")
    m, n = np.shape(w)
    for i in xrange(m):
        w_tmp = []
        for j in xrange(n):
            w_tmp.append(str(w[i, j]))
        f_result.write("\t".join(w_tmp) + "\n")
    f_result.close()
```

在程序清单 8-8 中，函数 save_model 将训练好的线性回归模型 w 保存到 file_name 指定的文件中。

8.6.2 最终的训练结果

在利用 BFGS 算法对模型进行求解时，其运行的过程为：

```
----------1.load data ------------
----------2.training ridge_regression ------------
   iter:  1      error:  5165.19383125
   iter:  2      error:  140.316382051
   iter:  3      error:  137.409078563
   iter:  4      error:  76.742904515
   iter:  5      error:  76.6807677021
   iter:  6      error:  76.6807446825
   …
   iter:  998    error:  76.6807444802
   iter:  999    error:  76.6807444802
----------3.save model ------------
```

在利用 L-BFGS 算法对模型进行求解时，其运行的过程为：

```
----------1.load data ------------
----------2.training ridge_regression ------------
   iter:  1     error:  5165.19383125
   iter:  2     error:  140.316382051
   iter:  3     error:  137.409078563
   iter:  4     error:  76.742904515
   iter:  5     error:  76.7239161629
   iter:  6     error:  76.6818569371
   …
   iter:  999   error:  76.6807444802
----------3.save model ------------
```

最终，以上三种方法计算出来的结果一致，其结果为：

$$w_0 = 11.5274696409$$

$$w_1 = 1.96573118108$$

$$w_2 = 5.1943747811$$

8.6.3 利用岭回归模型预测新的数据

对于回归算法而言，训练好的模型需要能够对新的数据集进行预测。利用上述步骤，我们训练好线性回归模型，并将其保存在“weights”文件中，此时，我们需要利用训练好的线性回归模型对新数据进行预测，同样，为了能够使用 numpy 中的函数和对中文注释的支持，在文件“ridge_regression_test.py”的开始，我们加入：

```
# coding:UTF-8
import numpy as np
```

在对新数据的预测中，其主函数如程序清单 8-9 所示。

程序清单 8-9　对新数据的预测的主函数

```
if __name__ == "__main__":
    # 1 导入测试数据
    print "----------1.load data ------------"
    testData = load_data("data.txt")
    # 2 导入线性回归模型
    print "----------2.load model ------------"
    w = load_model("weights")
    # 3 得到预测结果
    print "----------3.get prediction ------------"
    predict = get_prediction(testData, w)
    # 4 保存最终的结果
    print "----------4.save prediction ------------"
    save_result("predict_result", predict)
```

在程序清单 8-9 中，对新数据的预测主要有如下的步骤：①利用函数 load_data 导入测试数据集，其函数的具体实现如程序清单 8-10 所示；②利用函数 load_model 导入训练好的线性回归的模型，函数 load_model 的具体实现如程序清单 8-11 所示；③利用函数 get_prediction 对新数据进行预测，函数 get_prediction 的具体实现如程序清单 8-12 所示；④利用函数 save_result 将预测的结果保存到文件“predict_result”中，函数 save_result 的具体实现如程序清单 8-13 所示。

程序清单 8-10　导入测试数据集

```
def load_data(file_path):
    '''导入测试数据
    input:  file_path(string):训练数据
    output: feature(mat):特征
    '''
    f = open(file_path)
    feature = []
    for line in f.readlines():
        feature_tmp = []
        lines = line.strip().split("\t")
        feature_tmp.append(1)  # x0
        for i in xrange(len(lines)):
            feature_tmp.append(float(lines[i]))
```

```
        feature.append(feature_tmp)
    f.close()
    return np.mat(feature)
```

在程序清单 8-10 中，函数 load_data 实现了导入测试数据集的功能，函数 load_data 的输入为测试数据集的位置，输出为测试数据集。

程序清单 8-11　导入线性回归模型

```
def load_model(model_file):
    '''导入模型
    input:  model_file(string):线性回归模型
    output: w(mat):权重值
    '''
    w = []
    f = open(model_file)
    for line in f.readlines():
        w.append(float(line.strip()))
    f.close()
    return np.mat(w).T
```

在程序清单 8-11 中，函数 load_model 将训练好的线性回归模型导入，函数 load_model 的输入为岭回归的参数所在的文件，其输出为权重值。

程序清单 8-12　对新数据的预测

```
def get_prediction(data, w):
    '''对新数据进行预测
    input:  data(mat):测试数据
            w(mat):权重值
    output: 最终的预测
    '''
    return data * w
```

在程序清单 8-12 中，函数 get_prediction 利用训练好的线性回归模型对新数据进行预测，函数 get_prediction 的输入为测试数据 data 和线性回归模型 w，其输出为最终的预测值。

程序清单 8-13　保存最终的预测结果

```
def save_result(file_name, predict):
    '''保存最终的结果
    input:  file_name(string):需要保存的文件
            predict(mat):预测结果
    '''
    m = np.shape(predict)[0]
```

```
    result = []
    for i in xrange(m):
        result.append(str(predict[i,0]))
    f = open(file_name, "w")
    f.write("\n".join(result))
    f.close()
```

在程序清单 8-13 中，函数 save_result 将最终的预测结果 predict 保存到 file_name 指定的文件中。

参考文献

[1] 陈宝林. 最优化理论与算法[M]. 北京：清华大学出版社. 2005.

[2] Peter Harrington. 机器学习实战[M]. 王斌, 译. 北京：人民邮电出版社.

9 CART 树回归

在第 7 章和第 8 章中介绍了基本的线性回归模型属于全局的模型（除局部加权线性回归外），在线性回归模型中，其前提是假设全局的数据之间是线性的，通过拟合所有的样本点，训练得到最终的模型。然而现实中的很多问题是非线性的，当处理这类复杂的数据的回归问题时，特征之间的关系并不是简单的线性关系，此时，不可能利用全局的线性回归模型拟合这类数据。

CART 树回归算法属于一种局部的回归算法，通过将全局的数据集划分成多份容易建模的数据集，这样在每一个局部的数据集上进行局部的回归建模。

9.1 复杂的回归问题

9.1.1 线性回归模型

在第 7 章和第 8 章中分别介绍了线性回归的相关算法，在基本的线性回归算法中，样本的特征与样本的标签之间存在线性相关关系，但是，对于样本特征与样本标签存在非线性的关系时，如图 9.1 所示。

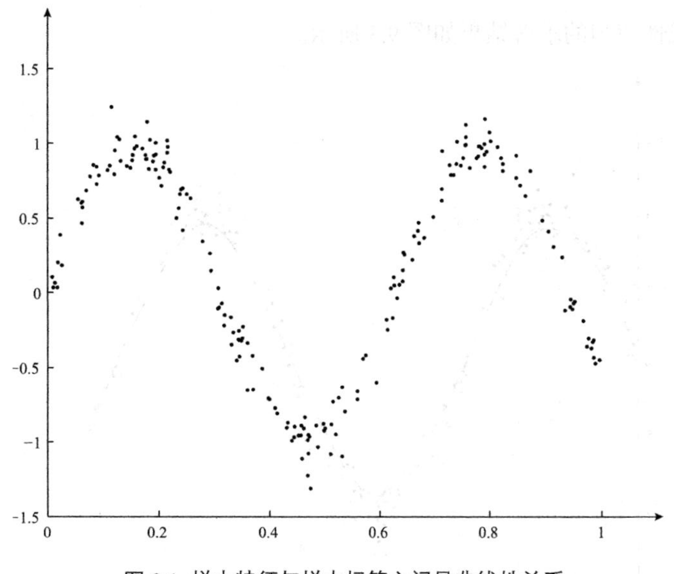

图 9.1 样本特征与样本标签之间是非线性关系

对于图 9.1 所示的非线性的回归问题，简单的线性回归算法无法求解，利用简单的线性回归求解的结果如图 9.2 所示。

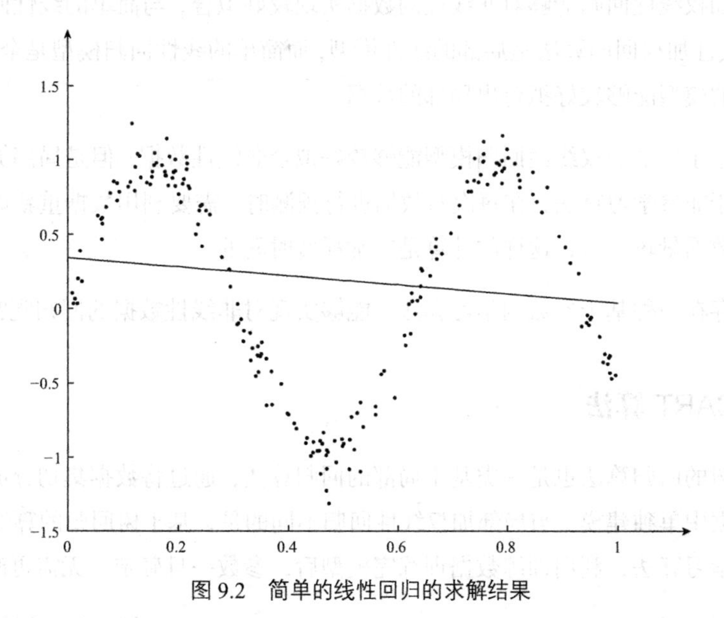

图 9.2 简单的线性回归的求解结果

9.1.2 局部加权线性回归

为了能够实现对非线性数据的拟合，可以使用局部加权线性回归，当 $k = 0.05$ 时，其局部加权线性回归的求解结果如图 9.3 所示。

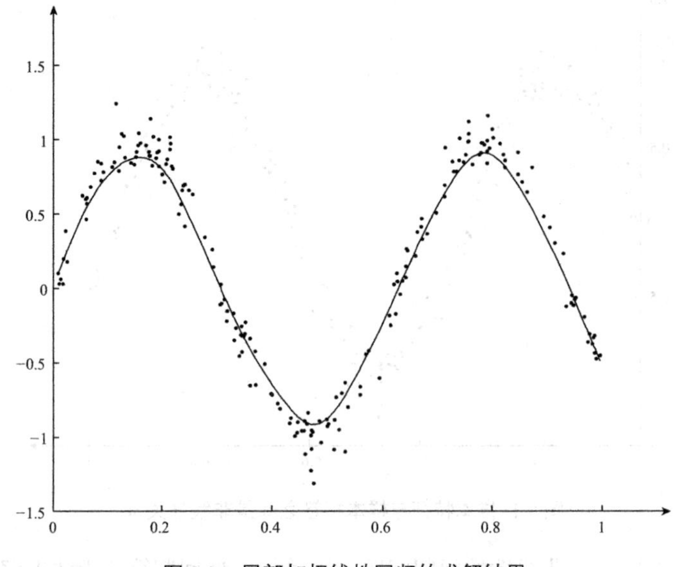

图 9.3 局部加权线性回归的求解结果

局部加权线性回归能够对非线性的数据实现较好拟合，与简单的线性回归算法相比，局部线性加权回归算法是局部的线性模型，而简单的线性回归模型是全局的模型，利用局部的模型能够较好拟合出局部的数据。

虽然基于局部加权线性回归模型能够较好拟合非线性数据，但是局部加权线性回归模型属于非参学习算法，在每次对数据进行预测时，需要利用数据重新训练模型的参数，当数据量较大时，这样的计算是非常耗费时间的。

是否存在一种基于参数的学习算法，能够实现对非线性数据的回归呢？

9.1.3 CART 算法

基于树的回归算法也是一类基于局部的回归算法，通过将数据集切分成多份，在每一份数据中单独建模。与局部加权线性回归不同的是，基于树回归的算法是一种基于参数的学习算法，利用训练数据训练完模型后，参数一旦确定，无需再改变。

分类回归树（Classification And Regression Tree，CART）算法是使用较多的一种树模型，CART 算法可以处理分类问题，也可以处理回归问题。在第 5 章的随机森林算法中，我们介绍了如何利用 CART 算法处理分类问题，在本章中，我们着重介绍如何利用 CART 算法处理回归问题。

CART 算法中的树采用一种二分递归分割的技术，即将当前的样本集分为左子树和右子树两个子样本集，使得生成的每个非叶子节点都有两个分支。因此，CART 算法生成的决策树是非典型的二叉树。

利用 CART 算法处理回归问题的主要步骤：①CART 回归树的生成；②CART 回归树的剪枝。

9.2 CART 回归树生成

9.2.1 CART 回归树的划分

第 5 章介绍的 CART 分类树算法中，利用 Gini 指数作为划分树的指标，通过样本中的特征，对样本进行划分，直到所有的叶节点中的所有样本都为同一个类别为止。但是在 CART 回归树中，样本的标签是一系列的连续值的集合，不能再使用 Gini 指数作为划分树的指标。但是，我们注意到，Gini 指数表示的是数据的混乱程度，对于连续数据，当数据分布比较分散时，各个数据与平均数的差的平方和较大，方差就较大；当数据分布比较集中时，各个数据与平均数的差的平方和较小。方差越大，数据的波动越大；方差越小，数据的波动就越小。因此，对于连续的数据，可以使用样本与平均值的差的平方和作为划分回归树的指标。假设，我们有 m 个训练样本 $\left\{\left(X^{(1)},y^{(1)}\right),\left(X^{(2)},y^{(2)}\right),\cdots,\left(X^{(m)},y^{(m)}\right)\right\}$，则划分 CART 回归树的指标为：

$$m\cdot s^2=\sum_{i=1}^{m}\left(y^{(i)}-\overline{y}\right)^2$$

其中，$y^{(i)}$ 为第 i 个样本的标签，$\overline{y}$ 为 m 个样本标签值的均值。现在，让我们利用 Python 实现 CART 回归树的划分指标，在计算的过程中，需要使用 numpy 中的相关函数，因此，首先需要导入 numpy 模块：

```
import numpy as np
```

CART 回归树的划分指标的具体形式如程序清单 9-1 所示。

程序清单 9-1　回归树的划分指标

```
def err_cnt(dataSet):
    '''回归树的划分指标
```

```
    input:  dataSet(list):训练数据
    output: m*s^2(float):总方差
    '''
    data = np.mat(dataSet)
    return np.var(data[:, -1]) * np.shape(data)[0]                    ①
```

在程序清单 9-1 中，err_cnt 函数用于计算当前节点的总方差，总方差的具体计算过程如程序代码中的①所示。

有了划分的标准，那么，应该如何对样本进行划分呢？与 CART 分类树中的方法一样，我们根据每一维特征中的每一个取值，尝试将样本划分到树节点的左右子树中，如取得样本特征中的第 j 维特征中值 x 作为划分的值，如果一个样本在第 j 维处的值大于或者等于 x，则将其划分到右子树中，否则划分到左子树中，具体划分的过程如图 9.4 所示。

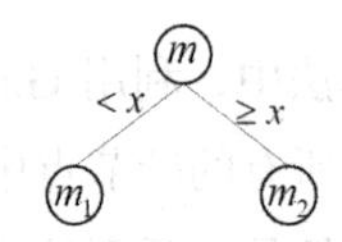

图 9.4　左右子树的划分

在图 9.4 中，原始节点中有 m 个样本，根据与值 x 的对比，将样本划分到左右子树中，左子树被分到 m_1 个样本，剩下的 m_2 个样本被划分到右子树中。具体划分的过程如程序清单 9-2 所示。

程序清单 9-2　左右子树的划分

```
def split_tree(data, fea, value):
    '''根据特征 fea 中的值 value 将数据集 data 划分成左右子树
    input:  data(list):训练样本
            fea(float):需要划分的特征 index
            value(float):指定的划分的值
    output: (set_1, set_2)(tuple):左右子树的聚合
    '''
    set_1 = [] # 右子树的集合
    set_2 = [] # 左子树的集合
    for x in data:
        if x[fea] >= value:
            set_1.append(x)                                           ①
        else:
            set_2.append(x)                                           ②
    return (set_1, set_2)
```

在程序清单 9-2 中，split_tree 函数根据 fea 位置处的特征，按照值 value 将样本划

分到左右子树中，当样本在 fea 处的值大于或者等于 value 时，将其划分到右子树中，如程序代码中的①所示；否则，将其划分到左子树中，如程序代码中的②所示。

9.2.2 CART 回归树的构建

CART 分类树的构建过程如下所示：

- 对于当前训练数据集，遍历所有属性及其所有可能的切分点，寻找最佳切分属性及其最佳切分点，使得切分之后的基尼指数最小，利用该最佳属性及其最佳切分点将训练数据集切分成两个子集，分别对应着判别结果是左子树和判别结果是右子树。
- 对第一步中生成的两个数据子集递归地调用第一步，直至满足停止条件。
- 生成 CART 决策树

为了能构建CART 回归树算法，首先，需要为CART 回归树中节点设置一个结构，其具体的实现如程序清单 9-3 所示。

程序清单 9-3 CART 回归树中的节点

```
class node:
    '''树的节点的类
    '''
    def __init__(self, fea=-1, value=None, results=None, right=None, 
left=None):
        self.fea = fea  # 用于切分数据集的属性的列索引值
        self.value = value  # 设置划分的值
        self.results = results  # 存储叶节点的值
        self.right = right  # 右子树
        self.left = left  # 左子树
```

在 CART 回归树的节点类中，属性 fea 表示的是待划分数据集的特征的索引，属性 value 表示的是划分的具体的值，属性 results 表示的是叶子节点的具体的值，属性 right 表示的是右子树，属性 left 表示的是左子树。

现在，让我们一起实现 CART 回归树，CART 回归树的构建过程如程序清单 9-4 所示。

程序清单 9-4 CART 回归树的构建

```
def build_tree(data, min_sample, min_err):
    '''构建树
```

```
    input:  data(list):训练样本
            min_sample(int):叶子节点中最少的样本数
            min_err(float):最小的error
    output: node:树的根结点
    '''
    # 构建决策树，函数返回该决策树的根节点
    if len(data) <= min_sample:
        return node(results=leaf(data))                                ①

    # 1 初始化
    best_err = err_cnt(data)                                           ②
    bestCriteria = None  # 存储最佳切分属性以及最佳切分点
    bestSets = None  # 存储切分后的两个数据集

    # 2 开始构建 CART 回归树
    feature_num = len(data[0]) - 1
    for fea in range(0, feature_num):
        feature_values = {}
        for sample in data:
            feature_values[sample[fea]] = 1

        for value in feature_values.keys():
            # 2.1 尝试划分
            (set_1, set_2) = split_tree(data, fea, value)              ③
            if len(set_1) < 2 or len(set_2) < 2:
                continue
            # 2.2 计算划分后的error 值
            now_err = err_cnt(set_1) + err_cnt(set_2)                  ④
            # 2.3 更新最优划分
            if now_err < best_err and len(set_1) > 0 and len(set_2) >
0:                                                                     ⑤
                best_err = now_err
                bestCriteria = (fea, value)
                bestSets = (set_1, set_2)

    # 3 判断划分是否结束
    if best_err > min_err:                                             ⑥
        right = build_tree(bestSets[0], min_sample, min_err)
        left = build_tree(bestSets[1], min_sample, min_err)
        return node(fea=bestCriteria[0], value=bestCriteria[1], \
                    right=right, left=left)
    else:
        return node(results=leaf(data))  # 返回当前的类别标签作为最终的
类别标签
```

在程序清单 9-4 中，build_tree 函数用于构建 CART 回归树模型，在构建 CART

回归树模型的过程中，如果节点中的样本的个数小于或者等于指定的最小的样本数 min_sample，则该节点不再划分，如程序代码中的①所示，函数 leaf 用于计算当前叶子节点的值，其具体实现如程序清单 9-5 所示；当节点需要划分时，首先计算当前节点的 error 值，如程序代码中的②所示，函数 err_cnt 的具体实现如程序清单 9-1 所示；在开始构建的过程中，根据每一维特征的取值尝试将样本划分到左右子树中，如程序代码中的③所示，函数 split_tree 的具体实现如程序清单 9-2 所示，划分后产生左子树和右子树，此时，计算左右子树的 error 值，如程序代码中的④所示，若此时的 error 值小于最优的 error 值，则更新最优划分，如程序代码中的⑤所示；当该节点划分完成后，继续对其左右子树进行划分，如程序代码中的⑥所示。

程序清单 9-5　CART 回归树中叶子节点的计算

```
def leaf(dataSet):
    '''计算叶节点的值
    input:  dataSet(list):训练样本
    output: np.mean(data[:, -1])(float):均值
    '''
    data = np.mat(dataSet)
    return np.mean(data[:, -1])                    ①
```

在程序清单 9-5 中，函数 leaf 用于计算当前叶子节点的值，计算的方法是使用划分到该叶子节点的所有样本的标签的均值，如程序代码中的①所示。

9.3　CART 回归树剪枝

在 CART 树回归中，当树中的节点对样本一直划分下去时，会出现的最极端的情况是：每一个叶子节点中仅包含一个样本，此时，叶子节点的值即为该样本的标签的值。这种情况极易对训练样本“过拟合”，通过这样的方式训练出来的样本可以对训练样本拟合得很好，但是对于新样本的预测效果将会较差。为了防止构建好的 CART 树回归模型过拟合，通常需要对 CART 回归树进行剪枝，剪枝的目的是防止 CART 回归树生成过多的叶子节点。在剪枝中主要分为：前剪枝和后剪枝。

9.3.1　前剪枝

前剪枝是指在生成 CART 回归树的过程中对树的深度进行控制，防止生成过多的叶子节点。在程序清单 9-4 中的 build_tree 函数中，我们通过参数 min_sample 和 min_err

来控制树中的节点是否需要进行更多的划分。通过不断调节这两个参数，来找到一个合适的 CART 树模型。

9.3.2 后剪枝

后剪枝是指将训练样本分成两个部分，一部分用来训练 CART 树模型，这部分数据被称为训练数据，另一部分用来对生成的 CART 树模型进行剪枝，这部分数据被称为验证数据。

由上述过程可知，在后剪枝的过程中，通过验证生成好的 CART 树模型是否在验证数据集上发生了过拟合，如果出现过拟合的现象，则合并一些叶子节点来达到对 CART 树模型的剪枝。

在本章中，我们主要使用前剪枝的策略，通过调整参数 min_sample 和 min_err 来控制 CART 树模型的生成。

9.4 CART 回归树对数据预测

有了以上的理论准备，我们利用上述实现好的函数，构建 CART 树回归模型。在训练 CART 树回归模型的过程中，我们使用图 9.1 所示的数据作为训练样本，利用 CART 回归树算法进行求解的过程中，主要包括：①利用训练数据训练 CART 回归树模型；②利用训练好的 CART 回归树模型对新数据进行预测。

9.4.1 利用训练数据训练 CART 回归树模型

首先，我们利用训练样本训练模型，为了使得 Python 能够支持中文的注释和利用 numpy，我们需要在“train_cart.py”文件的开始加入：

```
# coding:UTF-8
import numpy as np
```

同时，在训练完成 CART 回归树模型后，需要保存最终的训练模型，因此在“train_cart.py”文件中加入：

```
import cPickle as pickle
```

CART 回归树模型的训练的主程序如程序清单 9-6 所示。

程序清单 9-6　CART 回归树训练的主程序

```
if __name__ == "__main__":
    # 1 导入训练数据
    print "----------- 1、load data -------------"
    data = load_data("sine.txt")                                    ①
    # 2 构建 CART 树
    print "----------- 2、build CART ------------"
    regression_tree = build_tree(data, 30, 0.3)                     ②
    # 3 评估 CART 树
    print "----------- 3、cal err -------------"
    err = cal_error(data, regression_tree)                          ③
    print "\t--------- err : ", err
    # 4 保存最终的 CART 模型
    print "----------- 4、save result -----------"
    save_model(regression_tree, "regression_tree")                  ④
```

在程序清单 9-6 中，CART 回归树模型的训练主要包括：①导入训练数据，如程序代码中的①所示，函数 load_data 的具体实现如程序清单 9-7 所示；②训练 CART 树，如程序代码中的②所示，函数 buid_tree 的具体实现如程序清单 9-4 所示；③评估训练好的 CART 回归树模型，如程序代码中的③所示，函数 cal_error 的具体实现如程序清单 9-8 所示；④保存训练好的 CART 回归树模型，如程序代码中的④所示，函数 save_model 的具体实现如程序清单 9-9 所示。

程序清单 9-7　导入训练数据

```
def load_data(data_file):
    '''导入训练数据
    input:  data_file(string):保存训练数据的文件
    output: data(list):训练数据
    '''
    data = []
    f = open(data_file)
    for line in f.readlines():
        sample = []
        lines = line.strip().split("\t")
        for x in lines:
            sample.append(float(x)) # 转换成 float 格式
        data.append(sample)
    f.close()

    return data
```

在程序清单 9-7 中，函数 load_data 将保存了训练数据的文件“data_file”中的数据导入到 data 中。

9.4.2 最终的训练结果

当 min_sample 取为 30，min_err 取为 0.3 时，CART 回归树的训练过程为：

```
----------- 1.load data -------------
----------- 2.build CART ------------
----------- 3.cal err -------------
   --------- err :  0.017472194888
----------- 4.save result -----------
```

当训练好 CART 回归树，需要评估训练好的 CART 回归树模型时，函数 cal_error 用于评估训练好的 CART 回归树模型，其具体实现如程序清单 9-8 所示。

程序清单 9-8　评估训练好的 CART 回归树模型

```
def cal_error(data, tree):
    ''' 评估 CART 回归树模型
    input:  data(list):
            tree:训练好的 CART 回归树模型
    output: err/m(float):均方误差
    '''
    m = len(data)  # 样本的个数
    n = len(data[0]) - 1  # 样本中特征的个数
    err = 0.0
    for i in xrange(m):
        tmp = []
        for j in xrange(n):
            tmp.append(data[i][j])
        pre = predict(tmp, tree) # 对样本计算其预测值                    ①
        # 计算残差
        err += (data[i][-1] - pre) * (data[i][-1] - pre)              ②
    return err / m
```

在程序清单 9-8 中，函数 cal_error 用于评估训练好的 CART 回归树模型，函数的输入分别为训练数据 data 和训练好的 CART 回归树模型 tree，在评估 CART 回归树模型的过程中，利用训练好的 CART 回归树模型对每一个样本进行预测，如程序代码中的①所示，函数 predict 的具体实现如程序清单 9-10 所示。当预测完成后，利用预测的值和原始的样本的标签计算残差，如程序代码中的②所示。

当 CART 回归树模型的训练和评估完成后，需要将训练好的 CART 回归树保存到本地，保存 CART 回归树的过程如程序清单 9-9 所示。

程序清单 9-9 利用 CART 回归树模型预测

```
def save_model(regression_tree, result_file):
    '''将训练好的 CART 回归树模型保存到本地
    input:  regression_tree:回归树模型
            result_file(string):文件名
    '''
    with open(result_file, 'w') as f:
        pickle.dump(regression_tree, f)
```

在程序清单 9-9 中，函数 save_model 将训练好的 CART 回归树模型 regression_tree 保存到文件 "result_file" 中，在保存回归树的过程中，使用到了 cPickle 模块中的 dump 方法。

程序清单 9-10 利用 CART 回归树模型预测

```
def predict(sample, tree):
    '''对每一个样本 sample 进行预测
    input:  sample(list):样本
            tree:训练好的 CART 回归树模型
    output: results(float):预测值
    '''
    # 1 只是树根
    if tree.results != None:
        return tree.results                                  ①
    else:
    # 2 有左右子树
        val_sample = sample[tree.fea] # fea 处的值
        branch = None
        # 2.1 选择右子树
        if val_sample >= tree.value:                         ②
            branch = tree.right
        # 2.2 选择左子树
        else:                                                ③
            branch = tree.left
        return predict(sample, branch)
```

在程序清单 9-10 中，函数 predict 利用训练好的 CART 回归树模型 tree 对样本 sample 进行预测。在预测的过程中，主要分为如下的情况：

- 若此时只有根结点，则直接返回其值作为最终的预测结果，如程序代码中的①所示；
- 若此时该结点有左右子树，则比较样本 sample 中在 fea 索引处的值 val_sample 和 CART 回归树模型中在划分处的值 value：

- ○ 若 val_sample 大于或等于 CART 回归树模型中的值 value，则选择右子树，如程序代码中的②所示；
- ○ 若 val_sample 小于 CART 回归树模型中的值 value，则选择左子树，如程序代码中的③所示。

最终对数据的拟合效果如图 9.5 所示。

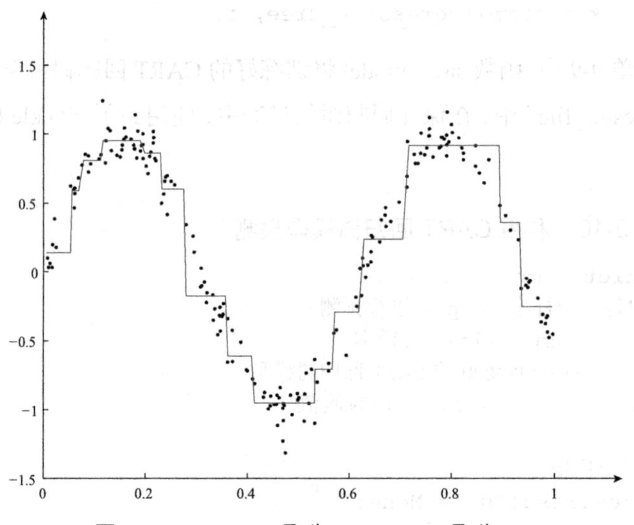

图 9.5　min_sample 取为 30，min_err 取为 0.3

我们对 min_sample 和 min_err 取值进行调整，当 min_sample 取为 5，min_err 取为 0.1 时的拟合效果如图 9.6 所示。

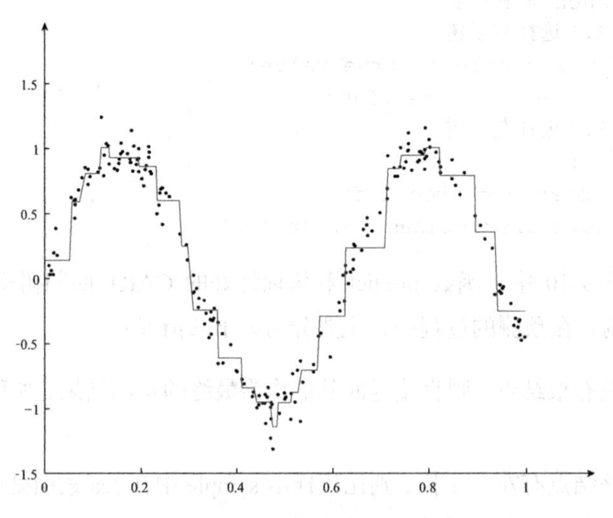

图 9.6　min_sample 取为 5，min_err 取为 0.1

从图 9.5 和图 9.6 中可以看出，相比于图 9.5，图 9.6 中的模型对训练数据的拟合更好，容易出现过拟合现象。

9.4.3 利用训练好的 CART 回归树模型对新的数据预测

对于回归算法而言，训练好的模型需要能够对新的数据集进行预测。利用上述步骤，我们首先训练好 CART 树回归模型，并将其保存在“regression_tree”文件中，此时，我们需要利用训练好的 CART 树回归模型对新数据进行预测，同样，为了能够使用 random 中的函数，CART 树模型的导入和对中文注释的支持，在“test_cart.py”文件开始，我们加入：

```
# coding:UTF-8
import random as rd
import cPickle as pickle
```

同时，需要使用到“train_cart.py”文件中的一些函数，我们需要在“test_cart.py”文件中导入：

```
from train_cart import predict,node
```

在对新数据的预测过程中，其主函数如程序清单 9-11 所示。

程序清单 9-11 对新数据的预测的主函数

```
if __name__ == "__main__":
    # 1.导入待计算的数据
    print "--------- 1.load data ----------"
    data_test = load_data()                                              ①
    # 2.导入回归树模型
    print "--------- 2.load regression tree ---------"
    regression_tree = load_model("regression_tree")                      ②
    # 3.进行预测
    print "--------- 3.get prediction -----------"
    prediction = get_prediction(data_test, regression_tree)              ③
    # 4.保存预测的结果
    print "--------- 4.save result ----------"
    save_result(data_test, prediction, "prediction")                     ④
```

在程序清单 9-11 中，利用训练好的 CART 回归树算法对新数据进行预测时，主要包括如下几步：①导入测试数据集，如程序代码中的①所示，函数 load_data 的具体实现如程序清单 9-12 所示；②导入训练好的 CART 回归树模型，如程序代码中的②所示，函数 load_model 的具体实现如程序清单 9-13 所示；③利用训练好的 CART

回归树模型对测试数据进行预测，如程序代码中的③所示，函数 get_prediction 的具体实现如程序清单 9-14 所示；④保存好最终的预测结果，如程序代码中的④所示，函数 save_result 的具体实现如程序清单 9-15 所示。

程序清单 9-12　导入测试数据集

```
def load_data():
    '''导入测试数据集
    '''
    data_test = []
    for i in xrange(400):
        tmp = []
        tmp.append(rd.random()) # 随机生成[0,1]之间的样本          ①
        data_test.append(tmp)
    return data_test
```

在程序清单 9-12 中，为了生成随机样本，从$[0,1]$之间随机生成 400 个样本，并将样本存储到 data_test 中，生成样本的过程如程序代码中的①所示。

程序清单 9-13　导入训练好的 CART 回归树模型

```
def load_model(tree_file):
    '''导入训练好的 CART 回归树模型
    input:  tree_file(list):保存 CART 回归树模型的文件
    output: regression_tree:CART 回归树
    '''
    with open(tree_file, 'r') as f:
        regression_tree = pickle.load(f)                          ①
    return regression_tree
```

在程序清单 9-13 中，load_model 函数用于从文件 tree_file 中导入训练好的 CART 回归树模型，在导入回归树模型中，使用到了 cPickle 模块中的 load 函数，如程序代码中的①所示。

程序清单 9-14　对新数据的预测

```
def get_prediction(data_test, regression_tree):
    '''对测试样本进行预测
    input:  data_test(list):需要预测的样本
            regression_tree(regression_tree):训练好的回归树模型
    output: result(list):
    '''
    result = []
    for x in data_test:
        result.append(predict(x, regression_tree))                ①
```

```
    return result
```

在程序清单 9-14 中，函数 get_prediction 利用训练好的 CART 回归树模型 regression_tree 对需要预测的样本 data_test 进行预测，预测使用到了 predict 函数，如程序代码中的①所示，函数 predict 的具体实现如程序清单 9-10 所示。

程序清单 9-15　保存最终的预测结果

```
def save_result(data_test, result, prediction_file):
    '''保存最终的预测结果
    input:  data_test(list):需要预测的数据集
            result(list):预测的结果
            prediction_file(string):保存结果的文件
    '''
    f = open(prediction_file, "w")
    for i in xrange(len(result)):
        a = str(data_test[i][0]) + "\t" + str(result[i]) + "\n"
        f.write(a)
    f.close()
```

在程序清单 9-15 中，函数 save_result 将需要预测的样本 data_test 和最终的预测结果 result 存储到文件 prediction_file 中。

参考文献

[1] 李航. 统计学习方法[M]. 北京: 清华大学出版社. 2012.
[2] Peter Harrington. 机器学习实战[M]. 王斌, 译. 北京: 人民邮电出版社. 2013.

第三部分

聚类算法

“物以类聚”指的是事物之间通过某种相似的属性聚集到一起，聚类算法是对事物自动归类的一类算法。聚类算法是一种典型的无监督的学习算法，在聚类算法中通过定义不同的相似性的度量方法，将具有相似属性的事物聚集到同一个类中。

第 10 章将介绍最基本的聚类算法 K-Means 算法，K-Means 聚类算法是基于距离相似性的聚类算法；第 11 章将介绍 Mean Shift 聚类算法，Mean Shift 算法也是基于距离的聚类算法，与 K-Means 算法不同的是，在 Mean Shift 算法中无需指定聚类个数；第 12 章将介绍基于密度的聚类算法 DBSCAN 算法，基于距离的聚类算法的聚类簇是球状结构的，DBSCAN 算法能够对任意形状的数据聚类；第 13 章将介绍在社交网络中用户聚类算法 Label Propagation 算法，Label Propagation 算法利用自身的网络结构，通过节点之间的标签传播实现对网络节点的聚类。

10 K-Means

根据训练样本中是否包含标签信息，机器学习可以分为监督学习（Supervised Learning）和无监督学习（Unsupervised Learning）。聚类算法是典型的无监督学习，其训练样本中只包含样本的特征，不包含样本的标签信息。在聚类算法中，利用样本的特征，将具有相似属性的样本划分到同一个类别中。

K-Means 算法，也被称为 K-平均或 K-均值算法，是一种广泛使用的聚类算法。K-Means 算法是基于相似性的无监督的算法，通过比较样本之间的相似性，将较为相似的样本划分到同一个类别中。由于 K-Means 算法简单、易于实现于特点，K-Means 算法得到了广泛的应用，如在图像分割方面的应用。

10.1 相似性的度量

在 K-Means 算法中，通过某种相似性度量的方法，将较为相似的个体划分到同一个类别中。对于不同的应用场景，有着不同的相似性度量的方法，为了度量样本 X 和样本 Y 之间的相似性，一般定义一个距离函数 $d(X,Y)$，利用 $d(X,Y)$ 来表示样本 X 和样本 Y 之间的相似性。通常在机器学习算法中使用到的距离函数主要有：

- 闵可夫斯基距离（Minkowski Distance）；
- 曼哈顿距离（Manhattan Distance）；
- 欧氏距离（Euclidean Distance）。

10.1.1 闵可夫斯基距离

假设有两个点，分别为点 P 和点 Q ，其对应的坐标分别为：

$$P=\left(x_1,x_2,\cdots,x_n\right)\in\mathbb{R}^n$$

$$Q=\left(y_1,y_2,\cdots,y_n\right)\in\mathbb{R}^n$$

那么，点 P 和点 Q 之间的闵可夫斯基距离可以定义为：

$$d\left(P,Q\right)=\left(\sum_{i=1}^{n}\left(x_i-y_i\right)^p\right)^{1/p}$$

10.1.2 曼哈顿距离

对于上述的点 P 和点 Q 之间的曼哈顿距离可以定义为：

$$d\left(P,Q\right)=\sum_{i=1}^{n}\left|x_i-y_i\right|$$

10.1.3 欧氏距离

对于上述的点 P 和点 Q 之间的欧氏距离可以定义为：

$$d\left(P,Q\right)=\sqrt{\sum_{i=1}^{n}\left(x_i-y_i\right)^2}$$

由曼哈顿距离和欧式距离的定义可知，曼哈顿距离和欧式距离是闵可夫斯基距离的具体形式，即在闵可夫斯基距离中，当 $p=1$ 时，闵可夫斯基距离即为曼哈顿距离，当 $p=2$ 时，闵可夫斯基距离即为欧式距离。

若在样本中，特征之间的单位不一致时，利用基本的欧式距离作为相似性的度量方法会存在问题，如样本的形式为（身高，体重）。身高的度量单位是 cm，范围通常为 $\left(150,190\right)$ ，而体重的度量单位是 kg，范围通常为 $\left(50,80\right)$ 。假设此时有 3 个样本，分别为： $\left(160,50\right)$ ， $\left(170,60\right)$ ， $\left(180,80\right)$ 。此时可以利用标准化的欧氏距离。对于上述点 P 和点 Q 之间的标准化的欧式距离可以定义为：

$$d\left(P,Q\right)=\sqrt{\sum_{i=1}^{n}\left(\frac{x_i-y_i}{s_i}\right)^2}$$

其中，s_i 表示的是第 i 维的标准差。在本文的 K-Means 算法中使用欧氏距离作为相似性的度量，在实现的过程中使用的是欧氏距离的平方 $d(P,Q)^2$。

现在我们利用 Python 实现欧式距离的平方，在欧式距离的计算中，需要用到矩阵的相关计算，因此，我们需要导入 numpy 模块：

```
import numpy as np
```

欧式距离的平方的具体实现如程序清单 10-1 所示。

程序清单 10-1　欧氏距离的平方

```
def distance(vecA, vecB):
    '''计算 vecA 与 vecB 之间的欧式距离的平方
    input:  vecA(mat)A 点坐标
            vecB(mat)B 点坐标
    output: dist[0, 0](float)A 点与 B 点距离的平方
    '''
    dist = (vecA - vecB) * (vecA - vecB).T                    ①
    return dist[0, 0]
```

在程序清单 10-1 中，函数 distance 用于计算向量 vecA 和向量 vecB 之间的欧氏距离的平方。欧氏距离的平方的具体计算过程如程序代码中的①所示。

10.2　K-Means 算法原理

10.2.1　K-Means 算法的基本原理

K-Means 算法是基于数据划分的无监督聚类算法，首先定义常数 k，常数 k 表示的是最终的聚类的类别数，在确定了类别数 k 后，随即初始化 k 个类的聚类中心，通过计算每一个样本与聚类中心之间的相似度，将样本点划分到最相似的类别中。

对于 K-Means 算法，假设有 m 个样本 $\left\{X^{(1)},X^{(2)},\cdots,X^{(m)}\right\}$，其中，$X^{(i)}$ 表示第 i 个样本，每一个样本中包含 n 个特征 $X^{(i)}=\left\{x_1^{(i)},x_2^{(i)},\cdots,x_n^{(i)}\right\}$。首先随机初始化 k 个聚类中心，通过每个样本与 k 个聚类中心之间的相似度，确定每个样本所属的类别，再通过每个类别中的样本重新计算每个类的聚类中心，重复这样的过程，直到聚类中心不再改变，最终确定每个样本所属的类别以及每个类的聚类中心。

10.2.2 K-Means 算法步骤

- 初始化常数 k，随机初始化 k 个聚类中心；
- 重复计算以下过程，直到聚类中心不再改变；
  - 计算每个样本与每个聚类中心之间的相似度，将样本划分到最相似的类别中；
  - 计算划分到每个类别中的所有样本特征的均值，并将该均值作为每个类新的聚类中心。
- 输出最终的聚类中心以及每个样本所属的类别。

10.2.3 K-Means 算法与矩阵分解

以上对 K-Means 算法进行了简单介绍，在 K-Means 算法中，假设训练数据集 X 中有 m 个样本 $\left\{X^{(1)},X^{(2)},\cdots,X^{(m)}\right\}$，其中，每一个样本 $X^{(i)}$ 为 n 维的向量。此时样本可以表示为一个 $m\times n$ 的矩阵：

$$X_{m\times n}=\left(X^{(1)},X^{(2)},\cdots,X^{(m)}\right)^T=\begin{pmatrix} x_1^{(1)} & x_2^{(1)} & \cdots & x_n^{(1)} \\ x_1^{(2)} & x_2^{(2)} & \cdots & x_n^{(2)} \\ \vdots & \vdots & & \vdots \\ x_1^{(m)} & x_2^{(m)} & \cdots & x_n^{(m)} \end{pmatrix}_{m\times n}$$

假设有 k 个类，分别为：$\{C_1,\cdots,C_k\}$。在 K-Means 算法中，利用欧氏距离计算每一个样本 $X^{(i)}$ 与 k 个聚类中心之间的相似度，并将样本 $X^{(i)}$ 划分到最相似的类别中，再利用划分到每个类别中的样本重新计算 k 个聚类中心。重复以上的过程，直到质心不再改变为止。

K-Means 算法的目标是使得每一个样本 $X^{(i)}$ 被划分到最相似的类别中，利用每个类别中的样本重新计算聚类中心 C_k：

$$C_k'=\frac{\sum_{X^{(i)}\in C_k}X^{(i)}}{\#\left(X^{(i)}\in C_k\right)}$$

其中，$\sum_{X^{(i)}\in C_k}X^{(i)}$ 表示的是所有 C_k 类中的所有的样本的特征向量的和，$\#\left(X^{(i)}\in C_k\right)$ 表示的是类别 C_k 中的样本的个数。

K-Means 算法的停止条件是最终的聚类中心不再改变，此时，所有样本被划分到了最近的聚类中心所属的类别中，即：

$$\min\sum_{i=1}^{m}\sum_{j=1}^{k}z_{ij}\left\|X^{(i)}-C_j\right\|^2$$

其中，样本 $X^{(i)}$ 是数据集 $X_{m\times n}$ 的第 i 行。C_j 表示的是第 j 个类别的聚类中心。假设 $M_{k\times n}$ 为 k 个聚类中心构成的矩阵。矩阵 $Z_{m\times k}$ 是由 z_{ij} 构成的 0−1 矩阵，z_{ij} 为：

$$z_{ij}=\begin{cases}1, & if\ X^{(i)}\in C_j\\ 0, & otherwise\end{cases}$$

对于上述的优化目标函数，其与如下的矩阵形式等价：

$$\min\left\|X-ZM\right\|^2$$

其中，对于非矩阵形式的目标函数，可以表示为：

$$\begin{aligned}\sum_{i=1}^{m}\sum_{j=1}^{k}z_{ij}\left\|X^{(i)}-C_j\right\|^2&=\sum_{i,j}z_{ij}\left(\left(X^{(i)}\right)\left(X^{(i)}\right)^T-2X^{(i)}C_j^T+C_jC_j^T\right)\\&=\sum_{i,j}z_{ij}\left(X^{(i)}\right)\left(X^{(i)}\right)^T-2\sum_{i,j}z_{ij}X^{(i)}C_j^T+\sum_{i,j}z_{ij}C_jC_j^T\\&=\sum_{i,j}z_{ij}\left\|X^{(i)}\right\|^2-2\sum_{i,j}z_{ij}\sum_{k=1}^{n}X_k^{(i)}C_{jk}+\sum_{i,j}z_{ij}\left\|C_j\right\|^2\end{aligned}$$

由于 $\sum_j z_{ij}=1$，即每一个样本 $X^{(i)}$ 只能属于一个类别，则：

$$\begin{aligned}\sum_{i=1}^{m}\sum_{j=1}^{k}z_{ij}\left\|X^{(i)}-C_j\right\|^2&=\sum_i\left\|X^{(i)}\right\|^2-2\sum_i\sum_{t=1}^{n}X_t^{(i)}\sum_j z_{ij}C_{jt}+\sum_j\left\|C_j\right\|^2m_j\\&=tr\left(XX^T\right)-2\sum_i\sum_t X_{it}\left(ZM\right)_{it}+\sum_j\left\|C_j\right\|^2m_j\\&=tr\left(XX^T\right)-2\sum_i\left(X\cdot\left(ZM\right)^T\right)_{ii}+\sum_j\left\|C_j\right\|^2m_j\\&=tr\left(XX^T\right)-2tr\left(X\cdot\left(ZM\right)^T\right)+\sum_j\left\|C_j\right\|^2m_j\end{aligned}$$

其中，m_j 表示的是属于第 j 个类别的样本的个数。对于矩阵形式的目标函数，其可以表示为：

$$\begin{aligned}\left\|X-ZM\right\|^2&=tr\left[\left(X-ZM\right)\cdot\left(X-ZM\right)^T\right]\\&=tr\left[XX^T\right]-2tr\left[X\cdot\left(ZM\right)^T\right]+tr\left[ZM\left(ZM\right)^T\right]\end{aligned}$$

其中：

$$
\begin{aligned}
& tr\left[ZM\left(ZM\right)^{T}\right]=tr\left[ZMM^{T}Z^{T}\right] \\
& =\sum_{j}\left(MM^{T}Z^{T}Z\right)_{jj}=\sum_{j}\left(MM^{T}\right)_{jj}\left(Z^{T}Z\right)_{jj} \\
& =\sum_{j}\left\|C_{j}\right\|^{2}m_{j}
\end{aligned}
$$

因此，上述的两种形式的目标函数是等价的。

10.3 K-Means 算法实践

假设有 m 个样本 $\left\{X^{(1)},X^{(2)},\cdots,X^{(m)}\right\}$，如图 10.1 所示，其中，已知这些数据可以划分成 4 个不同的类别，首先定义 $k=4$，随机初始化 4 个不同的聚类中心，通过计算每个样本点与聚类中心之间的距离，将样本点划分到不同的类别中。

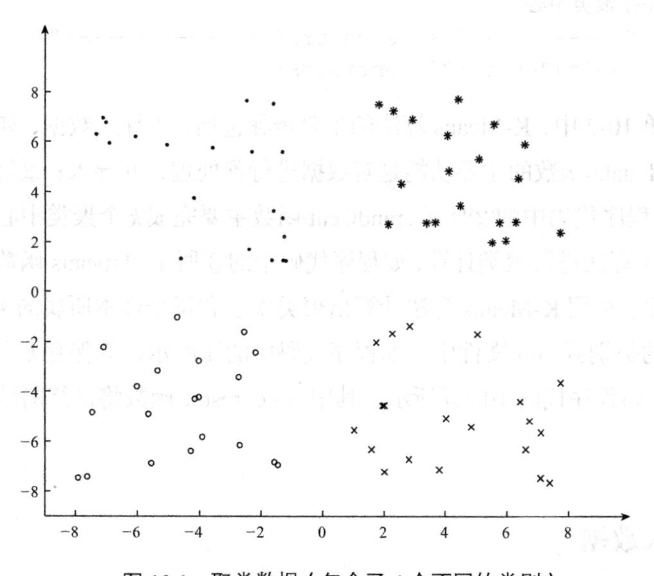

图 10.1 聚类数据（包含了 4 个不同的类别）

对于 K-Means 算法，其主要的流程是获取数据集，并对数据进行处理，然后对这些数据计算其聚类中心。首先，为了使得 Python 能够支持中文的注释和利用 numpy，我们需要在“KMeans.py”文件的开始加入：

```
# coding:UTF-8
import numpy as np
```

K-Means 算法的主函数如程序清单 10-2 所示。

程序清单 10-2 主函数

```
if __name__ == "__main__":
    k = 4#聚类中心的个数
    file_path = "data.txt"
    # 1.导入数据
    print "---------- 1.load data ------------"
    data = load_data(file_path)                                      ①
    # 2.随机初始化 k 个聚类中心
    print "---------- 2.random center ------------"
    centroids = randCent(data, k)                                    ②
    # 3.聚类计算
    print "---------- 3.kmeans ------------"
    subCenter = kmeans(data, k, centroids)                           ③
    # 4.保存所属的类别文件
    print "---------- 4.save subCenter ------------"
    save_result("sub", subCenter)                                    ④
    # 5.保存聚类中心
    print "---------- 5.save centroids ------------"
    save_result("center", centroids)                                 ⑤
```

在程序清单 10-2 中，K-Means 算法的主要步骤包括：①导入数据，如程序代码中的①所示。load_data 函数的主要功能是对数据进行预处理，并导入；②随机初始化 k 个聚类中心，如程序代码中的②所示，randCent 函数主要完成 k 个聚类中心的初始化；③利用 K-Means 算法进行聚类计算，如程序代码中的③所示，kmeans 函数是 K-Means 算法的核心程序，利用 K-Means 算法计算出聚类中心和每个样本所属的类别；④保存每个样本所属的类别到 sub 文件中，如程序代码中的④所示；⑤保存 k 个聚类中心到 center 文件中，如程序代码中的⑤所示，其中 save_result 函数将最终的结果写回到对应的文件中。

10.3.1 导入数据

在利用 K-Means 算法对数据进行聚类运算之前，首先需要导入数据，导入数据的程序代码如程序清单 10-3 所示。

程序清单 10-3 数据的导入

```
def load_data(file_path):
    '''导入数据
    input:  file_path(string):文件的存储位置
    output: data(mat):数据
    '''
```

```
    f = open(file_path)
    data = []
    for line in f.readlines():
        row = []  # 记录每一行
        lines = line.strip().split("\t")
        for x in lines:
            row.append(float(x)) # 将文本中的特征转换成浮点数
        data.append(row)
    f.close()
    return np.mat(data)
```

在程序清单 10-3 中，load_data 函数用于对指定文件中的数据进行预处理，并将处理完的数据导入到一个矩阵中。

10.3.2 初始化聚类中心

在 K-Means 算法中，需要先指定聚类中心的个数 k，并在利用 K-Means 算法进行聚类之前，随机初始化 k 个聚类中心。初始化 k 个聚类中心的过程如程序清单 10-4 所示。

程序清单 10-4 随机初始化 4 个不同的聚类中心

```
def randCent(data, k):
    '''随机初始化聚类中心
    input:  data(mat):训练数据
            k(int):类别个数
    output: centroids(mat):聚类中心
    '''
    n = np.shape(data)[1]  # 属性的个数
    centroids = np.mat(np.zeros((k, n)))  # 初始化 k 个聚类中心
    for j in xrange(n):  # 初始化聚类中心每一维的坐标
        minJ = np.min(data[:, j])
        rangeJ = np.max(data[:, j]) - minJ
        # 在最大值和最小值之间随机初始化
        centroids[:, j] = minJ * np.mat(np.ones((k , 1))) \
                        + np.random.rand(k, 1) * rangeJ
    return centroids
```

在程序清单 10-4 中，函数 randCent 用于随机初始化 k 个聚类中的方法，假设样本维数是 2，初始化聚类中心的方法为：找到每一维数据上的最小值 min 和最大值 max，生成在此区间范围内的随机值，生成随机值的公式如下所示：

$$c = \min + rand(0,1) \times (\max - \min)$$

10.3.3 聚类过程

在 K-Means 算法中，聚类的核心实现部分是 kmeans 函数，如程序清单 10-5 所示。

程序清单 10-5 kmeans 函数

```
def kmeans(data, k, centroids):
    '''根据 KMeans 算法求解聚类中心
    input:  data(mat):训练数据
            k(int): 类别个数
            centroids(mat):随机初始化的聚类中心
    output: centroids(mat):训练完成的聚类中心
            subCenter(mat):每一个样本所属的类别
    '''
    m, n = np.shape(data) # m: 样本的个数，n: 特征的维度
    subCenter = np.mat(np.zeros((m, 2)))  # 初始化每一个样本所属的类别
    change = True  # 判断是否需要重新计算聚类中心
    while change == True:
        change = False  # 重置
        for i in xrange(m):
            minDist = np.inf  # 设置样本与聚类中心之间的最小的距离，初始值
为正无穷
            minIndex = 0  # 所属的类别
            for j in xrange(k):
                # 计算 i 和每个聚类中心之间的距离
                dist = distance(data[i, ], centroids[j, ])          ①
                if dist < minDist:
                    minDist = dist
                    minIndex = j
            # 判断是否需要改变
            if subCenter[i, 0] <> minIndex:  # 需要改变
                change = True
                subCenter[i, ] = np.mat([minIndex, minDist])
        # 重新计算聚类中心
        for j in xrange(k):
            sum_all = np.mat(np.zeros((1, n)))
            r = 0  # 每个类别中的样本的个数
            for i in xrange(m):
                if subCenter[i, 0] == j:  # 计算第 j 个类别
                    sum_all += data[i, ]
                    r += 1
            for z in xrange(n):
                try:
                    centroids[j, z] = sum_all[0, z] / r             ②
                except:
                    print " r is zero"
```

```
    return centroids, subCenter
```

在程序清单 10-5 中，kmeans 函数是 K-Means 算法的核心程序，程序的输入是训练数据，聚类中心的个数 k 和初始化的 k 个聚类中心，其输出是最终的 k 个聚类中心和每个样本所属的类别。在 while 循环中判断每个节点所在的类别是否变化，若不变则退出。在计算每个样本所属的类别的过程中，是判断样本与每个聚类中心之间的相似度，在程序清单 10-5 中使用欧式距离的平方作为其相似性的度量方法，如程序中的①所示。将每个样本重新划分到每个类别中，需要重新计算 k 个聚类中心的坐标，计算的方法是每个类别中的坐标的均值，如程序中的②所示。

10.3.4 最终的聚类结果

最终的结果需要保存到对应的文件中，需要保存的结果有每个样本所属的类别和所有的聚类中心，保存文件的 save_result 函数如程序清单 10-6 所示。

程序清单 10-6 save_result 函数

```
def save_result(file_name, source):
    '''保存 source 中的结果到 file_name 文件中
    input:  file_name(string):文件名
            source(mat):需要保存的数据
    output:
    '''
    m, n = np.shape(source)
    f = open(file_name, "w")
    for i in xrange(m):
        tmp = []
        for j in xrange(n):
            tmp.append(str(source[i, j]))
        f.write("\t".join(tmp) + "\n")
    f.close()
```

在程序清单 10-6 中，函数 save_result 的输入为数据保存的文件名 file_name 和所需要保存的数据 source，最终将 source 中的数据写入到 file_name 文件中。

程序的运算过程为：

```
---------- 1.load data ------------
---------- 2.random center ------------
---------- 3.kmeans ------------
---------- 4.save subCenter ------------
---------- 5.save centroids ------------
```

当运行完成后，最终的聚类结果如图 10.2 所示。

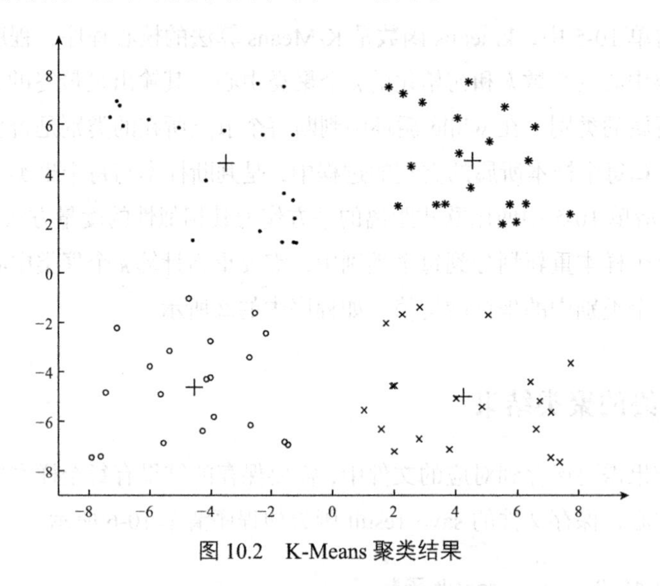

图 10.2　K-Means 聚类结果

在图 10.2 中，“+”代表的是 4 个不同的聚类中心，这 4 个聚类中心的具体值为：

$$A:(-3.50576729, 4.4479317)$$

$$B:(4.53976554, 4.54315574)$$

$$C:(-4.54527935, -4.6300371)$$

$$D:(4.25198354, -4.98407708)$$

10.4　K-Means++算法

10.4.1　K-Means 算法存在的问题

由于 K-Means 算法简单且易于实现，因此 K-Means 算法得到了很多的应用，但是从上述的 K-Means 算法的实现过程发现，K-Means 算法中的聚类中心的个数 k 需要事先指定，这一点对于一些未知数据存在很大的局限性。其次，在利用 K-Means 算法进行聚类之前，需要初始化 k 个聚类中心，在上述的 K-Means 算法的过程中，使用的是在数据集中随机选择最大值和最小值之间的数作为其初始的聚类中心，但是聚类中心选择不好，对于 K-Means 算法有很大的影响，如选取的 k 个聚类中心为：

$$A:(-6.06117996,-6.87383192)$$

$$B:(-1.64249433,-6.96441896)$$

$$C:(2.77310285,6.91873181)$$

$$D:(7.38773852,-5.14404775)$$

此时，得到最终的聚类中心为：

$$A:(-4.8666519947,-4.07914365766)$$

$$B:(1.38664264638,-4.89158192518)$$

$$C:(0.648265012753,4.57688587405)$$

$$D:(6.06773019432,-5.42254120378)$$

最终的聚类效果如图 10.3 所示。

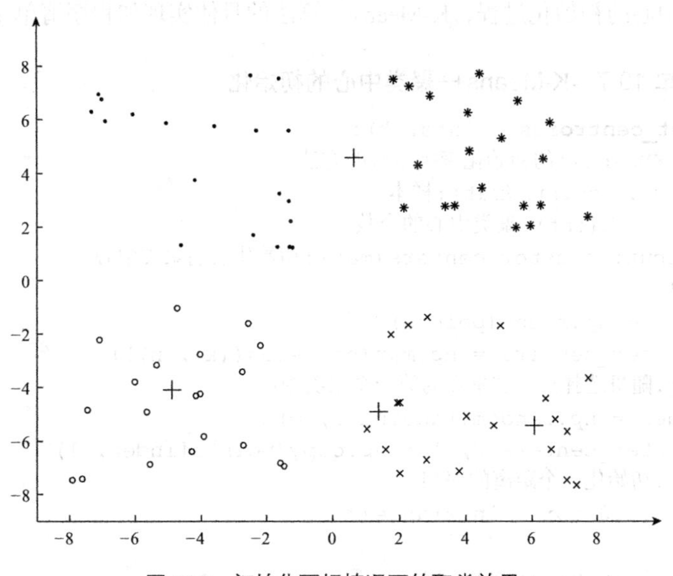

图 10.3　初始化不好情况下的聚类效果

为了解决因为初始化的问题带来 K-Means 算法的问题，改进的 K-Means 算法即 K-Means++算法被提出，K-Means++算法主要是为了能够在聚类中心的选择过程中选择较优的聚类中心。

10.4.2 K-Means++算法的基本思路

K-Means++算法在聚类中心的初始化过程中的基本原则是使得初始的聚类中心之间的相互距离尽可能远，这样可以避免出现上述的问题。K-Means++算法的初始化过程如下。

- 在数据集中随机选择一个样本点作为第一个初始化的聚类中心；
- 选择出其余的聚类中心：
  - 计算样本中的每一个样本点与已经初始化的聚类中心之间的距离，并选择其中最短的距离，记为 d_i；
  - 以概率选择距离最大的样本作为新的聚类中心，重复上述过程，直到 k 个聚类中心都被确定。
- 对 k 个初始化的聚类中心，利用 K-Means 算法计算最终的聚类中心。

在上述的 K-Means++算法中可知 K-Means++算法与 K-Means 算法最本质的区别是 k 个聚类中心的初始化过程，K-Means++算法的具体实现如程序清单 10-7 所示。

程序清单 10-7　K-Means++聚类中心的初始化

```
def get_centroids(points, k):
    '''KMeans++的初始化聚类中心的方法
    input:  points(mat):样本
            k(int):聚类中心的个数
    output: cluster_centers(mat):初始化后的聚类中心
    '''
    m, n = np.shape(points)
    cluster_centers = np.mat(np.zeros((k , n)))
    # 1.随机选择一个样本点为第一个聚类中心
    index = np.random.randint(0, m)
    cluster_centers[0, ] = np.copy(points[index, ])                ①
    # 2.初始化一个距离的序列
    d = [0.0 for _ in xrange(m)]                                   ②

    for i in xrange(1, k):
        sum_all = 0
        for j in xrange(m):
            # 3.对每一个样本找到最近的聚类中心点
            d[j] = nearest(points[j, ], cluster_centers[0:i, ])   ③
            # 4.将所有的最短距离相加
            sum_all += d[j]                                        ④
        # 5.取得 sum_all 之间的随机值
        sum_all *= random()                                        ⑤
```

```
        # 6.以概率获得距离最远的样本点作为聚类中心点
        for j, di in enumerate(d):
            sum_all -= di
            if sum_all > 0:
                continue
            cluster_centers[i] = np.copy(points[j, ])          ⑥
            break
    return cluster_centers
```

在程序清单 10-7 中，函数 get_centroids 实现了 K-Means++算法的 k 个聚类中心的初始化，在初始化的过程中，其具体过程为：①随机从样本中选择出一个样本作为第 1 个聚类中心，如程序代码中的①所示；②初始化一个距离序列 d，用于保存每个样本点到已初始化的聚类中心之间的最短距离，如程序代码中的②所示；③对每个样本找到其最近的聚类中心，并将距离保存到距离序列 d 中，如程序代码中的③所示，函数 nearest 实现了最短距离的计算，具体的实现如程序清单 10-8 所示；④为选择出与当前的所有聚类中心距离最远的样本点，需要计算当前的所有距离之和 sum_all，如程序代码中的④所示；⑤随机选择所有和 sum_all 之间的随机数，如程序代码中的⑤所示；⑥找到最大的距离，如程序代码中的⑥所示，并将其作为新的聚类中心。

程序清单 10-8 nearest 函数

```
FLOAT_MAX = 1e100 # 设置一个较大的值作为初始化的最小的距离      ①

def nearest(point, cluster_centers):
    '''计算point和cluster_centers之间的最小距离
    input:  point(mat):当前的样本点
            cluster_centers(mat):当前已经初始化的聚类中心
    output: min_dist(float):点point和当前的聚类中心之间的最短距离
    '''
    min_dist = FLOAT_MAX
    m = np.shape(cluster_centers)[0]  # 当前已经初始化的聚类中心的个数
    for i in xrange(m):
        # 计算point与每个聚类中心之间的距离
        d = distance(point, cluster_centers[i, ])              ②
        # 选择最短距离
        if min_dist > d:
            min_dist = d
    return min_dist
```

在程序清单 10-8 中，函数 nearest 用于计算点 point 和聚类中心点集合 cluster_centers 之间的最短距离，并返回这个最短距离。在函数 nearest 中，首先定义了一个常量 FLOAT_MAX，用于初始化 min_dist，对于 FLOAT_MAX 的定义如程序代码中的①所示。在最短距离的计算过程中，使用到了 K-Means 中的 distance 函数，如程序代码中的②所示，distance 函数的具体实现如程序清单 10-1 所示。

10.4.3 K-Means++算法的过程和最终效果

由上述可知 K-Means++算法与 K-Means 算法唯一的不同是两者在聚类中心的初始化过程。为了使得 Python 能够支持中文的注释和利用 numpy，我们需要在“KMeanspp.py”文件的开始加入：

```
# coding:UTF-8
import numpy as np
```

在 K-Means++算法中还需要使用到 random 模块中的 random 方法，同时，还需要使用到“KMeans.py”文件中的 load_data 函数、kmeans 函数、distance 函数和 save_result 函数，因此，在文件“KMeanspp.py”中需要分别导入：

```
from random import random
from KMeans import load_data, kmeans, distance, save_result
```

K-Means++算法的主函数如程序清单 10-9 所示。

程序清单 10-9　K-Means++算法的主函数

```
if __name__ == "__main__":
    k = 4#聚类中心的个数
    file_path = "data.txt"
    # 1.导入数据
    print "---------- 1.load data ------------"
    data = load_data(file_path)
    # 2.KMeans++的聚类中心初始化方法
    print "---------- 2.K-Means++ generate centers ------------"
    centroids = get_centroids(data, k)                              ①
    # 3.聚类计算
    print "---------- 3.kmeans ------------"
    subCenter = kmeans(data, k, centroids)
    # 4.保存所属的类别文件
    print "---------- 4.save subCenter ------------"
    save_result("sub_pp", subCenter)
    # 5.保存聚类中心
    print "---------- 5.save centroids ------------"
    save_result("center_pp", centroids)
```

在程序清单 10-9 中，与 K-Means 算法的主函数的唯一区别为聚类中心的初始化过程，如程序代码中的①所示，具体的初始化过程如上所述。

对于 K-Means++算法，其运行过程为：

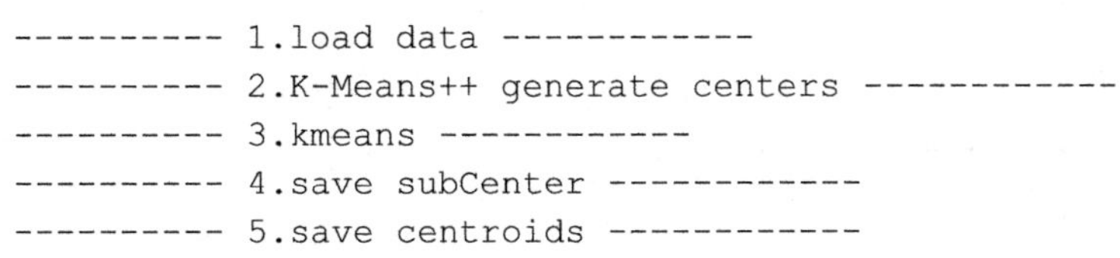

```
---------- 1.load data ------------
---------- 2.K-Means++ generate centers ------------
---------- 3.kmeans ------------
---------- 4.save subCenter ------------
---------- 5.save centroids ------------
```

最终的聚类中心为：

$$A:(-3.50576729,4.4479317)$$

$$B:(4.53976554,4.54315574)$$

$$C:(-4.54527935,-4.6300371)$$

$$D:(4.25198354,-4.98407708)$$

计算出来的最终的聚类中心与 K-Means 在正常情况下计算出来的聚类中心一致。最终的聚类效果如图 10.2 所示。

参考文献

[1] Bauckhage C. k-Means Clustering Is Matrix Factorization[J]. Statistics, 2015.

[2] Arthur D, Vassilvitskii S. k-means++: the advantages of careful seeding[C]//Eighteenth Acm-Siam Symposium on Discrete Algorithms, SODA 2007, New Orleans, Louisiana, Usa, January. 2007:1027-1035.

[3] 李航.统计学习方法[M]. 北京：清华大学出版社. 2012.

[4] 谢剑斌等. 视觉机器学习 20 讲[M]. 北京：清华大学出版社. 2015.

[5] 陈皓. 深入浅出 K-Means 算法[DB/OL]. http://www.csdn.net/article/2012-07-03/2807073-k-means

[6] wikipedia. K-means++[DB/OL]. https://en.wikipedia.org/wiki/K-means%2B%2B

[7] Peter Harrington. 机器学习实战[M]. 王斌，译. 北京：人民邮电出版社. 2013.

11 Mean Shift

在 K-Means 算法中，最终的聚类效果受初始的聚类中心的影响，K-Means++算法的提出，为选择较好的初始聚类中心提供了依据，但是在 K-Means 算法中，聚类的类别个数 k 仍需要事先指定，对于类别个数未知的数据集，K-Means 算法和 K-Means++算法将很难对其进行精确求解，对此，有一些改进的算法被提出来处理聚类个数 k 未知的情形。

MeanShift 算法，又被称为均值漂移算法，与 K-Means 算法一样，都是基于聚类中心的聚类算法，不同的是，Mean Shift 算法不需要事先指定类别个数 k。在 Mean Shift 算法中，聚类中心是通过在给定区域中的样本的均值来确定的，通过不断更新聚类中心，直到最终的聚类中心不再改变为止。Mean Shift 算法在聚类，图像平滑、分割和视频跟踪等方面有广泛的应用。

11.1 Mean Shift 向量

对于给定的 n 维空间 R^n 中的 m 个样本点 $X^{(i)}, i=1,\cdots,m$，对于其中的一个样本 X，其 Mean Shift 向量为：

$$M_h(X)=\frac{1}{k}\sum_{X^{(i)}\in S_h}\left(X^{(i)}-X\right)$$

其中，S_h 指的是一个半径为 h 的高维球区域，如上图中的蓝色的圆形区域。S_h 的定义为：

$$S_h\left(x\right)=\left(y\left|\left(y-x\right)\left(y-x\right)^T\le h^2\right.\right)$$

对于一个半径为 h 的圆 S_h，其均值向量如图 11.1 所示。

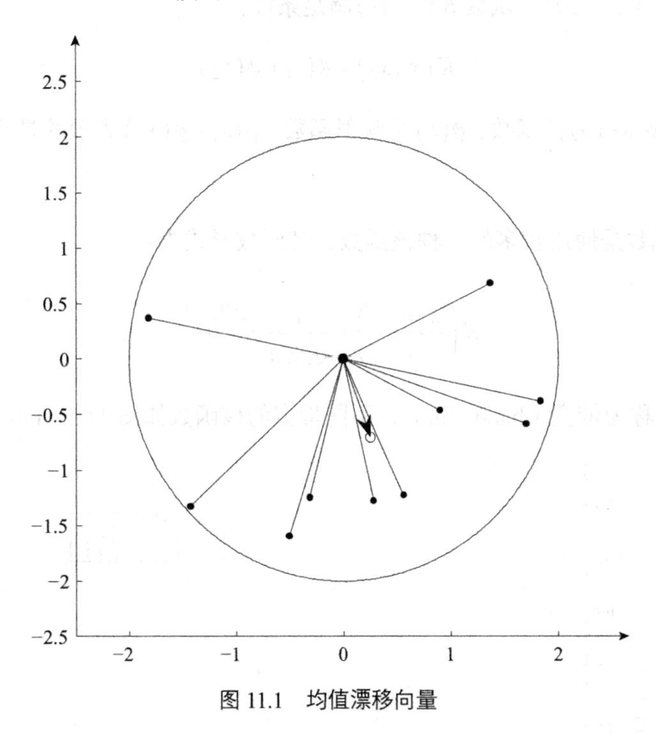

图 11.1 均值漂移向量

在图 11.1 中，“o”表示的是最终的均值漂移点。在计算漂移均值向量的过程中，通过计算圆 S_h 中的每一个样本点 $X^{(i)}$ 相对于点 X 的偏移向量 $\left(X^{(i)}-X\right)$，再对所有的漂移均值向量求和然后再求平均。

如上的均值漂移向量的求解方法存在一个问题，即在 S_h 的区域内，每一个样本点 $X^{(i)}$ 对样本 X 的贡献是一样的。而在实际中，每一个样本点 $X^{(i)}$ 对于样本 X 的贡献是不一样的，这样的贡献可以通过核函数进行度量。

11.2 核函数

在 Mean Shift 算法中引入核函数的目的是使得随着样本与被漂移点的距离不同，其漂移量对均值漂移向量的贡献也不同。核函数的定义如下：

设 $\aleph$ 是输入空间（欧式空间 R^n 的子集或离散集合），又设 H 为特征空间（希尔伯特空间），如果存在一个从 $\aleph$ 到 H 的映射：

$$\phi(x):\aleph \to H$$

使得所有 $x_1, x_2 \in \aleph$，函数 $K(x_1, x_2)$ 满足条件：

$$K(x_1, x_2) = \phi(x_1) \cdot \phi(x_2)$$

则称 $K(x_1, x_2)$ 为核函数，$\phi(x)$ 为映射函数。$\phi(x_1) \cdot \phi(x_2)$ 表示的是 $\phi(x_1)$ 和 $\phi(x_2)$ 的内积。

高斯核函数是使用较多的一种核函数，其函数形式为：

$$K\left(\frac{x_1 - x_2}{h}\right) = \frac{1}{\sqrt{2\pi}h} e^{-\frac{(x_1 - x_2)^2}{2h^2}}$$

其中，h 称为带宽（bandwidth），不同带宽的核函数如图 11.2 所示。

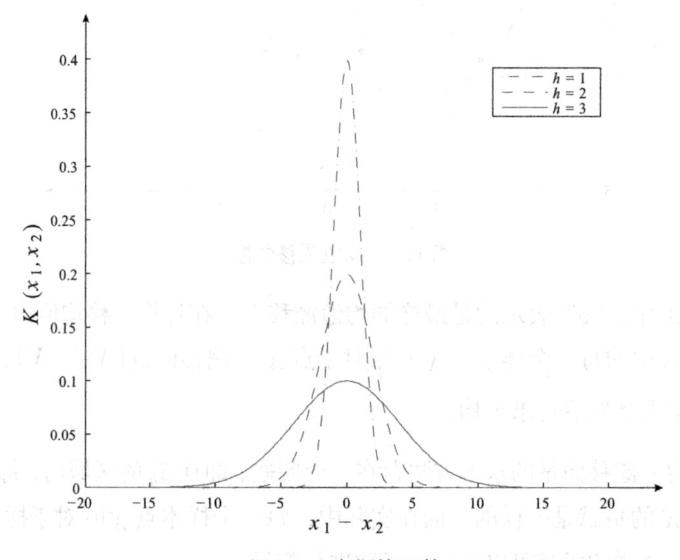

图 11.2　高斯核函数

从图 11.2 中高斯核函数的图像可以看出，当带宽 h 一定时，样本点之间的距离越近，其核函数的值越大；当样本点之间的距离相等时，随着高斯核函数的带宽 h 的增大，核函数的值在减小。

现在，让我们利用 Python 实现高斯核函数，在高斯核函数中使用到了矩阵的相关运算，在实现之前，我们需要导入 numpy：

```
import numpy as np
```

高斯核函数的程序代码如程序清单 11-1 所示。

程序清单 11-1　高斯核函数

```
def gaussian_kernel(distance, bandwidth):
    '''高斯核函数
    input:  distance(mat):欧式距离
            bandwidth(int):核函数的带宽
    output: gaussian_val(mat):高斯函数值
    '''
    m = np.shape(distance)[0]  # 样本个数
    right = np.mat(np.zeros((m, 1)))  # mX1 的矩阵
    for i in xrange(m):
        right[i, 0] = (-0.5 * distance[i] * \
                       distance[i].T) / (bandwidth * bandwidth)
        right[i, 0] = np.exp(right[i, 0])
    left = 1 / (bandwidth * math.sqrt(2 * math.pi))

    gaussian_val = left * right
    return gaussian_val
```

在程序清单 11-1 中，高斯核函数 gaussian_kernel 的输入是样本之间的距离 distance 和指定的高斯核函数的带宽 h，其输出是高斯核函数的值 gaussian_val。

11.3　Mean Shift 算法原理

11.3.1　引入核函数的 Mean Shift 向量

假设在半径为 h 的范围 S_h 范围内，为了使得每一个样本点 $X^{(i)}$ 对于样本 X 的贡献不一样，向基本的 Mean Shift 向量形式中增加核函数，得到如下的改进的 Mean Shift 向量形式：

$$M_h(X)=\frac{\sum_{X^{(i)}\in S_h}\left[K\left(\frac{X^{(i)}-X}{h}\right)\cdot\left(X^{(i)}-X\right)\right]}{\sum_{X^{(i)}\in S_h}\left[K\left(\frac{X^{(i)}-X}{h}\right)\right]}$$

其中$K\left(\frac{X^{(i)}-X}{h}\right)$是高斯核函数。通常，可以取$S_h$为整个数据集范围。

11.3.2 Mean Shift 算法的基本原理

在 Mean Shift 算法中，通过迭代的方式找到最终的聚类中心，即对每一个样本点计算其漂移均值，以计算出来的漂移均值点作为新的起始点，重复以上的步骤，直到满足终止的条件，得到的最终的均值漂移点即为最终的聚类中心。其具体的步骤如下：

- 步骤 1：在指定的区域内计算每一个样本点的漂移均值，其过程如图 11.3 所示。

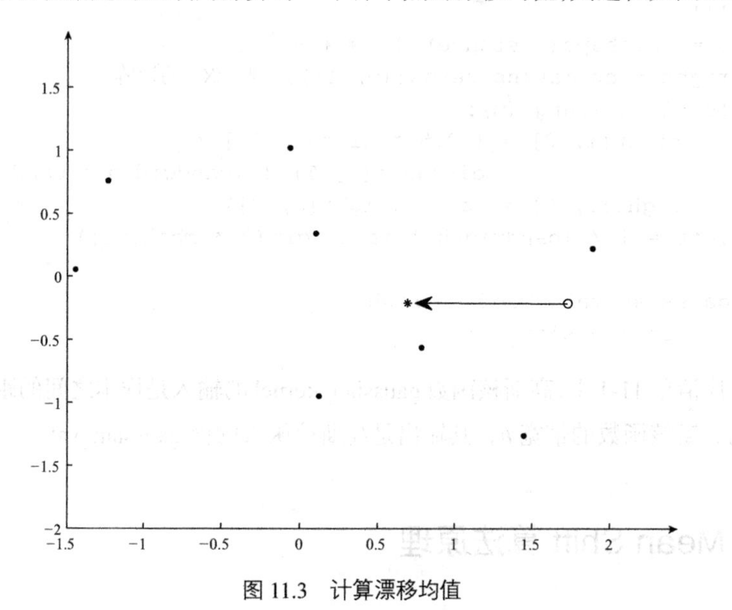

图 11.3 计算漂移均值

在图 11.3 中，“o”表示的是初始的样本点，“*”表示的是漂移均值点。

- 步骤 2：移动该点到漂移均值点处，如图 11.3 所示，从原始样本点“o”处移动到漂移均值点“*”处。
- 步骤 3：重复上述的过程（计算新的漂移均值，移动），如图 11.4 所示。

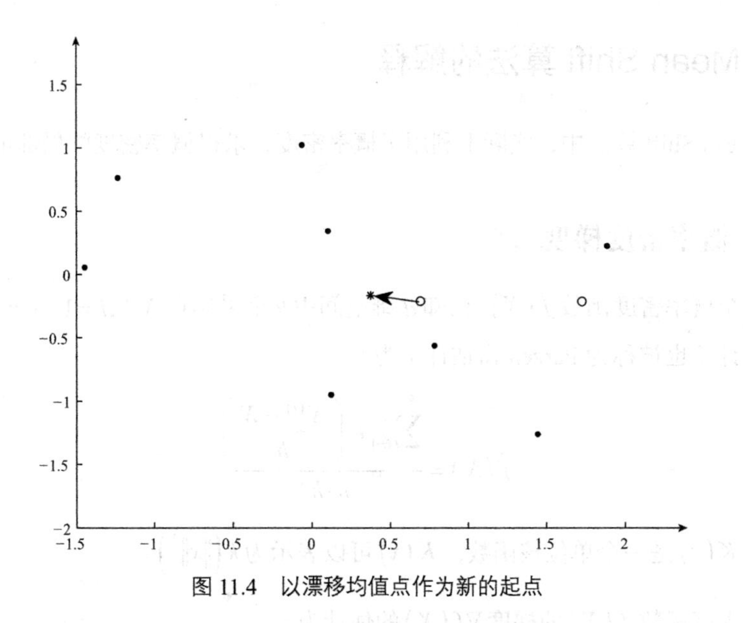

图 11.4　以漂移均值点作为新的起点

- 步骤 4：当满足最终的条件时，则退出，最终的漂移均值点如图 11.5 所示。

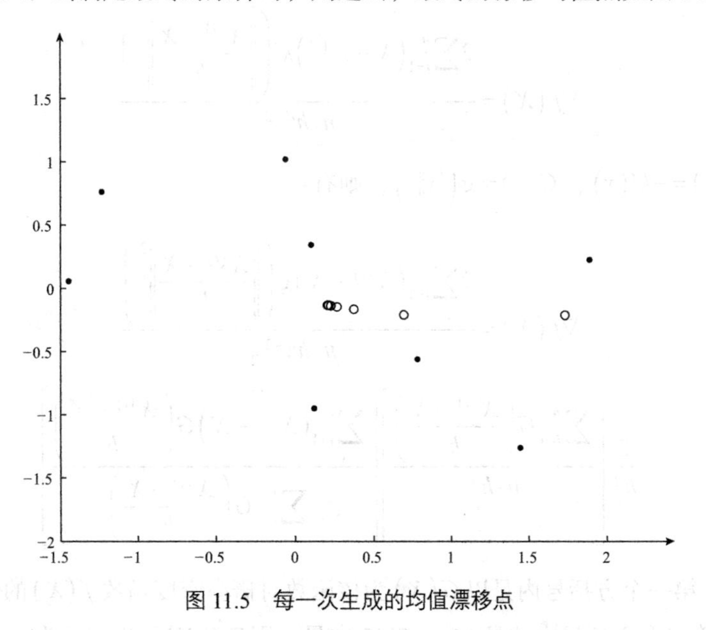

图 11.5　每一次生成的均值漂移点

从上述过程可以看出，在 Mean Shift 算法中，最关键的就是计算每个点的偏移均值，然后根据新计算的偏移均值更新点的位置。

11.4 Mean Shift 算法的解释

在 Mean Shift 算法中，实际上利用了概率密度，求得概率密度的局部最优解。

11.4.1 概率密度梯度

对一个概率密度函数 $f(X)$，已知 d 维空间中 n 个采样点 $X^{(i)}, i=1,\cdots,n$，$f(X)$ 的核函数估计（也被称为 Parzen 窗估计）为：

$$\hat{f}(X)=\frac{\sum_{i=1}^{n}K\left(\frac{X^{(i)}-X}{h}\right)}{n\cdot h^{d}}$$

其中 $K(x)$ 是一个单位核函数，$K(x)$ 可以表示为 $k\left(\|x\|^{2}\right)$。

概率密度函数 $f(X)$ 的梯度 $\nabla f(X)$ 的估计为

$$\nabla\hat{f}(X)=\frac{2\sum_{i=1}^{n}\left(X-X^{(i)}\right)k'\left(\left\|\frac{X^{(i)}-X}{h}\right\|^{2}\right)}{n\cdot h^{d+2}}$$

令 $g(x)=-k'(x)$，$G(x)=g\left(\|x\|^{2}\right)$，则有：

$$\nabla\hat{f}(X)=\frac{2\sum_{i=1}^{n}\left(X^{(i)}-X\right)g\left(\left\|\frac{X^{(i)}-X}{h}\right\|^{2}\right)}{n\cdot h^{d+2}}$$

$$=\frac{2}{h^{2}}\left[\frac{\sum_{i=1}^{n}G\left(\frac{X^{(i)}-X}{h}\right)}{n\cdot h^{d}}\right]\left[\frac{\sum_{i=1}^{n}\left(X^{(i)}-X\right)G\left(\frac{X^{(i)}-X}{h}\right)}{\sum_{i=1}^{n}G\left(\frac{X^{(i)}-X}{h}\right)}\right]$$

其中，第一个方括号内是以 $G(X)$ 为核函数对概率密度函数 $f(X)$ 的估计，记为 $\hat{f}_{G}(X)$，第二个方括号中的是 Mean Shift 向量，则 $\nabla\hat{f}(X)$ 可以表示为：

$$\nabla\hat{f}(X)=\nabla\hat{f}_{K}(X)=\frac{2}{h^{2}}\hat{f}_{G}(X)M_{h}(X)$$

则 Mean Shift 向量 $M_{h}(X)$ 可以表示为：

$$M_h(X)=\frac{1}{2}h^2\frac{\nabla\hat{f}_K(X)}{\hat{f}_G(X)}$$

由上式可知，Mean Shift 向量 $M_h(X)$ 与概率密度函数 $f(X)$ 的梯度成正比，因此，Mean Shift 向量总是指向概率密度增加的方向。

11.4.2 Mean Shift 向量的修正

对于 Mean Shift 向量，可以表示为：

$$M_h(X)=\frac{\sum_{i=1}^{n}\left[K\left(\frac{X^{(i)}-X}{h}\right)\cdot\left(X^{(i)}-X\right)\right]}{\sum_{i=1}^{n}\left[K\left(\frac{X^{(i)}-X}{h}\right)\right]}$$

$$=\frac{\sum_{i=1}^{n}\left[K\left(\frac{X^{(i)}-X}{h}\right)\cdot X^{(i)}\right]}{\sum_{i=1}^{n}\left[K\left(\frac{X^{(i)}-X}{h}\right)\right]}-X$$

记：$m_h(X)=\frac{\sum_{i=1}^{n}\left[K\left(\frac{X^{(i)}-X}{h}\right)\cdot X^{(i)}\right]}{\sum_{i=1}^{n}\left[K\left(\frac{X^{(i)}-X}{h}\right)\right]}$，则上式变成：

$$M_h(X)=m_h(X)-X$$

11.4.3 Mean Shift 算法流程

Mean Shift 算法的算法流程如下：

- 计算 $m_h(X)$；
- 令 $X=m_h(X)$；
- 如果 $\left\|m_h(X)-X\right\|<\varepsilon$，结束循环，否则，重复上述步骤。

从 Mean Shift 算法流程可以看出，核心的部分是计算 Mean Shift 向量，其核心代码如程序清单 11-2 所示。

程序清单 11-2　训练过程

```
def train_mean_shift(points, kenel_bandwidth=2):
    '''训练Mean shift 模型
    input:  points(array):特征数据
            kenel_bandwidth(int):核函数的带宽
    output: points(mat):特征点
            mean_shift_points(mat):均值漂移点
            group(array):类别
    '''
    mean_shift_points = np.mat(points)
    max_min_dist = 1
    iteration = 0#训练的代数
    m = np.shape(mean_shift_points)[0]#样本的个数
    need_shift = [True] * m#标记是否需要漂移

    # 计算均值漂移向量
    while max_min_dist > MIN_DISTANCE:
        max_min_dist = 0
        iteration += 1
        print "\titeration : " + str(iteration)
        for i in range(0, m):
            # 判断每一个样本点是否需要计算偏移均值
            if not need_shift[i]:
                continue
            p_new = mean_shift_points[i]
            p_new_start = p_new
            p_new = shift_point(p_new, points, kenel_bandwidth)#对
样本点进行漂移                                                          ①
            dist = euclidean_dist(p_new, p_new_start)#计算该点与漂移
后的点之间的距离                                                        ②

            if dist > max_min_dist:
                max_min_dist = dist
            if dist < MIN_DISTANCE:  # 不需要移动
                need_shift[i] = False

            mean_shift_points[i] = p_new
    # 计算最终的 group
    group = group_points(mean_shift_points) #计算所属的类别            ③

    return np.mat(points), mean_shift_points, group
```

在程序清单 11-2 中，Mean Shift 算法的训练过程函数 train_mean_shift 的输入是需要训练的样本和高斯核函数的带宽 h，其输出是均值漂移点 mean_shift_points，即聚类中心，每个样本所属的类别 group。在指定的误差 MIN_DISTANCE 范围内，计算每一个样本点的漂移均值，如程序中的①所示，生成漂移均值向量的函数 shift_point 如程序清单 11-3 所示。然后计算该样本点与漂移均值之间的距离，如程序中的②所示，函数 euclidean_dist 使用的是欧式距离的平方，函数的具体实现如程序清单 11-4 所示。最终，需要计算每个样本点所属的类别，主要的函数为 group_points，如程序中的③所示，函数的具体实现如程序清单 11-5 所示。

程序清单 11-3　生成漂移向量

```
def shift_point(point, points, kernel_bandwidth):
    '''计算均值漂移点
    input:  point(mat):需要计算的点
            points(array):所有的样本点
            kernel_bandwidth(int):核函数的带宽
    output: point_shifted(mat):漂移后的点
    '''
    points = np.mat(points)
    m = np.shape(points)[0]#样本的个数
    # 计算距离
    point_distances = np.mat(np.zeros((m, 1)))
    for i in xrange(m):
        point_distances[i, 0] = euclidean_dist(point, points[i])  ①

    # 计算高斯核
    point_weights = gaussian_kernel(point_distances, \
                    kernel_bandwidth)  # mX1 的矩阵                ②

    # 计算分母
    all_sum = 0.0
    for i in xrange(m):
        all_sum += point_weights[i, 0]

    # 均值偏移
    point_shifted = point_weights.T * points / all_sum              ③
    return point_shifted
```

程序清单 11-3 中实现了计算偏移均值的核心部分，函数 shift_point 的输入为需要求解偏移均值的样本，所有的样本点和高斯核函数的带宽 h。首先计算需要求解偏移均值的样本与所有的样本点之间的距离，如程序中的①所示，函数 euclidean_dist 的实现如程序清单 11-4 所示。在计算完距离后，计算高斯核函数的值，如程序中的②所示，函数 gaussian_kernel 的实现如程序清单 11-1 所示。最终计算出该样本的漂移向量，如程序中的③所示。

程序清单 11-4 欧式距离

```
def euclidean_dist(pointA, pointB):
    '''
    input:  pointA(mat):A 点的坐标
            pointB(mat):B 点的坐标
    output: math.sqrt(total):两点之间的欧式距离
    '''计算欧式距离
    # 计算 pointA 和 pointB 之间的欧式距离
    total = (pointA - pointB) * (pointA - pointB).T
    return math.sqrt(total) # 欧式距离
```

在程序清单 11-4 中，实现了欧式距离的计算。欧式距离函数 euclidean_dist 的输入是两个样本，输出是样本之间的距离。假设有两个点，分别为 P 和 Q，其对应的坐标分别为：

$$P=\left(x_1,x_2,\cdots,x_n\right)\in\mathbb{R}^n$$

$$Q=\left(y_1,y_2,\cdots,y_n\right)\in\mathbb{R}^n$$

那么，点 P 和点 Q 之间的欧式距离定义为：

$$d\left(P,Q\right)=\sqrt{\sum_{i=1}^{n}\left(x_i-y_i\right)^2}$$

程序清单 11-5 计算所属的类别

```
def group_points(mean_shift_points):
    '''计算所属的类别
    input:  mean_shift_points(mat):漂移向量
    output: group_assignment(array):所属类别
    '''
    group_assignment = []
    m, n = np.shape(mean_shift_points)
    index = 0
    index_dict = {}
    for i in xrange(m):
        item = []
        for j in xrange(n):
            item.append(str(("%5.2f" % mean_shift_points[i, j])))

        item_1 = "_".join(item)
```

```
        if item_1 not in index_dict:
            index_dict[item_1] = index
            index += 1

    for i in xrange(m):
        item = []
        for j in xrange(n):
            item.append(str(("%5.2f" % mean_shift_points[i, j])))

        item_1 = "_".join(item)
        group_assignment.append(index_dict[item_1])

    return group_assignment
```

程序清单 11-5 中的 group_points 主要用于计算每个样本点所属的类别。函数 group_points 的输入为计算出的漂移向量，输出为每个样本所属的类别。

11.5 Mean Shift 算法实践

对于如图 11.6 所示的数据点，利用 Mean Shift 算法对其进行聚类的过程中，其计算过程为：①导入数据；②计算偏移向量；③保存最终的计算结果。

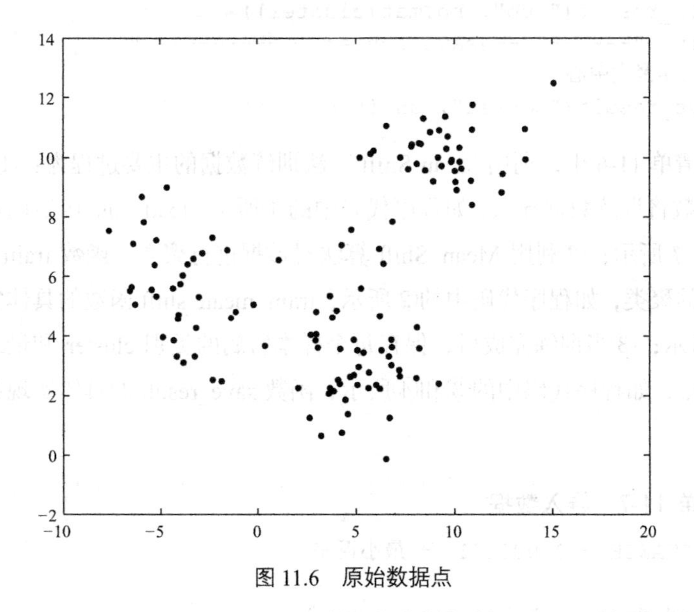

图 11.6 原始数据点

首先，为了使得 Python 能够支持中文的注释和利用 numpy，我们需要在 “mean_shift.py” 文件的开始加入：

```
# coding:UTF-8
import numpy as np
```

同时，在计算高斯核函数时，需要使用到 math 模块中的 sqrt 函数和 pi 函数，因此，需要在“mean_shift.py”文件中导入：

```
import math
```

11.5.1 Mean Shift 的主过程

主函数如程序清单 11-6 所示。

程序清单 11-6 主函数

```
if __name__ == "__main__":
    # 导入数据集
    print "----------1load data ------------"
    data = load_data("data", 2)                                        ①
    # 训练，h=2
    print "----------2training ------------"
    points, shift_points, cluster = train_mean_shift(data, 2)          ②
    # 保存所属的类别文件
    print "----------3save sub ------------"
    save_result("sub", np.mat(cluster))                                ③
    print "----------4save center ------------"
    # 保存聚类中心
    save_result("center", shift_points)                                ④
```

在程序清单 11-6 中，利用 Mean Shift 算法训练数据的主要过程为：①导入数据。load_data 函数将训练数据导入，如程序代码中的①所示，load_data 函数的具体实现如程序清单 11-7 所示；②利用 Mean Shift 算法对数据进行聚类，函数 train_mean_shift 实现对数据的聚类，如程序代码中的②所示，train_mean_shift 函数的具体实现如程序清单 11-2 所示；③当训练完成后，保存每个样本所属的类别 cluster 和最终的聚类中心 shift_points，如程序代码中的③和④所示，函数 save_result 的具体实现如程序清单 11-8 所示。

程序清单 11-7 导入数据

```
MIN_DISTANCE = 0.000001  # 最小误差                                    ①

def load_data(path, feature_num=2):
    '''导入数据
    input:  path(string):文件的存储位置
```

```
        feature_num(int):特征的个数
    output: data(array):特征
    '''
    f = open(path) # 打开文件
    data = []
    for line in f.readlines():
        lines = line.strip().split("\t")
        data_tmp = []
        if len(lines) != feature_num: # 判断特征的个数是否正确
            continue
        for i in xrange(feature_num):
            data_tmp.append(float(lines[i]))
        data.append(data_tmp)
    f.close() # 关闭文件
    return data
```

在程序清单 11-7 中，设置了一个全局常数 MIN_DISTANCE，如程序代码中的①所示，表示的是最小的误差。

11.5.2 Mean Shift 的最终聚类结果

程序的运行过程为：

```
----------1load data ------------
----------2training ------------
      iteration : 1
      iteration : 2
      iteration : 3
      …
      iteration : 26
      iteration : 27
      iteration : 28
----------3save sub ------------
----------4save center ------------
```

最终的聚类结果如图 11.7 所示。

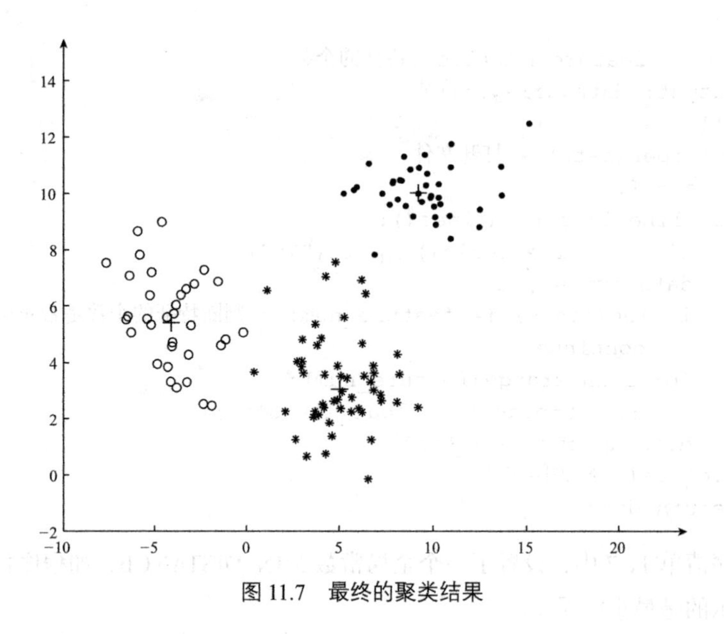

图 11.7　最终的聚类结果

在图 11.7 中，“+”表示的是最终的漂移均值，从图 11.7 中可知，对于上述的数据集，可以划分成 3 个类别，且这 3 个聚类中心为：

$$A=(-4.1084, 5.3969)$$

$$B=(5.0445, 3.0634)$$

$$C=(9.2058, 10.0062)$$

最终，需要将训练的结果保存，包括每一个样本所属的类别和聚类中心，save_result 函数的具体实现如程序清单 11-8 所示。

程序清单 11-8　保存最终的结果

```
def save_result(file_name, source):
    '''保存最终的计算结果
    input:  file_name(string):存储的文件名
            source(mat):需要保存的文件
    '''
    f = open(file_name, "w")
    m, n = np.shape(source)
    for i in xrange(m):
        tmp = []
        for j in xrange(n):
            tmp.append(str(source[i, j]))
        f.write("\t".join(tmp) + "\n")
    f.close()
```

在程序清单 11-8 中，函数 save_result 将最终训练好的数据 source 保存到对应的文件中，其中 source 的数据类型是 numpy.mat 类型。

参考文献

[1] Cheng Y. Mean shift, mode seeking, and clustering[J]. IEEE Transactions on Pattern Analysis & Machine Intelligence, 1995, 17(8):790-799.

[2] Comaniciu D, Meer P. Mean shift: a robust approach toward feature space analysis[J]. IEEE Transactions on Pattern Analysis & Machine Intelligence, 2002, 24(5):603-619.

[3] 李航. 统计学习方法[M]. 北京: 清华大学出版社. 2012.

12 DBSCAN

K-Means 算法、K-Means++算法和 Mean Shift 算法都是基于距离的聚类算法，基于距离的聚类算法的聚类结果是球状的簇，当数据集中的聚类结果是非球状结构时，基于距离的聚类算法的聚类效果并不好，然而，基于密度的聚类算法能够较好地处理非球状结构的数据。与基于距离的聚类算法不同的是，基于密度的聚类算法可以发现任意形状的聚类。

在基于密度的聚类算法中，通过在数据集中寻找被低密度区域分离的高密度区域，将分离出的高密度区域作为一个独立的类别。DBSCAN（Density-Based Spatial Clustering of Application with Noise）是一种典型的基于密度的聚类算法。

12.1 基于密度的聚类

12.1.1 基于距离的聚类算法存在的问题

K-Means 算法，K-Means++算法和 Mean Shift 算法都是基于距离的聚类算法，当数据集中的聚类结果是球状结构时，基于距离的聚类算法能够得到比较好的结果，球状结构的聚类结果如图 12.1 所示。

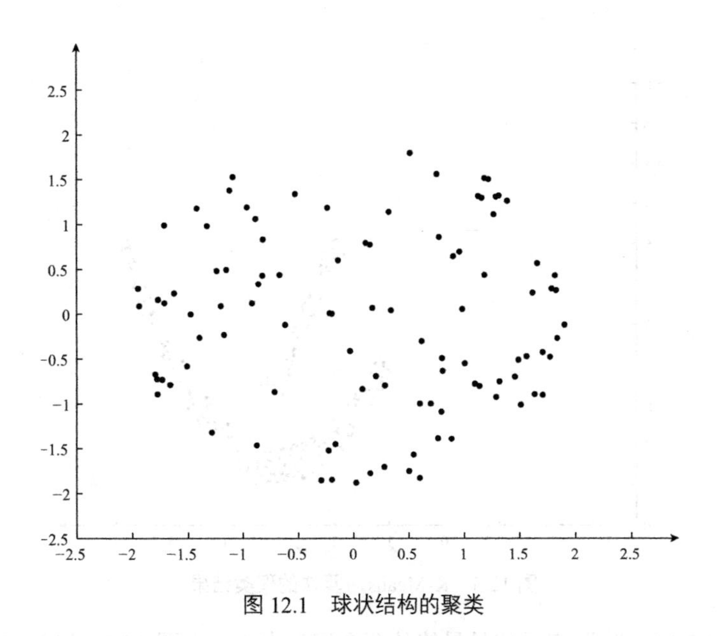

图 12.1 球状结构的聚类

然而，除了上述的球状结构的聚类数据外，有一些数据集的聚类结果是非球状的结构，如图 12.2 所示。

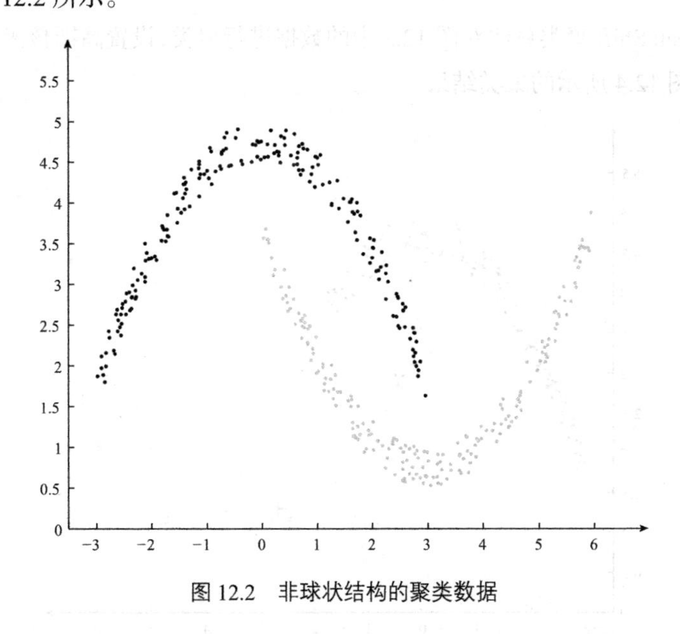

图 12.2 非球状结构的聚类数据

利用 K-Means++聚类算法对图 12.2 中的数据进行聚类，设置聚类中心的个数为 2，得到如图 12.3 所示的聚类结果。

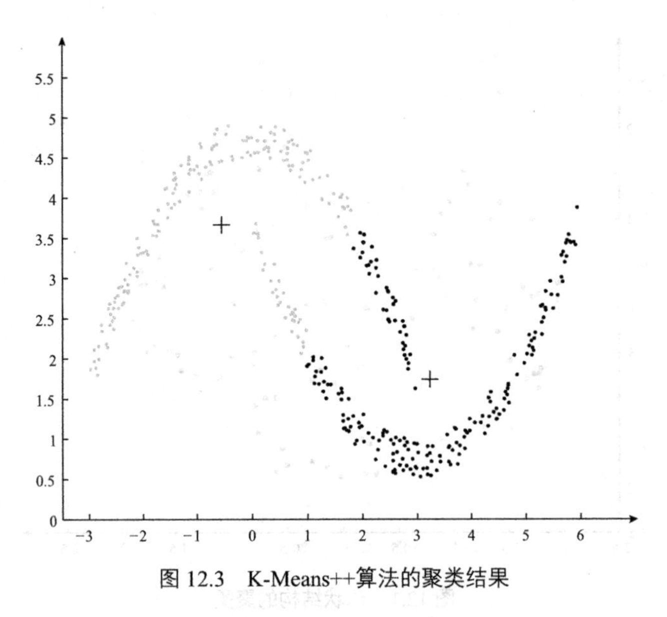

图 12.3　K-Means++算法的聚类结果

在图 12.3 中，“+”表示的是最终的两个聚类中心，由图 12.3 可知，对于图中的非球状结构的聚类数据，基于距离的 K-Means++算法并不能得到正确的聚类结果。

利用 Mean Shift 聚类算法对图 12.2 中的数据进行聚类，设置高斯核函数中的 $h=1$ 时，得到如图 12.4 所示的聚类结果。

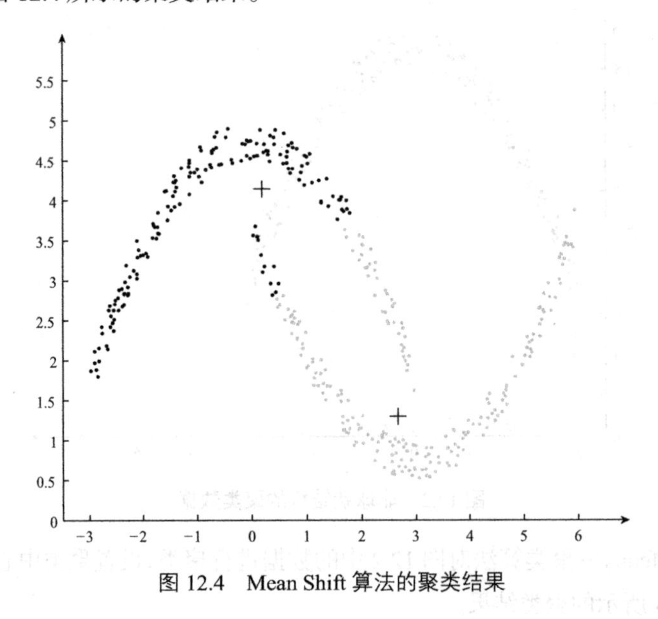

图 12.4　Mean Shift 算法的聚类结果

在图 12.4 中，“+”表示最终的聚类中心，与 K-Means++算法类似，基于距离的 Mean Shift 算法对图中的非球状聚类结构的数据也不能得到正确的聚类结果。

12.1.2 基于密度的聚类算法

从图 12.2 中，我们可以看出，数据点在图中呈现上下两个弧形，同时，分别在两个弧形中，数据点之间较为密集，而两个弧形彼此之间较为稀疏。由这样的现象，我们猜测是否存在一种方法能够利用样本之间的紧密程度对数据进行聚类？基于密度的聚类（Density-Based Clustering）便是这样一种利用数据之间的紧密程度来对样本进行聚类的算法。

12.2 DBSCAN 算法原理

12.2.1 DBSCAN 算法的基本概念

DBSCAN（Density-Based Spatial Clustering of Application with Noise）是一种典型的基于密度的聚类算法，在 DBSCAN 算法中，有两个最基本的邻域参数，分别为 ε 邻域和 MinPts。其中 ε 邻域表示的是在数据集 D 中与样本点 x_i 的距离不大于 ε 的样本，即：

$$N_{\varepsilon}\left(x_i\right)=\left\{x_j \in D \middle| dist\left(x_i,x_j\right) \leq \varepsilon\right\}$$

样本点 x_i 的 ε 邻域如图 12.5 所示。

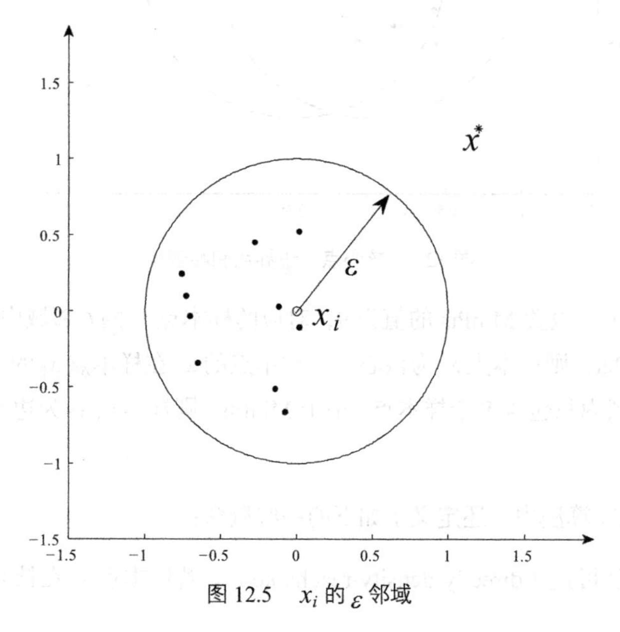

图 12.5　x_i 的 ε 邻域

在图 12.5 中，样本点 x 不在样本点 x_i 的 ε 邻域内。x_i 的密度可由 x_i 的 ε 邻域内的点的数量来估计。MinPts 表示的是在样本点 x_i 的 ε 邻域内的最少样本点的数目。基于邻域参数 ε 邻域和 MinPts，在 DBSCAN 算法中将数据点分为以下三类：

- 核心点（Core Points）。若样本 x_i 的 ε 邻域内至少包含了 MinPts 个样本，即 $\left|N_\varepsilon\left(x_i\right)\right| \geq MinPts$，则称样本点 x_i 为核心点。
- 边界点（Border Points）。若样本 x_i 的 ε 邻域内包含的样本数目小于 MinPts，但是它在其他核心点的邻域内，则称样本点 x_i 为边界点。
- 噪音点（Noise）。指的是既不是核心点也不是边界点的点。

核心点、边界点和噪音点如图 12.6 所示。

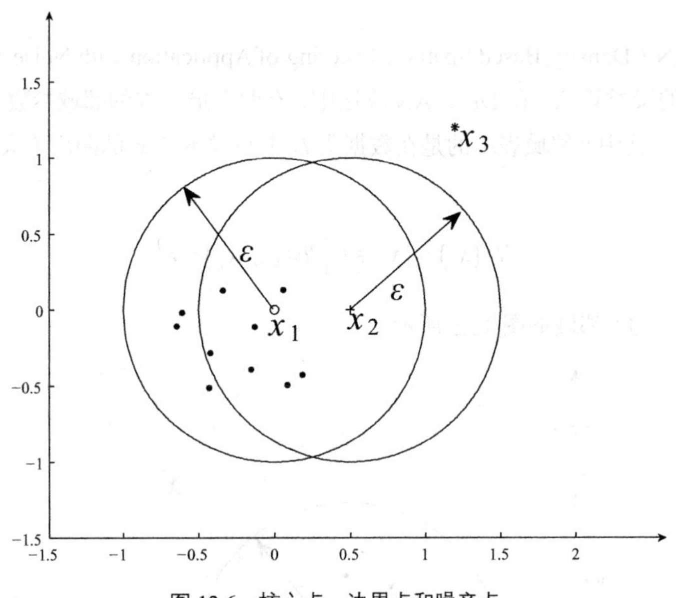

图 12.6　核心点、边界点和噪音点

在图 12.6 中，设置 MinPts 的值为 9，对应的样本点 x_1 的 ε 邻域内包含 11 个样本点，大于 MinPts，则样本点 x_1 为核心点。样本点的 x_2 在样本点 x_1 的 ε 邻域内，且样本点 x_2 的 ε 邻域内只包含 8 个样本点，小于 MinPts，则样本点 x_2 为边界点。样本点 x_3 为噪音点。

在 DBSCAN 算法中，还定义了如下的一些概念：

- 直接密度可达（directly density-reachable）。若样本点 x_j 在核心点 x_i 的 ε 邻域

内，则称样本点 x_j 从样本点 x_i 直接密度可达。

- 密度可达（density-reachable）。若在样本点 $x_{i,1}$ 和样本点 $x_{i,n}$ 之间存在序列 $x_{i,2},\cdots,x_{i,n-1}$，且 $x_{i,j+1}$ 从 $x_{i,j}$ 直接密度可达，则称 $x_{i,n}$ 从 $x_{i,1}$ 密度可达。由密度可达的定义可知，样本点 $x_{i,1},x_{i,2},\cdots,x_{i,n-1}$ 均为核心点，直接密度可达是密度可达的特殊情况。
- 密度连接（density-connected）。对于样本点 x_i 和样本点 x_j，若存在样本点 x_k，使得 x_i 和 x_j 都从 x_k 密度可达，则称 x_i 和 x_j 密度相连。

直接密度可达、密度可达如图 12.7 所示。

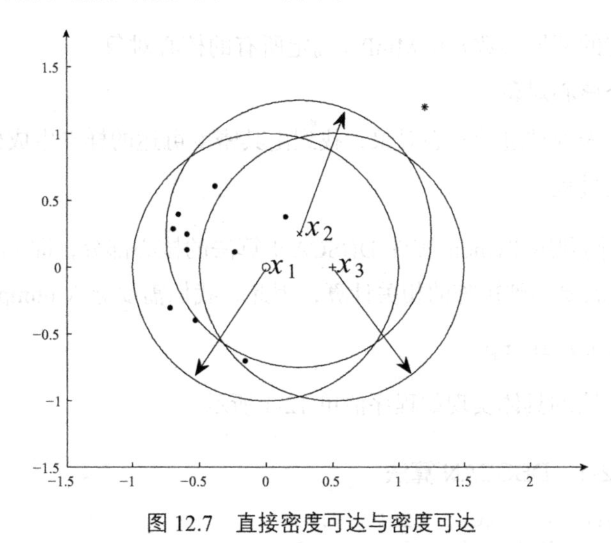

图 12.7　直接密度可达与密度可达

在图 12.7 中，设置 MinPts 的值为 9，则样本点 x_1 和样本点 x_2 为核心点，样本点 x_3 为边界点。样本点 x_2 在核心点 x_1 的 ε 邻域内，则样本点 x_2 从样本点 x_1 直接密度可达；样本点 x_3 在核心点 x_2 的 ε 邻域内，则样本点 x_3 从核心点 x_2 直接密度可达；在样本点 x_1 和 x_3 之间存在样本点 x_2，且样本点 x_2 从样本点 x_1 直接密度可达，则样本点 x_3 从样本点 x_1 密度可达。

12.2.2　DBSCAN 算法原理

基于密度的聚类算法通过寻找被低密度区域分离的高密度区域，并将高密度区域作为一个聚类“簇”。在 DBSCAN 算法中，聚类“簇”定义为：由密度可达关系导出的最大的密度连接样本的集合。

若 x 为核心对象，由 x 密度可达的所有样本组成的集合记为：

$$X = \left\{ x' \in D \middle| x' \text{ 由 } x \text{ 密度可达 } \right\}$$

则 X 满足连接性和最大性的簇。

12.2.3 DBSCAN 算法流程

在 DBSCAN 算法中，由核心对象出发，找到与该核心对象密度可达的所有样本形成一个聚类“簇”。DBSCAN 算法的算法流程为：

- 根据给定的邻域参数 ε 和 MinPts 确定所有的核心对象
- 对每一个核心对象
- 选择一个未处理过的核心对象，找到由其密度可达的样本生成聚类“簇”
- 重复以上过程

现在，让我们利用 Python 实现 DBSCAN 算法的核心部分，即 dbscan 函数。在 dbscan 函数中，需要用到矩阵的相关计算，因此，我们需要导入 numpy 模块：

```
import numpy as np
```

DBSCAN 算法的具体实现如程序清单 12-1 所示。

程序清单 12-1　DBSCAN 算法

```
def dbscan(data, eps, MinPts):
    '''DBSCAN 算法
    input:  data(mat):需要聚类的数据集
            eps(float):半径
            MinPts(int):半径内的最少的数据点的个数
    output: types(mat):每个样本的类型：核心点，边界点和噪音点
            sub_class(mat):每个样本所属的类别
    '''
    m = np.shape(data)[0]
    # 区分核心点 1，边界点 0 和噪音点-1
    types = np.mat(np.zeros((1, m)))                                  ①
    sub_class = np.mat(np.zeros((1, m)))                              ②
    # 用于判断该点是否处理过，0 表示未处理过
    dealed = np.mat(np.zeros((m, 1)))                                 ③
    # 计算每个数据点之间的距离
    dis = distance(data)                                              ④
    # 用于标记类别
    number = 1
```

```
# 对每一个点进行处理
for i in xrange(m):
    # 找到未处理的点
    if dealed[i, 0] == 0:
        # 找到第 i 个点到其他所有点的距离
        D = dis[i, ]
        # 找到半径 eps 内的所有点
        ind = find_eps(D, eps)
        # 区分点的类型
        # 边界点
        if len(ind) > 1 and len(ind) < MinPts + 1:
            types[0, i] = 0
            sub_class[0, i] = 0
        # 噪音点
        if len(ind) == 1:
            types[0, i] = -1
            sub_class[0, i] = -1
            dealed[i, 0] = 1
        # 核心点
        if len(ind) >= MinPts + 1:
            types[0, i] = 1
            for x in ind:
                sub_class[0, x] = number
            # 判断核心点是否密度可达
            while len(ind) > 0:                                    ⑤
                dealed[ind[0], 0] = 1
                D = dis[ind[0], ]
                tmp = ind[0]
                del ind[0]
                ind_1 = find_eps(D, eps)

                if len(ind_1) > 1:  # 处理非噪音点
                    for x1 in ind_1:
                        sub_class[0, x1] = number
                    if len(ind_1) >= MinPts + 1:
                        types[0, tmp] = 1
                    else:
                        types[0, tmp] = 0

                    for j in xrange(len(ind_1)):
                        if dealed[ind_1[j], 0] == 0:
                            dealed[ind_1[j], 0] = 1
                            ind.append(ind_1[j])
                            sub_class[0, ind_1[j]] = number
            number += 1
```

```
    # 最后处理所有未分类的点为噪音点
    ind_2 = ((sub_class == 0).nonzero())[1]
    for x in ind_2:
        sub_class[0, x] = -1
        types[0, x] = -1

    return types, sub_class
```

在程序清单 12-1 中，函数 dbscan 是 DBSCAN 算法的主要部分。dbscan 函数的输入为需要聚类的数据集 data、半径的大小 eps 和半径内的最少的数据点的个数 MinPts。dbscan 函数的输出为每个节点的类型 types 和每个节点所属的类别 sub_class。在 dbscan 函数中，首先初始化一些参数，包括：①每个样本所属的类型 types，其中，在 types 中，1 为核心点，0 为边界点，–1 为噪音点，如程序代码中的①所示；②每个样本所属的类别 sub_class，如程序代码中的②所示；③每个样本是否被处理过的 dealed，如程序代码中的③所示；④样本之间的距离的 dis，如程序代码中的④所示，函数 distance 的具体实现见本章的结尾处。

在完成初始化后，对每一个样本，区分其是核心点、边界点还是噪音点。对于核心点，找到其密度可达的点，如程序代码中的⑤所示。函数 find_eps 找到与指定样本之间的距离小于或等于 eps 的样本的小标，find_eps 的具体实现如程序清单 12-2 所示。

程序清单 12-2　find_eps 函数

```
def find_eps(distance_D, eps):
    '''找到距离小于 等于 eps 的样本的下标
    input:  distance_D(mat):样本 i 和其他样本之间的距离
            eps(float):半径的大小
    output: ind(list):与样本 i 之间的距离小于或等于 eps 的样本的下标
    '''
    ind = []
    n = np.shape(distance_D)[1]
    for j in xrange(n):
        if distance_D[0, j] <= eps:
            ind.append(j)
    return ind
```

在程序清单 12-2 中，函数 find_eps 找到与指定样本之间的距离小于或等于 eps 的样本的下标，函数 find_eps 的输入为指定样本与其他所有样本之间的距离 distance_D 和指定的半径的大小 eps。函数的输出为与指定样本的距离小于或等于 eps 的样本的下标，并将所有下标保存到 ind 中。

对于图 12.2 所示的非球状结构的聚类数据，DBSCAN 算法得到的结果如图 12.8 所示。

从图 12.8 中可以看出，利用 DBSCAN 算法可以完全将非球状的聚类数据正确划分。对比图 12.3 中 K-Means++算法的聚类结果和图 12.4 中 Mean Shift 算法的聚类结果，基于密度的 DBSCAN 算法能够处理任意形状的聚类问题。

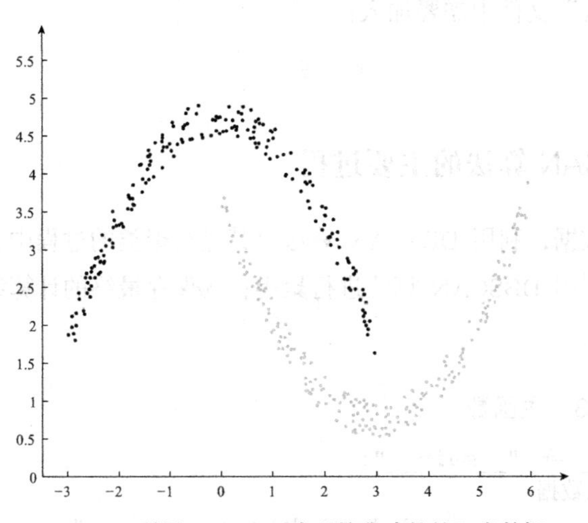

图 12.8 利用 DBSCAN 处理的非球状的聚类数据

12.3 DBSCAN 算法实践

我们以图 12.9 所示的数据为例，利用 DBSCAN 算法对其进行聚类操作：

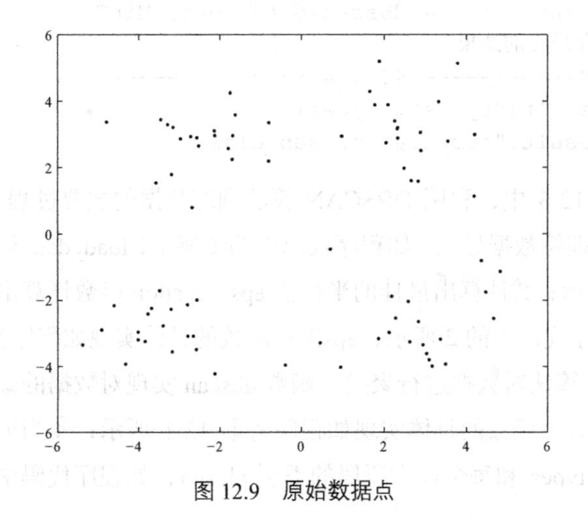

图 12.9 原始数据点

首先，为了使得 Python 能够支持中文的注释和利用 numpy，我们需要在“dbscan.py”文件的开始加入：

```
# coding:UTF-8
import numpy as np
```

同时，在 epsilon 函数中，需要使用到 math 模块中的 gamma 函数和 sqrt 函数，因此，在“dbscan.py”文件中需要加入：

```
import math
```

12.3.1 DBSCAN 算法的主要过程

对于上述的数据，利用 DBSCAN 算法对其进行聚类的过程中，其计算过程为：①导入数据；②利用 DBSCAN 算法进行聚类；③保存最终的计算结果，主函数如程序清单 12-3 所示。

程序清单 12-3 主函数

```
if __name__ == "__main__":
    # 1.导入数据
    print "----------- 1.load data ----------"
    data = load_data("data.txt")                                    ①
    # 2.计算半径
    print "----------- 2.calculate eps ----------"
    eps = epsilon(data, MinPts)                                     ②
    # 3.利用 DBSCAN 算法进行训练
    print "----------- 3.DBSCAN -----------"
    types, sub_class = dbscan(data, eps, MinPts)                    ③
    # 4.保存最终的结果
    print "----------- 4.save result -----------"
    save_result("types", types)                                     ④
    save_result("sub_class", sub_class)                             ⑤
```

在程序清单 12-3 中，利用 DBSCAN 算法训练数据的主要过程为：①导入数据。load_data 函数将训练数据导入，如程序代码中的①所示，load_data 函数的具体实现如程序清单 12-4 所示；②计算出最佳的半径值 eps。epsilon 函数计算出数据集中最佳的半径大小，如程序代码中的②所示，epsilon 函数的具体实现如程序清单 12-5 所示；③利用 DBSCAN 算法对数据进行聚类，函数 dbscan 实现对数据的聚类，如程序代码中的③所示，dbscan 函数的具体实现如程序清单 12-1 所示；④当训练完成后，保存每个样本的类型 types 和每个样本所属的类别 cluster，如程序代码中的④和⑤所示，函数 save_result 的具体实现如程序清单 12-6 所示。

程序清单 12-4　导入数据

```
MinPts = 5  # 定义半径内的最少的数据点的个数                                    ①

def load_data(file_path):
    '''导入数据
    input:  file_path(string):文件名
    output: data(mat):数据
    '''
    f = open(file_path)
    data = []
    for line in f.readlines():
        data_tmp = []
        lines = line.strip().split("\t")
        for x in lines:
            data_tmp.append(float(x.strip()))
        data.append(data_tmp)
    f.close()
    return np.mat(data)
```

在程序清单 12-4 中，在导入数据之前，首先设置了一个全局常数 MinPts，常数 MinPts 表示的是半径内的最少的数据点的个数，如程序代码中的①所示。然后，利用函数 load_data 导入需要聚类的数据。

程序清单 12-5　求最佳半径 eps

```
def epsilon(data, MinPts):
    '''计算半径
    input:  data(mat):训练数据
            MinPts(int):半径内的数据点的个数
    output: eps(float):半径
    '''
    m, n = np.shape(data)
    xMax = np.max(data, 0)
    xMin = np.min(data, 0)
    eps = ((np.prod(xMax - xMin) * MinPts * \
            math.gamma(0.5 * n + 1)) / (m * \
            math.sqrt(math.pi ** n))) ** (1.0 / n)                      ①
    return eps
```

在程序清单 12-5 中，函数 epsilon 计算出样本中的最佳的半径大小，函数 epsilon 的输入为数据集 data 和半径内的数据点的个数 MinPts，函数 epsilon 的输出为半径 eps。半径 eps 的具体的计算过程如程序代码中的①所示。

12.3.2 DBSCAN 的最终聚类结果

程序的运行过程为：

```
----------- 1.load data ----------
----------- 2.calculate eps ----------
----------- 3.DBSCAN -----------
----------- 4.save result -----------
```

在运行过程中，通过函数 epsilon 设置ε值为 1.384，最终的聚类结果如图 12.10 所示。

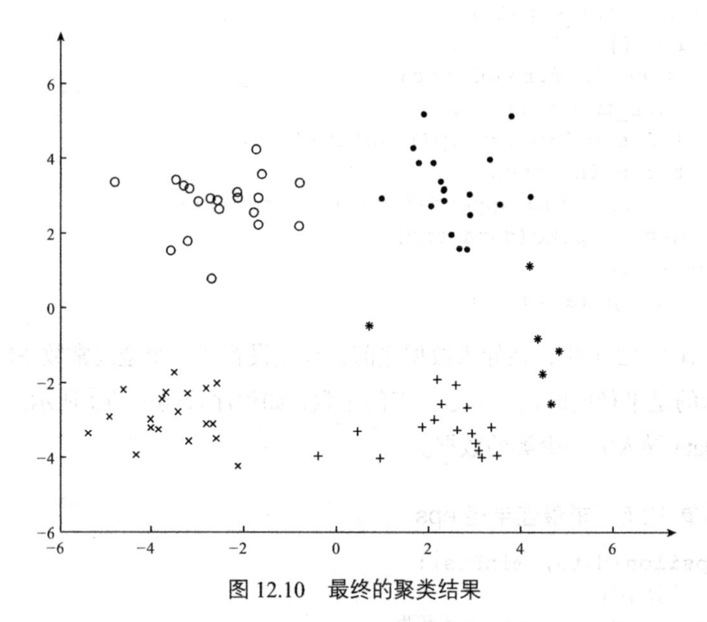

图 12.10 最终的聚类结果

在图 12.10 中，“*”表示的是噪音点，从图 12.10 中可知，对于上述的数据集，可以划分成 4 个类别。最终，需要将训练的结果保存，包括每一个样本所属的类别，save_result 函数的具体实现如程序清单 12-6 所示。

程序清单 12-6 保存最终结果的 save_result 函数

```
def save_result(file_name, data):
    '''保存最终的结果
    input:  file_name(string):结果保存的文件名
            data(mat):需要保存的数据
    '''
    f = open(file_name, "w")
    n = np.shape(data)[1]
    tmp = []
```

```
    for i in xrange(n):
        tmp.append(str(data[0, i]))
    f.write("\n".join(tmp))
    f.close()
```

在程序清单 12-6 中，函数 save_result 将需要保存的数据 data 保存到 file_name 指定的文件中。其中，函数 save_result 的输入为需要保存到的文件名 file_name 和需要保存的数据 data，data 为 numpy.mat 格式。

DBSCAN 算法的聚类结果与 ε 的取值有关，若 ε 的取值太小，则聚类结果中划分为噪音点的数量变多，如取 $\varepsilon = 0.8$ 时，聚类结果如图 12.11 所示。

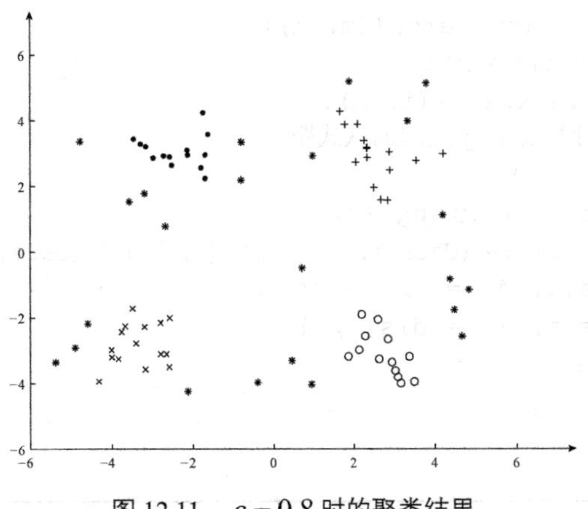

图 12.11　$\varepsilon = 0.8$ 时的聚类结果

在图 12.11 中，划分为噪音点的数量增多，当继续减小时，噪音点的数量会继续增多，最终会导致大多数样本点都被划为噪音点。若 ε 的取值太大，则聚类结果中划分到噪音点的数量会减少，如取 $\varepsilon = 1.5$ 时，聚类结果如图 12.12 所示。

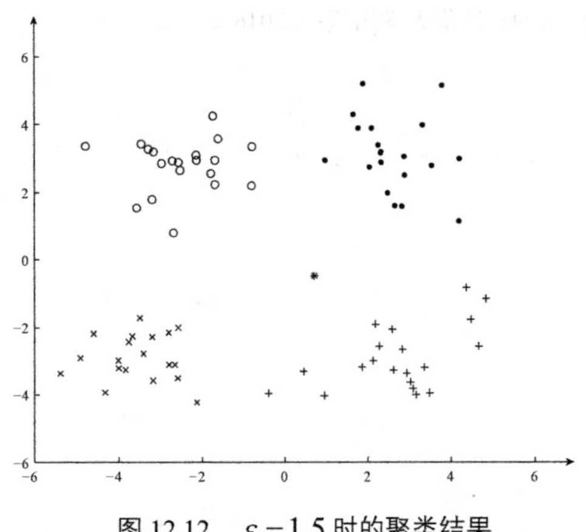

图 12.12　$\varepsilon = 1.5$ 时的聚类结果

在图 12.12 中，被划分为噪音点的数量在减少，当继续增大ε的值时，类的数量会减少。以上两种情况都是由于ε取值的问题导致的。因此，对于 DBSCAN 算法，要得到正确有效的聚类结果，需要设置较为合适的ε值。

【补充】程序清单 distance 函数

```
def distance(data):
    '''计算样本点之间的距离
    input:  data(mat):样本
    output: dis(mat):样本点之间的距离
    '''
    m, n = np.shape(data)
    dis = np.mat(np.zeros((m, m)))
    for i in xrange(m):
        for j in xrange(i, m):
            # 计算 i 和 j 之间的欧式距离
            tmp = 0
            for k in xrange(n):
                tmp += (data[i, k] - data[j, k]) * (data[i, k] - data[j, k])
            dis[i, j] = np.sqrt(tmp)
            dis[j, i] = dis[i, j]
    return dis
```

参考文献

[1] Ester M, Kriegel H P, Sander J, et al. A Density-Based Algorithm for Discovering Clusters in Large Spatial Databases with Noise[C]// 2008:226--231.

[2] M. Daszykowski, B. Walczak, D. L. Massart, Looking for Natural Patterns in Data. Part 1: Density Based Approach, Chemometrics and Intelligent Laboratory Systems 56 (2001) 83-92

[3] 周志华. 机器学习[M]. 北京：清华大学出版社. 2016.

13

Label Propagation

近年来随着社交网络的发展，先后出现了以 Facebook、Twitter 为代表的社交网站，国内的社交网站如新浪微博等。人们可以在这些社交网站上进行交流，分享各自的想法，社交网络的发展对信息的传播起到了推波助澜的作用。以微博为例，用户在微博上，可以关注感兴趣的人，同样也会被其他人关注，可以发表各自的观点，也可以转发其他人的博文，在这些数据的背后，不仅存在用户之间的社交关系，还存在着用户之间的兴趣关系。为了能够对社交网站上的用户进行聚类，可以使用社区划分的算法对用户进行聚类。

Label Propagation 算法是基于标签传播的社区划分算法，在基于标签传播的社区划分算法中，将网络中的边看作是个体之间的信息传播，其传播的结果通常使得社团内部节点之间共享相同的信息。

13.1 社区划分

13.1.1 社区以及社区划分

随着对各种网络结构的研究，人们发现在各类网络中存在社区结构，社区结构指的是在网络中，由一些节点构成特定的分组，在同一个分组内的节点通过节点之间的连接边紧密地连接在一起，而在分组与分组之间，其连接比较松散，称每一个分组为一个社区。由上可知社区是网络中节点的集合，这些节点内部连接较为紧密而外部连接较为稀疏。

在社交网络中，每一个用户相当于一个节点，用户之间通过互相的关注关系构成了用户之间的社交关系，用户之间通过转发感兴趣的微博，构成了用户之间的兴趣关系。通过将用户划分到不同的社区中，每一个社区具有一些不同的属性以区分其他社区，如兴趣，在该社区内部的节点之间有较为紧密的连接，而在任意两个社区之间，由于两个社区之间的属性不一样，如一个社区的兴趣为电影，另一个社区的兴趣为体育，这两个社区之间的相对连接则较为稀疏。具有两个社区的社区结构如图 13.1 所示。

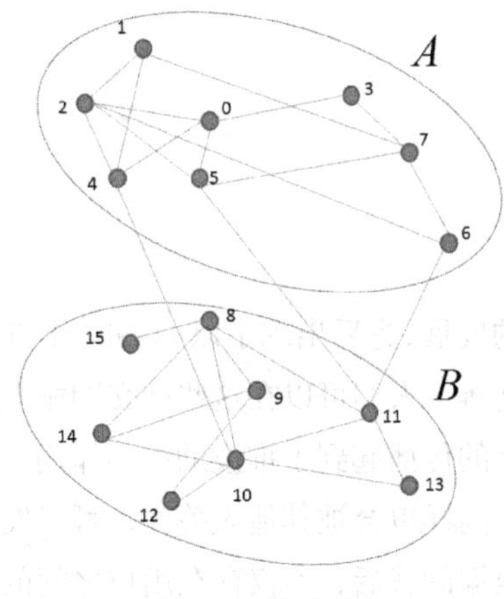

图 13.1　社区结构

在图 13.1 中，节点之间通过边的连接构成了整个网络，整个网络被划分成了两个部分，分别为社区 A 和社区 B，其中，社区 A 或者社区 B 的内部连接较为紧密，而在社区 A 和社区 B 之间的连接则较为稀疏。

13.1.2　社区划分的算法

假设在网络中，每一个样本点只能属于一个社区，这样的问题称为非重叠社区划分。在非重叠社区划分中，典型的方法主要有基于模块度优化的社区划分算法，基于谱分析的社区划分算法，基于信息论的社区划分算法和基于标签传播的社区划分算法。

在基于模块度优化的社区划分算法中，其基本思想是将社区划分问题转化为对模块度函数的优化，其中，模块度是度量社区划分质量的重要标准。在实际的求解过程中，由于模块度函数不能直接求解，通常采用近似的方式对其进行求解，根据求解方法的不同，主要分为如下的几种方法：

1. 凝聚方法（Agglomerative Method）。通过不断合并不同社区，实现对整个网络的社区划分，典型的方法有 Newman 快速算法、CNM 算法和 MSG-MV 算法；

2. 分裂方法（Divisive Method）。通过不断删除网络中边来实现对整个网络的社区划分，典型的方法有 Newman 提出的 GN 算法；

3. 直接近似求解模块度函数（Optimization Method）。通过优化算法直接对模块度函数进行求解，典型的方法有 EO 算法。

13.1.3 社区划分的评价标准

社区划分是将网络划分成多个不同的社区，在每一个社区的内部，其连接比较紧密，在社区与社区之间的连接较为稀疏。根据这样形式化的定义，社区划分的结果会有很多种，为了能够度量社区划分的质量，Newman 等人提出了模块度（Modularity）的概念，模块度是一个在$[-1,1]$区间上的实数，其通过比较每一个社区内部的连接密度和社区与社区之间的连接密度，去度量社区划分的质量。若将连接比较稠密的点划分在一个社区中，这样模块度的值会变大，最终，模块度最大的划分是最优的社区划分。

13.2 Label Propagation 算法原理

13.2.1 Label Propagation 算法的基本原理

Label Propagation 算法是一种基于标签传播的局部社区划分算法。对于网络中的每一个节点，在初始阶段，Label Propagation 算法对每个节点初始化一个唯一的标签，在每次的迭代过程中，每个节点根据与其相连的节点所属的标签改变自己的标签，更改的原则是选择与其相连的节点中所属标签最多的社区标签为自己的社区标签，这便是标签传播的含义。随着社区标签不断传播，最终，连接紧密的节点将有共同的标签。

Label Propagation 算法最大的优点是其算法逻辑比较简单，相比于优化模块度的过程，算法速度非常快。Label Propagation 算法利用网络自身的结构指导标签的传播过程，在这个过程中无需优化任何函数。在算法开始前我们不必知道社区的个数，随着算法的迭代，在最终的过程中，算法将自己决定社区的个数。

对于 Label Propagation 算法，假设对于节点x，其邻居节点为$x_1,x_2,\cdots x_k$，对于

每一个节点，都有其对应的标签，标签代表的是该节点所属的社区。在算法迭代的过程中，节点 x 根据其邻居节点更新其所属的社区。

在初始阶段，令每一个节点都属于唯一的社区，当社区的标签在节点间传播时，紧密相连的节点迅速取得一致的标签。具体过程如图 13.2 所示。

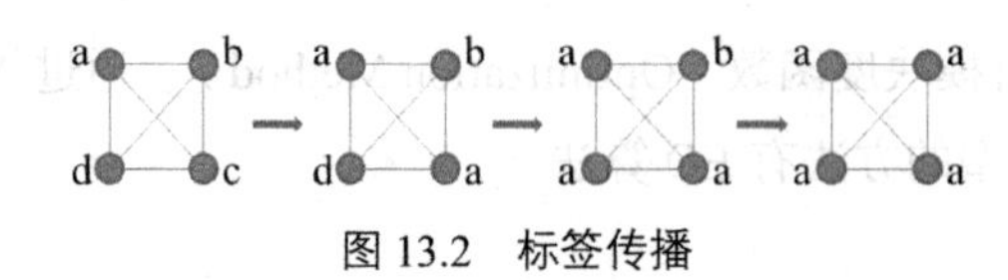

图 13.2　标签传播

在图 13.2 中所示的标签传播的过程中，对于 c 节点，在选择了与 a 节点一致的标签后，与 d 节点相邻的节点中，属于 a 社区的节点最多，因此 c 节点的标签也被设置成 a，这样的过程不断持续下去，直到所有可能聚集到一起的节点都具有了相同的社区标签，此时，图 13.2 中的所有节点的标签都变成了 a。在传播过程的最终，具有相同社区标签的节点被划到相同的社区中成为一个个独立的社区。

13.2.2　标签传播

在标签传播的过程中，节点的标签是根据其邻接节点的标签进行更新的，如在图 13.2 中，与节点 c 相邻的节点分别为 a、b 和 d。节点的标签的更新过程可以分为两种，即：

- 同步更新
- 异步更新

同步更新是指对于节点 x，在第 t 代时，根据其所有邻居节点在第 $t-1$ 代时的社区标签，对其标签进行更新。即：

$$C_x\left(t\right)=f\left(C_{x_1}\left(t-1\right),C_{x_2}\left(t-1\right),\cdots,C_{x_k}\left(t-1\right)\right)$$

其中，$C_x\left(t\right)$ 表示的是节点 x 在第 t 代时的社区标签。函数 f 表示的是取的参数节点中所有社区个数最大的社区。同步更新的方法存在一个问题，即对于一个二分或者近似二分的网络来说，这样的结构会导致标签的震荡，如图 13.3 所示。

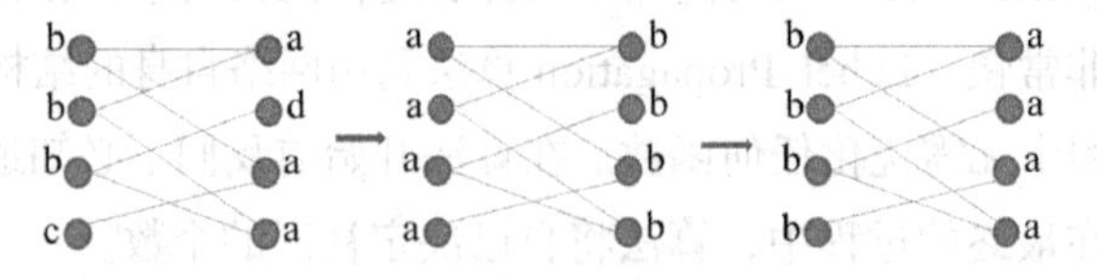

图 13.3　标签震荡

在图 13.3 中，在第一步的更新中，若左侧节点的标签更改为 a，右侧节点的标签更改为 b，在第二步中，左侧的节点又会更改为 b，右侧的节点又会更改为 a，如此往复，两边的标签会在社区标签 a 和 b 间不停地震荡。

对于异步更新方式，其更新公式为：

$$C_x(t)=f\left(C_{x_{i1}}(t),\cdots,C_{x_{im}}(t),C_{x_{i(m+1)}}(t-1),\cdots,C_{x_{ik}}(t-1)\right)$$

其中，邻居节点 $x_{i1},\cdots,x_{im}$ 的社区标签在第 t 代已经更新过，则使用其最新的社区标签。而邻居节点 $x_{i(m+1)},\cdots,x_{ik}$ 在第 t 代时还没有更新，则对于这些邻居节点还是用其在第（ $t-1$ ）代时的社区标签。

现在让我们一起使用 Python 构建 Label Propagation 算法的异步更新过程，实现的具体过程如程序清单 13-1 所示，对于节点的更新顺序可以顺序选择。

程序清单 13-1　异步更新方式

```
def label_propagation(vector_dict, edge_dict):
    '''标签传播
    input:  vector_dict(dict)节点：社区
            edge_dict(dict)存储节点之间的边和权重
    output: vector_dict(dict)节点：社区
    '''
    # 初始化，设置每个节点属于不同的社区
    t = 0
    # 以随机的次序处理每个节点
    while True:
        if (check(vector_dict, edge_dict) == 0):                ①
            t = t + 1
            print "iteration: ", t
            # 对每一个 node 进行更新
            for node in vector_dict.keys():                      ②
                adjacency_node_list = edge_dict[node] # 获取节点 node
的邻接节点
                vector_dict[node] = \
                        get_max_community_label(vector_dict, \
                        adjacency_node_list)                     ③
            print vector_dict
        else:
            break
    return vector_dict
```

在代码清单 13-1 中，函数 label_propagation 是整个 Label Propagation 算法的核心

部分，其输入为节点以及其所属的社区 vector_dict 和节点之间的边的信息 edge_dict，其输出为最终计算出来的节点以及其所属的社区 vector_dict。在迭代的过程中，首先会判断是否需要迭代，如代码中的①所示，其具体实现见 13.2.3 节。在迭代的过程中，对每一个节点进行更新，如代码中的②所示。在对该节点计算的过程中，找到与其相连接的节点所属社区最多的社区作为其社区，如代码中的③所示，函数 get_max_community_label 的具体实现如代码清单 13-2 所示。

程序清单 13-2　修正社区的 get_max_community_label 函数

```
def get_max_community_label(vector_dict, adjacency_node_list):
    '''得到相邻接的节点中标签数最多的标签
    input:  vector_dict(dict)节点：社区
            adjacency_node_list(list)节点的邻接节点
    output: 节点所属的社区
    '''
    label_dict = {}
    for node in adjacency_node_list:
        node_id_weight = node.strip().split(":")
        node_id = node_id_weight[0]#邻接节点
        node_weight = string.atoi(node_id_weight[1])#与邻接节点之间的
权重
        if vector_dict[node_id] not in label_dict:
            label_dict[vector_dict[node_id]] = node_weight        ①
        else:
            label_dict[vector_dict[node_id]] += node_weight       ①

    # 找到最大的标签
    sort_list = sorted(label_dict.items(), \
                    key=lambda d: d[1], reverse=True)             ②
    return sort_list[0][0]
```

在程序清单 13-2 中，函数 get_max_community_label 的输入为所有的节点及其所属社区 vector_dict 和节点 node 的邻接节点 adjacency_node_list，函数 get_max_community_label 的输出为节点 node 所属的社区。通过统计其邻接节点中每一个节点所属的社区，如代码中的①所示，再将社区按照出现的次数进行降序排列，如代码中的②所示，最终返回出现次数最多的社区作为 node 节点的社区。

13.2.3　迭代的终止条件

在迭代过程中，当网络中的每个节点所属的社区不再改变时，此时迭代过程便可以停止。但是在 Label Propagation 算法中，当某个节点的邻居节点中存在两个或者多个最大的社区标签时，如图 13.4 所示。

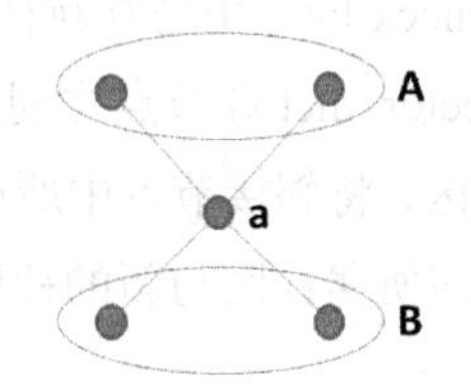

图 13.4 迭代的终止条件

节点 a 与社区 A 和社区 B 都有连接，且与社区 A 的连接权重为 2，与社区 B 的连接权重也为 2。对于节点 a，其所属的社区是随机选取的，此时可以选择社区 A，也可以选择社区 B，因此对于节点 a，其所属的社区会一直改变，这样就不能满足如上的跌倒终止条件。

对于 Label Propagation 算法，为了避免如上情况，可对上述的迭代终止条件修改为：对于每一个节点，在其所有的邻居节点所属的社区中，其所属的社区标签是最大的，即：如果用 $C_1,\cdots,C_p$ 来表示社区标签，$d_i^{C_j}$ 表示节点 i 的所有邻居节点中社区标签为 C_j 的个数，则算法终止的条件为：对于每一个节点 i，如果节点 i 的社区标签为 C_m，则：

$$d_i^{C_m} \geq d_i^{C_j}, \forall j$$

这样的停止条件可以使得最终能够获得强壮的社区（Strong Community），但是社区并不是唯一的。终止条件判断的具体实现的代码如程序清单 13-3 所示。

程序清单 13-3 check 函数

```
def check(vector_dict, edge_dict):
    '''检查是否满足终止条件
    input:  vector_dict(dict)节点：社区
            edge_dict(dict)存储节点之间的边和权重
    output: 是否需要更新
    '''
    for node in vector_dict.keys():
        adjacency_node_list = edge_dict[node] # 与节点 node 相连接的节点
        node_label = vector_dict[node]  # 节点 node 所属社区
        label = get_max_community_label(vector_dict, \
                adjacency_ node_list)                              ①
        if node_label == label:  # 对每个节点，其所属的社区标签是最大的  ②
            continue
        else:
```

```
            return 0
        return 1
```

在程序清单 13-3 中，函数 check 的作用是判断社区划分是否结束。check 函数的输入为节点以及其所属的社区 vector_dict 和节点之间的边的信息 edge_dict。对于每一个节点计算其邻接节点所属的社区，将邻接节点中所属社区最多的社区作为其新的社区，如代码中的①所示，判断当前所属社区与新的社区是否为同一社区，如代码中的②所示。

13.3 Label Propagation 算法过程

Label Propagation 算法的过程如下：

- 对网络中的每个节点初始化其所属社区标签，且每个节点所属的社区是唯一的，如对于节点 x，初始化其社区标签为 $C_x(0)=x$；
- 设置代数 t；
- 对于每个节点 $x \in X$，其中 X 是所有节点的集合，令

$$C_x(t)=f\left(C_{x_{i1}}(t),\cdots,C_{x_{im}}(t),C_{x_{i(m+1)}}(t-1),\cdots,C_{x_{ik}}(t-1)\right);$$

- 判断是否可以迭代结束，如果否，则设置 $t=t+1$，重新遍历。

13.4 Label Propagation 算法实践

对于图 13.5 所示的网络结构：

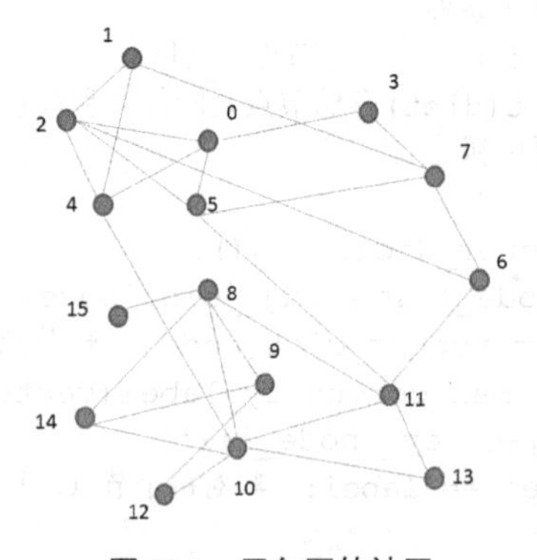

图 13.5 无向图的社区

利用 Label Propagation 算法对其进行社区划分，主要的流程包括：①获取数据集，并对数据进行处理；②利用 Label Propagation 算法对这些数据计算其所属社区；③保存最终的划分结果。

首先，为了使得 Python 能够支持中文的注释，我们需要在“lp.py”文件的开始加入：

```
# coding:UTF-8
```

同时，在程序中需要用到 string 模块中的一些函数，因此，需要导入 string 模块：

```
import string
```

其算法的主函数如程序清单 13-4 所示。

程序清单 13-4　主函数

```
if __name__ == "__main__":
    # 1.导入数据
    print "----------1.load data ------------"
    vector_dict, edge_dict = loadData("cd_data.txt")              ①
    print "original community: \n", vector_dict
    # 2.利用 label propagation 算法进行社区划分
    print "----------2.label propagation ------------"
    vec_new = label_propagation(vector_dict, edge_dict)           ②
    # 3.保存最终的社区划分的结果
    print "----------3.save result ------------"
    save_result("result1", vec_new)                               ③
    print "final_result:", vec_new
```

在程序清单 13-4 中，Label Propagation 算法的主要步骤为：①导入数据，如程序中①的所示，其具体的实现如程序清单 13-5 中的函数 loadData 所示；②利用 label Propagation 算法计算每个节点所属的社区，如程序中②的所示，函数 label_propagation 的具体实现如程序清单 13-1 所示；③将划分好的每个节点所属的社区保存到最终的文件中，如程序中③的所示，函数 save_result 的具体实现如程序清单 13-6 所示。

13.4.1　导入数据

对于图 13.5 所示的数据有如下的 loadData 函数，其具体实现如清单 13-5 所示。

程序清单 13-5　导入数据

```
def loadData(filePath):
```

```
    '''导入数据
    input:  filePath(string)文件的存储位置
    output: vector_dict(dict)节点：社区
            edge_dict(dict)存储节点之间的边和权重
    '''
    f = open(filePath)
    vector_dict = {}  # 存储节点
    edge_dict = {}  # 存储边
    for line in f.readlines():
        lines = line.strip().split("\t")

        for i in xrange(2):
            if lines[i] not in vector_dict:  # 节点已存储
                # 将节点放入到vector_dict中，设置所属社区为其自身
                vector_dict[lines[i]] = string.atoi(lines[i])
                # 将边放入到edge_dict
                edge_list = []
                if len(lines) == 3:
                    edge_list.append(lines[1 - i] + ":" + lines[2]) ①
                else:
                    edge_list.append(lines[1 - i] + ":" + "1")    ②
                edge_dict[lines[i]] = edge_list
            else:  # 节点未存储
                edge_list = edge_dict[lines[i]]
                if len(lines) == 3:
                    edge_list.append(lines[1 - i] + ":" + lines[2])
                else:
                    edge_list.append(lines[1 - i] + ":" + "1")
                edge_dict[lines[i]] = edge_list
    return vector_dict, edge_dict
```

在程序清单 13-5 中，函数 loadData 的输入为数据的存储位置 filePath，函数的输出为节点以及其所属社区 vector_dict 和节点之间的边和权重 edge_dict。在存储节点之间的边和权重的过程中，若是在数据文件 filePath 中保存了权重，则使用其作为节点之间的权重，若没有保存，则统一设置默认的权重，如在程序清单 13-5 中设置的都是 1，如程序中的①和②所示。

13.4.2 社区的划分

社区划分的实现过程中使用到了 label_propagation 函数，具体实现如程序清单 13-1 所示。程序的运行过程如下所示：

```
----------1.load data ------------
```

```
original community:
{'11': 11, '10': 10, '13': 13, '12': 12, '15': 15, '14': 14, '1': 1,
'0': 0, '3': 3, '2': 2, '5': 5, '4': 4, '7': 7, '6': 6, '9': 9, '8': 8}
----------2.label propagation ------------
iteration:  1
{'11': 8, '10': 8, '13': 8, '12': 8, '15': 8, '14': 8, '1': 2, '0':
2, '3': 2, '2': 2, '5': 2, '4': 2, '7': 2, '6': 2, '9': 8, '8': 8}
----------3.save result ------------
final_result: {'11': 8, '10': 8, '13': 8, '12': 8, '15': 8, '14':
8, '1': 2, '0': 2, '3': 2, '2': 2, '5': 2, '4': 2, '7': 2, '6': 2, '9':
8, '8': 8}
```

13.4.3 最终的结果

对于图 13.5 所示的无向图，其最终的划分结果如表 13-1 所示。

表 13-1 最终的聚类结果

社区 1	11，10，13，12，15，14，9，8
社区 2	1，0，3，2，5，4，7，6

从表 13-1 中可知，图 13.5 中的节点 8，9，10，11，12，13，14，15 被划分到同一个社区中，而节点 0，1，2，3，4，5，6，7 被划分到了另一个社区中，划分的最终的效果如图 13.6 所示。

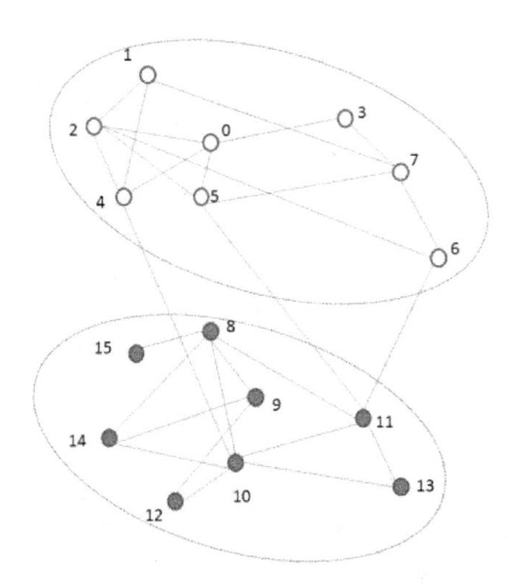

图 13.6 最终的聚类效果

参考文献

[1] 骆志刚，丁凡，蒋晓舟,等．复杂网络社团发现算法研究新进展[J]．国防科技大学学报，2011, 33(1):47-52.

[2] Raghavan U N, Albert R, Kumara S. Near linear time algorithm to detect community structures in large-scale networks.[J]. Physical Review E Statistical Nonlinear & Soft Matter Physics, 2007, 76(2)

[3] 骆志刚，丁凡，蒋晓舟,等．复杂网络社团发现算法研究新进展[J]．国防科技大学学报，2011, 33(1):47-52.

[4] Newman M E. Fast algorithm for detecting community structure in networks.[J]. Physical Review E Statistical Nonlinear & Soft Matter Physics, 2004, 69(6):066133-066133.

[5] Newman M E, Girvan M. Finding and evaluating community structure in networks.[J]. Physical Review E Statistical Nonlinear & Soft Matter Physics, 2010, 69(2 Pt 2):026113-026113.

[6] Blondel V D, Guillaume J L, Lambiotte R, et al. Fast unfolding of communities in large networks[J]. Journal of Statistical Mechanics Theory & Experiment, 2008, 2008(10):155-168.

第四部分

推荐算法

在如今的大数据时代，数据呈现出爆炸式的增长，生活在其中的人们正饱受着信息过载带来的痛苦，推荐系统（Recommendation System，RS）的出现为用户提供了很多的便利，并为企业带来了很多实际的价值。

第 14 章将介绍协同过滤（Collaborative Filtering，CF）算法，协同过滤算法是最基本的推荐算法，在推荐系统的产生过程中起到了至关重要的作用。在协同过滤算法中，又可以分为基于用户的协同过滤算法和基于项的协同过滤算法；第 15 章将介绍基于矩阵分解的推荐算法，通过对用户商品矩阵进行分解，可以挖掘出隐含的信息；第 16 章将介绍基于图的推荐算法，用户与商品之间的关系不仅可以由矩阵来表示，也可以使用二部图的形式来表示，在二部图的表示形态下，可以使用基于图的推荐算法。

14 协同过滤算法

随着互联网技术的发展，网络上的信息量在急剧上升，使得信息过载的问题变得尤为突出，当用户无明确信息需求时，用户无法从大量的信息中获取到感兴趣的信息，同时，信息量的急剧上升也导致了大量的信息被埋没，无法触达到一些潜在的用户。推荐系统（Recommendation System，RS）的出现被称为连接用户与信息的桥梁，一方面帮助用户从海量数据中找到感兴趣的信息，另一方面将有价值的信息传递给潜在的用户。

协同过滤（Collaborative Filtering，CF）算法是最基本的推荐算法，CF 算法从用户的历史行为数据中挖掘出用户的兴趣，为用户推荐其感兴趣的项。根据挖掘方法的不同，协同过滤算法可以分为基于用户的（User-based）协同过滤算法和基于项的（Item-based）协同过滤算法。

14.1 推荐系统的概述

14.1.1 推荐系统

在信息过载的时代，信息呈现出爆炸式增长，比如每天有大量的微博被创作和转发，信息量的爆炸式增长在给用户不断带来新的信息的同时，也增加了用户筛选的信息的难度，当用户有明确的需求时，比如需要查找“协同过滤算法”，可以利用搜索引擎，如谷歌、百度等，查找到相应的文章。

但是，并不是在任何情况下用户都是有明确需求的，例如在微博上，用户只是想打发时间，在首页中查看每一条微博，此时，用户并没有明确的目的，为了能够帮助用户筛选出一批他们可能感兴趣的信息，就需要分析出该用户的兴趣，从海量的信息中选择出与用户兴趣相似的信息，并将这些信息推荐给用户。推荐系统（Recommendation System，RS）正是在这样的背景下被提出，推荐算法根据用户的历史行为，挖掘出用户的喜好，并为用户推荐与其喜好相符的商品或者信息。推荐系统的任务就是能够连接信息与用户，帮助用户找到其感兴趣的信息，同时让一些有价值的信息能够触达到潜在的用户。

14.1.2 推荐问题的描述

推荐系统的核心问题是为用户推荐与其兴趣相似度比较高的商品。此时，需要一个函数 $f(x)$，函数 $f(x)$ 可以计算候选商品与用户之间的相似度，并向用户推荐相似度较高的商品。为了能够预测出函数 $f(x)$，可以利用到的历史数据主要有：用户的历史行为数据、与该用户相关的其他用户信息、商品之间的相似性、文本的描述等。

假设集合 C 表示所有的用户，集合 S 表示所有需要推荐的商品。函数 f 表示商品 s 到用户 c 之间的有效性的效用函数，例如：

$$f: C \times S \to R$$

其中，R 是一个全体的排序集合。对于每一个用户 $c \in C$，希望从商品的集合中选择出商品，即 $s \in S$，以使得应用函数 f 的值最大。

14.1.3 推荐的常用方法

在推荐系统中，常用的推荐算法主要有：

- 协同过滤的推荐（Collaborative Filtering Recommendation）
- 基于内容的推荐（Content-based Recommendation）
- 基于关联规则的推荐（Association Rule-based Recommendation）
- 基于效用的推荐（Utility-based Recommendation）
- 基于知识的推荐（Knowledge-based Recommendation）
- 组合推荐（Hybrid Recommendation）

14.2 基于协同过滤的推荐

14.2.1 协同过滤算法概述

协同过滤（Collaborative Filtering，CF）推荐算法是通过在用户的行为中寻找特定的模式，并通过该模式为用户产生有效推荐。它依赖于系统中用户的行为数据，例如通过用户阅读过一些书籍，并且对这些书籍产生过一些评价，利用这些评价推断出该用户的阅读偏好。

基于协同过滤的推荐算法的核心思想是：通过对用户历史行为数据的挖掘发现用户的偏好，基于不同的偏好对用户进行群组划分并推荐品味相似的项。在计算推荐结果的过程中，不依赖于项的任何附加信息或者用户的任何附加信息，只与用户对项的评分有关。

14.2.2 协同过滤算法的分类

为了能够为用户推荐与其品味相似的项，通常有两种方法：①通过相似用户进行推荐。通过比较用户之间的相似性，越相似表明两者之间的品味越相近，这样的方法被称为基于用户的协同过滤算法（User-based Collaborative Filtering）；②通过相似项进行推荐。通过比较项与项之间的相似性，为用户推荐与其打过分的项相似的项，这样的方法被称为基于项的协同过滤算法（Item-based Collaborative Filtering）。

在基于用户的协同过滤算法中，利用用户访问行为的相似性向目标用户推荐其可能感兴趣的项，如图 14.1 所示。

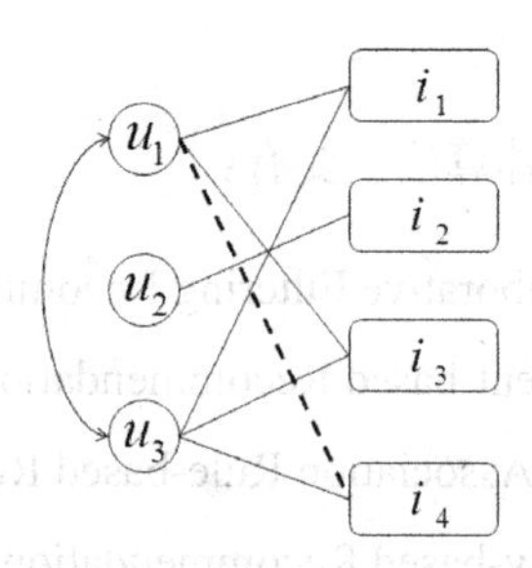

图 14.1　基于用户的协同过滤算法

在图 14.1 中，假设用户分别为 u_1、u_2 和 u_3，其中，用户 u_1 互动过的商品有 i_1 和 i_3，用户 u_2 互动过的商品为 i_2，用户 u_3 互动过的商品有 i_1、i_3 和 i_4。通过计算，用户 u_1 和

用户 u_3 较为相似，对于用户 u_1 来说，用户 u_3 互动过的商品 i_4 是用户 u_1 未互动过的，因此会为用户 u_1 推荐商品 i_4。

在基于项的协同过滤算法中，根据所有用户对物品的评价，发现物品和物品之间的相似度，然后根据用户的历史偏好将类似的物品推荐给该用户，如图 14.2 所示。

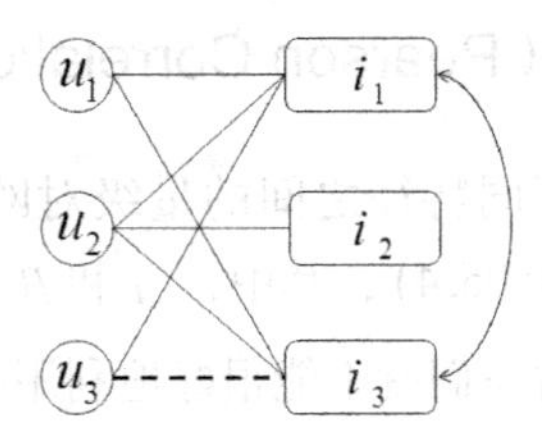

图 14.2　基于项的协同过滤算法

在图 14.2 中，假设用户分别为 u_1、u_2 和 u_3，其中，用户 u_1 互动过的商品有 i_1 和 i_3，用户 u_2 互动过的商品为 i_1、i_2 和 i_3，用户 u_3 互动过的商品有 i_1。通过计算，商品 i_1 和商品 i_3 较为相似，对于用户 u_3 来说，用户 u_1 互动过的商品 i_3 是用户 u_3 未互动过的，因此会为用户 u_3 推荐商品 i_3。

14.3　相似度的度量方法

相似性的度量方法有很多种，不同的度量方法的应用范围也不一样。相似性的度量方法在不同的机器学习算法中都有应用，如应用在 K-Means 聚类算法中。

相似性的度量方法必须满足拓扑学中的度量空间的基本条件：假设 d 是度量空间 M 上的度量：$d:M\times M\rightarrow R$，其中度量 d 满足：

- 非负性：$d\left(x,y\right)\geqslant 0$，当且仅当 $x=y$ 时取等号；
- 对称性：$d\left(x,y\right)=d\left(y,x\right)$；
- 三角不等性：$d\left(x,z\right)\leqslant d\left(x,y\right)+d\left(y,z\right)$。

本章主要介绍三种相似性的度量方法，分别为：欧氏距离、皮尔逊相关系数和余弦相似度。

14.3.1 欧氏距离

欧氏距离是使用较多的相似性的度量方法，在第 10 章的 K-Means 算法中使用欧氏距离作为样本之间的相似性的度量。

14.3.2 皮尔逊相关系数（Pearson Correlation）

在欧氏距离的计算中，不同特征之间的量级对欧氏距离的影响比较大，例如 $A=(0.05,1)$，$B=(1,1)$ 和 $C=(0.05,4)$，其中，A 和 B 之间的欧氏距离为 0.95，而 A 和 C 之间的欧氏距离为 3，此时我们就不能很好地利用欧氏距离判断 A 和 B，A 和 C 之间的相似性的大小。而皮尔逊相关系数的度量方法对量级不敏感，其具体形式为：

$$Corr(X,Y)=\frac{\langle X-\bar{X},Y-\bar{Y}\rangle}{\|X-\bar{X}\|\|Y-\bar{Y}\|}$$

其中 $\langle X,Y\rangle$ 表示向量 X 和向量 Y 内积，$\|X\|$ 表示向量 X 的范数。利用皮尔逊相关系数计算上述的相似性可得，A 和 B 之间的皮尔逊相关系数为 0.5186，而 A 和 C 之间的皮尔逊相关系数为 −0.4211。

14.3.3 余弦相似度

余弦相似度是文本相似度度量中使用较多的一种方法，对于两个向量 X 和 Y，其对应的形式如下：

$$X=(x_1,x_2,\cdots,x_n)\in\mathbb{R}^n$$

$$Y=(y_1,y_2,\cdots,y_n)\in\mathbb{R}^n$$

其对应的余弦相似度为：

$$\operatorname{Cos}Sim(X,Y)=\frac{\sum_i x_i y_i}{\sqrt{\sum_i x_i^2}\sqrt{\sum_i y_i^2}}=\frac{\langle X,Y\rangle}{\|X\|\|Y\|}$$

其中，$\langle X,Y\rangle$ 表示的是向量 X 和向量 Y 的内积，$\|\cdot\|$ 表示的是向量的范数。

现在，让我们一起利用 Python 实现余弦相似度的计算，在余弦相似度的计算过程中，需要用到矩阵的相关计算，因此需要导入 numpy 模块：

```
import numpy as np
```

余弦相似度的具体实现如程序清单 14-1 所示。

程序清单 14-1 余弦相似度

```
def cos_sim(x, y):
    '''余弦相似性
    input:  x(mat):以行向量的形式存储，可以是用户或者商品
            y(mat):以行向量的形式存储，可以是用户或者商品
    output: x和y之间的余弦相似度
    '''
    numerator = x * y.T   # x和y之间的额内积
    denominator = np.sqrt(x * x.T) * np.sqrt(y * y.T)
    return (numerator / denominator)[0, 0]
```

在程序清单 14-1 中，函数 cos_sim 用于计算行向量 x 和行向量 y 之间的余弦值，具体的计算方法如上述公式所示，对于任意矩阵，计算任意两个行向量之间的相似度的具体实现如程序清单 14-2 所示。

程序清单 14-2 相似度矩阵的计算

```
def similarity(data):
    '''计算矩阵中任意两行之间的相似度
    input:  data(mat):任意矩阵
    output: w(mat):任意两行之间的相似度
    '''
    m = np.shape(data)[0]   # 用户的数量
    # 初始化相似度矩阵
    w = np.mat(np.zeros((m, m)))

    for i in xrange(m):
        for j in xrange(i, m):
            if j != i:
                # 计算任意两行之间的相似度
                w[i, j] = cos_sim(data[i, ], data[j, ])            ①
                w[j, i] = w[i, j]
            else:
                w[i, j] = 0                                        ②
    return w
```

在程序清单 14-2 中，函数 similarity 计算矩阵 data 中任意两行之间的相似度，如程序代码中的①所示，并将最终的计算结果保存到矩阵 w 中。相似度矩阵 w 是一个对称矩阵，而且在相似度矩阵中，约定自身的相似度的值为 0，如程序代码中的②所示。

14.4 基于协同过滤的推荐算法

在基于协同过滤的推荐算法中，根据用户或者商品的相似性计算，可以将其分为基于用户的协同过滤算法和基于项的协同过滤算法。假设用户的数据如表 14.1 所示。

表 14.1 用户-商品数据

	D_1	D_2	D_3	D_4	D_5
U_1	4	3	-	5	-
U_2	5	-	4	4	-
U_3	4	-	5	-	3
U_4	2	3	-	1	-
U_5	-	4	2	-	5

其中，U_1~U_5 表示的是 5 个不同的用户，D_1~D_5 表示的是 5 个不同的商品，这样便构成了用户-商品矩阵。在该矩阵中，有用户对每一件商品的打分，其中“-”表示的是用户未对该商品进行打分。

14.4.1 基于用户的协同过滤算法

基于用户的协同过滤算法，是基于用户之间的相似性计算的。基于用户的协同过滤算法给用户推荐和他兴趣相似的其他用户喜欢的物品。对于表 14.1 中所示的用户—商品数据，将其转换成用户—商品矩阵：

$$\begin{pmatrix} 4 & 3 & 0 & 5 & 0 \\ 5 & 0 & 4 & 4 & 0 \\ 4 & 0 & 5 & 0 & 3 \\ 2 & 3 & 0 & 1 & 0 \\ 0 & 4 & 2 & 0 & 5 \end{pmatrix}$$

其中，用户对商品的打分数值大于或等于 0，等于 0 表示用户未对该商品评分。利用程序清单 14-2 中的 similarity 函数计算用户-商品矩阵中的用户之间的相似度，得到用户相似度矩阵：

$$\begin{pmatrix} 0 & 0.74926865 & 0.32 & 0.83152184 & 0.25298221 \\ 0.74926865 & 0 & 0.74926865 & 0.49559463 & 0.1579597 \\ 0.32 & 0.74926865 & 0 & 0.30237158 & 0.52704628 \\ 0.83152184 & 0.49559463 & 0.30237158 & 0 & 0.47809144 \\ 0.25298221 & 0.1579597 & 0.52704628 & 0.47809144 & 0 \end{pmatrix}$$

其中，用户相似度矩阵是一个对称矩阵，且其对角线上是全 0。

计算完用户之间的相似度后，利用用户之间的相似度为用户中没有打分的项打分，其方法为：

$$p(u,i) = \sum_{v \in N(i)} w_{u,v} r_{v,i}$$

其中，$N(i)$ 表示的是对商品 i 打过分的用户的集合，如在表 14.1 中，对商品 D_3 打过分的用户有 U_2、U_3 和 U_5。$w_{u,v}$ 表示的是用户 u 和用户 v 之间的相似度，$r_{v,i}$ 表示的是用户 v 对商品 i 的打分。打分的具体实现如程序清单 14-3 所示。

程序清单 14-3　基于用户的协同推荐

```
def user_based_recommend(data, w, user):
    '''基于用户相似性为用户 user 推荐商品
    input:  data(mat):用户商品矩阵
            w(mat):用户之间的相似度
            user(int):用户的编号
    output: predict(list):推荐列表
    '''
    m, n = np.shape(data)
    interaction = data[user, ] # 用户 user 与商品信息

    # 1.找到用户 user 没有互动过的商品
    not_inter = []
    for i in xrange(n):
        if interaction[0, i] == 0: # 没有互动的商品
            not_inter.append(i)                                ①

    # 2.对没有互动过的商品进行预测
    predict = {}
    for x in not_inter:
        item = np.copy(data[:, x]) # 找到所有用户对商品 x 的互动信息
        for i in xrange(m):# 对每一个用户
            if item[i, 0] != 0: # 若该用户对商品 x 有过互动         ②
                if x not in predict:
                    predict[x] = w[user, i] * item[i, 0]       ③
```

```
            else:
                predict[x] = predict[x] + w[user, i] * item[i, 0]④
    # 3.按照预测的大小从大到小排序
    return sorted(predict.items(), key=lambda d:d[1], reverse=True) ⑤
```

在程序清单 14-3 中，函数 user_based_recommend 基于用户相似性为用户 user 推荐商品。在函数 user_based_recommend 中，主要分为 3 步：①找到用户 user 未互动的商品，存放到 not_inter 中，如程序代码中的①所示；②利用上述公式对没有互动过的商品进行打分，在打分的过程中，首先对用户 user 未互动过的每一个商品，找到对其互动过的用户，如程序代码中的②所示，再利用上述的打分公式对该商品打分，如程序代码中的③和④所示；③将打分的最终结果按照降序排序并返回，如程序代码中的⑤所示。

14.4.2 基于项的协同过滤算法

在基于项的协同过滤算法中，是基于项之间的相似性计算的。对于表 14.1 中所示的用户-商品数据，将其转换成商品-用户矩阵：

$$\begin{pmatrix} 4 & 5 & 4 & 2 & 0 \\ 3 & 0 & 0 & 3 & 4 \\ 0 & 4 & 5 & 0 & 2 \\ 5 & 4 & 0 & 1 & 0 \\ 0 & 0 & 3 & 0 & 5 \end{pmatrix}$$

利用程序清单 14-2 中的 similarity 函数计算商品-用户矩阵中的商品之间的相似度，得到商品的相似度矩阵：

$$\begin{pmatrix} 0 & 0.39524659 & 0.76346445 & 0.82977382 & 0.26349773 \\ 0.39524659 & 0 & 0.204524 & 0.47633051 & 0.58823529 \\ 0.76346445 & 0.204524 & 0 & 0.63913749 & 0.63913749 \\ 0.82977382 & 0.47633051 & 0.63913749 & 0 & 0 \\ 0.26349773 & 0.58823529 & 0.63913749 & 0 & 0 \end{pmatrix}$$

其中，商品相似度矩阵是一个对称矩阵，且其对角线上是全 0。

计算完成商品之间的相似度后，利用商品之间的相似度为用户中没有打分的项打分，其方法为：

$$p(u,i)=\sum_{j\in I(u)} w_{i,j}r_{j,u}$$

其中，$I(u)$表示的是用户u打过分的商品的集合，如在表 14.1 中，用户 U_1 打过分的商品为 D_1、D_2 和 D_4。$w_{i,j}$表示的是商品i和商品j之间的相似度，$r_{j,u}$表示的是用户u对商品j的打分。打分的具体实现如程序清单 14-4 所示。

程序清单 14-4 基于项的协同推荐

```
def item_based_recommend(data, w, user):
    '''基于商品相似度为用户 user 推荐商品
    input:  data(mat):商品用户矩阵
            w(mat):商品与商品之间的相似性
            user(int):用户的编号
    output: predict(list):推荐列表
    '''
    m, n = np.shape(data) # m:商品数量 n:用户数量
    interaction = data[:,user].T # 用户 user 的互动商品信息

    # 1 找到用户 user 没有互动的商品
    not_inter = []
    for i in xrange(n):
        if interaction[0, i] == 0: # 用户 user 未打分项
            not_inter.append(i)                                      ①

    # 2 对没有互动过的商品进行预测
    predict = {}
    for x in not_inter:
        item = np.copy(interaction) # 获取用户 user 对商品的互动信息
        for j in xrange(m): # 对每一个商品
            if item[0, j] != 0: # 利用互动过的商品预测                ②
                if x not in predict:
                    predict[x] = w[x, j] * item[0, j]                ③
                else:
                    predict[x] = predict[x] + w[x, j] * item[0, j]   ④
    # 按照预测的大小从大到小排序
    return sorted(predict.items(), key=lambda d:d[1], reverse=True) ⑤
```

在程序清单 14-4 中，函数 item_based_recommend 基于商品之间的相似性为用户 user 推荐商品。在函数 item_based_recommend 中，主要分为 3 步，即：①找到用户 user 未互动的商品，存放到 not_inter 中，如程序代码中的①所示；②利用上述公式对没有互动过的商品进行打分，在打分的过程中，首先找到对 user 互动过的商品，如程序代码中的②所示，再利用上述的打分公式对该商品打分，如程序代码中的③和④所

示；③将打分的最终结果按照降序进行排序并返回，如程序代码中的⑤所示。

14.5 利用协同过滤算法进行推荐

对于表 14.1 中的用户-商品数据，在利用协同过滤算法进行推荐时，其基本过程包括：①导入数据；②利用基于用户的协同过滤算法或者基于项的协同过滤算法进行推荐。

14.5.1 导入用户-商品数据

导入用户-商品数据的过程如程序清单 14-5 所示。

程序清单 14-5 导入用户-商品数据

```
def load_data(file_path):
    '''导入用户商品数据
    input:  file_path(string):用户商品数据存放的文件
    output: data(mat):用户商品矩阵
    '''
    f = open(file_path)
    data = []
    for line in f.readlines():
        lines = line.strip().split("\t")
        tmp = []
        for x in lines:
            if x != "-":
                tmp.append(float(x)) # 直接存储用户对商品的打分          ①
            else:
                tmp.append(0)                                          ②
        data.append(tmp)
    f.close()

    return np.mat(data)
```

在程序清单 14-5 中，函数 load_data 将用户-商品文件 file_path 中的数据导入到矩阵 data 中。在导入过程中，打过分的项转换成浮点数，如程序代码中的①所示，未打过分的项保存为 0，如程序代码中的②所示。

14.5.2 利用基于用户的协同过滤算法进行推荐

有了以上的知识储备，现在，我们利用上面实现好的函数，实现基于用户的协同过滤算法，首先，为了使得 Python 能够支持中文的注释和使用矩阵的运算，我们需要在"user_based_recommend.py"文件的开始加入：

```
# coding:UTF-8
import numpy as np
```

在基于用户的协同过滤算法中，其主函数如程序清单 14-6 所示。

程序清单 14-6 基于用户的协同过滤算法的主函数

```
if __name__ == "__main__":
    # 1.导入用户商品数据
    print "------------ 1. load data ------------"
    data = load_data("data.txt")                                    ①
    # 2.计算用户之间的相似性
    print "------------ 2. calculate similarity between users
-------------"
    w = similarity(data)                                            ②
    # 3.利用用户之间的相似性进行推荐
    print "------------ 3. predict ------------"
    predict = user_based_recommend(data, w, 0)                      ③
    # 4.进行 Top-K 推荐
    top_recom = top_k(predict, 2)                                   ④
    print top_recom
```

在程序清单 14-6 中，利用基于用户的协同过滤算法进行推荐，其基本步骤包括：①利用函数 load_data 导入用户商品数据，如程序代码中的①所示；②利用 similarity 函数计算用户之间的相似性，如程序代码中的②所示；③利用函数 user_based_recommend 对用户 user 未打分的商品进行打分，并对其排序，如程序代码中的③所示；④根据最终的打分结果为用户 user 推荐 top_k 个商品，如程序代码中的④所示。函数 top_k 为用户推荐前 k 个打分最高的商品，函数 top_k 的具体实现如程序清单 14-7 所示。

程序清单 14-7 top_k 函数

```
def top_k(predict, k):
    '''为用户推荐前 k 个商品
    input:  predict(list):排好序的商品列表
            k(int):推荐的商品个数
    output: top_recom(list):top_k 个商品
```

```
    '''
    top_recom = []
    len_result = len(predict)
    if k >= len_result:
        top_recom = predict
    else:
        for i in xrange(k):
            top_recom.append(predict[i])
    return top_recom
```

在程序清单 14-7 中，函数 top_k 为用户推荐打分最高的 k 个商品，其输入为根据打分排好序的商品列表 predict 和需要推荐的商品个数 k。

程序的运行过程如下所示：

```
------------ 1. load data ------------
------------ 2. calculate similarity between items ------------
------------ 3. predict ------------
------------ 4. top_k recommendation ------------
```

利用基于用户的协同过滤算法对 user 为 0 的用户的推荐结果为：

```
[(2, 5.1030390226883604), (4, 2.2249110640673515)]
```

由上述结果可知，user 为 0 的用户未打分的商品为 2 和 4，最终的打分是 2 号商品为 5.1 分，4 号商品为 2.22 分。

14.5.3 利用基于项的协同过滤算法进行推荐

现在，我们利用上面实现好的函数，实现基于项的协同过滤算法，首先，为了使得 Python 能够支持中文的注释和使用矩阵的运算，我们需要在 “item_based_recommend.py” 文件的开始加入：

```
# coding:UTF-8
import numpy as np
```

同时，在基于项的协同过滤算法中，我们需要使用到 “user_based_recommend.py” 文件中实现好的 load_data 函数和 similarity 函数，因此，我们需要在 “item_based_recommend.py” 文件的开始加入：

```
from user_based_recommend import load_data, similarity
```

在基于项的协同过滤算法中，其主函数如程序清单 14-8 所示。

程序清单 14-8 基于项的协同过滤算法的主函数

```
if __name__ == "__main__":
    # 1.导入用户商品数据
    print "------------ 1. load data ------------"
    data = load_data("data.txt")                                     ①
    # 将用户商品矩阵转置成商品用户矩阵
    data = data.T                                                    ②
    # 2.计算用户之间的相似性
    print "------------ 2. calculate similarity between users
------------"
    w = similarity(data)                                             ③
    # 3.利用用户之间的相似性进行推荐
    print "------------ 3. predict ------------"
    predict = item_based_recommend(data, w, 0)                       ④
    # 4.进行 Top-K 推荐
    print "------------ 4. top_k recommendation ------------"
    top_recom = top_k(predict, 2)                                    ⑤
    print top_recom
```

在程序清单 14-7 中，利用基于用户的协同过滤算法进行推荐，其基本步骤包括：①利用函数 load_data 导入用户商品数据，如程序代码中的①所示，并将其转换成商品用户矩阵，如程序代码中的②所示；②利用 similarity 函数计算商品之间的相似性，如程序代码中的③所示；③利用函数 item_based_recommend 对用户 user 进行推荐，如程序代码中的④所示；④根据最终的打分结果为用户 user 推荐 top_k 个商品，如程序代码中的⑤所示。

程序的运行过程如下所示：

```
------------ 1. load data ------------
------------ 2. calculate similarity between users ------------
------------ 3. predict ------------
------------ 4. top_k recommendation ------------
```

利用基于用户的协同过滤算法对 user 为 0 的用户的推荐结果为：

```
[(2, 5.5076045989981379), (4, 2.8186967825714824)]
```

由上述结果可知，user 为 0 的用户未打分的商品为 2 和 4，最终的打分是 2 号商品为 5.5 分，4 号商品为 2.8 分。

参考文献

[1] 项亮. 推荐系统实践[M]. 北京：人民邮电出版社. 2012.

[2] Peter Harrington. 机器学习实战[M]. 王斌，译. 北京：人民邮电出版社.2013.

[3] 刘知远. 大数据智能[M]. 北京：电子工业出版社. 2016.

[4] tirozhang. 协同过滤算法[DB/OL]. https://segmentfault.com/a/1190000004022134

15

基于矩阵分解的推荐算法

在基于用户或者基于项的协同过滤推荐算法中，基于用户与用户或者项与项之间的相关性来推荐不同的项。为了能够对指定的用户进行推荐，需要计算用户之间或者项之间的相关性，这样的过程计算量比较大，同时难以实现大数据量下的实时推荐。

基于模型的协同过滤算法有效地解决了实时推荐的问题，在基于模型的协同过滤算法中，利用历史的用户-商品数据训练得到模型，并利用该模型实现实时推荐。矩阵分解（Matrix Factorization，MF）是基于模型的协同过滤算法中的一种。

15.1 矩阵分解

假设用户-商品数据如表14.1所示，将其转换成用户—商品矩阵 $R_{m\times n}$，则 $R_{m\times n}$ 为：

$$\begin{pmatrix} 4 & 3 & - & 5 & - \\ 5 & - & 4 & 4 & - \\ 4 & - & 5 & - & 3 \\ 2 & 3 & - & 1 & - \\ - & 4 & 2 & - & 5 \end{pmatrix}$$

其中矩阵中的“-”表示的是未打分项。矩阵分解是指将一个矩阵分解成两个或者多个矩阵的乘积。对于上述的用户-商品矩阵 $R_{m\times n}$，可以将其分解成两个或者多个矩阵的乘积，假设分解成两个矩阵 $P_{m\times k}$ 和 $Q_{k\times n}$，我们要使得矩阵 $P_{m\times k}$ 和 $Q_{k\times n}$ 的乘积能

够还原原始的矩阵 $R_{m\times n}$：

$$R_{m\times n} \approx P_{m\times k} \times Q_{k\times n} = \hat{R}_{m\times n}$$

其中，矩阵 $P_{m\times k}$ 表示的是 $m\times k$ 的矩阵，而矩阵 $Q_{k\times n}$ 表示的是 $k\times n$ 的矩阵，k 是隐含的参数。

15.2 基于矩阵分解的推荐算法

矩阵分解（Matrix Factorization，MF）算法属于基于模型的协同过滤算法，在基于模型的协同过滤算法中，主要分为：①建立模型；②利用训练好的模型进行推荐。在基于矩阵分解的推荐算法中，上述的两步分别为：①对用户商品矩阵分解；②利用分解后的矩阵预测原始矩阵中的未打分项。

15.2.1 损失函数

在基于矩阵分解的推荐算法中，首先需要建立模型，即：将原始的评分矩阵 $R_{m\times n}$ 分解成两个矩阵 $P_{m\times k}$ 和 $Q_{k\times n}$ 的乘积：

$$R_{m\times n} \approx P_{m\times k} \times Q_{k\times n} = \hat{R}_{m\times n}$$

为了能够求解矩阵 $P_{m\times k}$ 和 $Q_{k\times n}$ 的每一个元素，可以利用原始的评分矩阵 $R_{m\times n}$ 与重新构建的评分矩阵 $\hat{R}_{m\times n}$ 之间的误差的平方作为损失函数，即：

$$e_{i,j}^2 = \left(r_{i,j} - \hat{r}_{i,j}\right)^2 = \left(r_{i,j} - \sum_{k=1}^{K} p_{i,k} \cdot q_{k,j}\right)^2$$

最终，需要求解所有的非“-”项的损失之和的最小值：

$$\min loss = \sum_{r_{i,j} \neq -} e_{i,j}^2$$

15.2.2 损失函数的求解

对于上述的平方损失函数的最小值，可以通过梯度下降法求解，梯度下降法的核心步骤如下所示：

- 求解损失函数的负梯度：

$$\frac{\partial}{\partial p_{i,k}} e_{i,j}^2 = -2\left(r_{i,j} - \sum_{k=1}^{K} p_{i,k} \cdot q_{k,j}\right) q_{k,j} = -2e_{i,j} q_{k,j}$$

$$\frac{\partial}{\partial q_{k,j}} e_{i,j}^2 = -2\left(r_{i,j} - \sum_{k=1}^{K} p_{i,k} \cdot q_{k,j}\right) p_{i,k} = -2e_{i,j} p_{i,k}$$

- 根据负梯度的方向更新变量：

$$p_{i,k}' = p_{i,k} - \alpha \frac{\partial}{\partial p_{i,k}} e_{i,j}^2 = p_{i,k} + 2\alpha e_{i,j} q_{k,j}$$

$$q_{k,j}' = q_{k,j} - \alpha \frac{\partial}{\partial q_{k,j}} e_{i,j}^2 = q_{k,j} + 2\alpha e_{i,j} p_{i,k}$$

通过迭代，直到算法最终收敛。

15.2.3 加入正则项的损失函数即求解方法

通常在求解的过程中，为了能够有较好的泛化能力，会在损失函数中加入正则项，以对参数进行约束，加入 L_2 正则的损失函数为：

$$e_{i,j}^2 = \left(r_{i,j} - \sum_{k=1}^{K} p_{i,k} \cdot q_{k,j}\right)^2 + \frac{\beta}{2} \sum_{k=1}^{K} \left(p_{i,k}^2 + q_{k,j}^2\right)$$

利用梯度下降法的求解过程为：

- 求解损失函数的负梯度：

$$\frac{\partial}{\partial p_{i,k}} e_{i,j}^2 = -2\left(r_{i,j} - \sum_{k=1}^{K} p_{i,k} \cdot q_{k,j}\right) q_{k,j} + \beta p_{i,k} = -2e_{i,j} q_{k,j} + \beta p_{i,k}$$

$$\frac{\partial}{\partial q_{k,j}} e_{i,j}^2 = -2\left(r_{i,j} - \sum_{k=1}^{K} p_{i,k} \cdot q_{k,j}\right) p_{i,k} + \beta q_{k,j} = -2e_{i,j} p_{i,k} + \beta q_{k,j}$$

- 根据负梯度的方向更新变量：

$$p_{i,k}' = p_{i,k} - \alpha \left(\frac{\partial}{\partial p_{i,k}} e_{i,j}^2 + \beta p_{i,k}\right) = p_{i,k} + \alpha \left(2e_{i,j} q_{k,j} - \beta p_{i,k}\right)$$

$$q_{k,j}' = q_{k,j} - \alpha\left(\frac{\partial}{\partial q_{k,j}} e_{i,j}^2 + \beta q_{k,j}\right) = q_{k,j} + \alpha\left(2e_{i,j}p_{i,k} - \beta q_{k,j}\right)$$

通过迭代，直到算法最终收敛。

现在，让我们一起利用 Python 实现矩阵分解的 gradAscent 函数，在实现矩阵分解的过程中，需要使用到矩阵的相关运算，因此需要导入 numpy 模块：

```
import numpy as np
```

进行矩阵分解的具体过程如程序清单 15-1 所示。

程序清单 15-1　矩阵分解

```
def gradAscent(dataMat, k, alpha, beta, maxCycles):
    '''利用梯度下降法对矩阵进行分解
    input:  dataMat(mat):用户商品矩阵
            k(int):分解矩阵的参数
            alpha(float):学习率
            beta(float):正则化参数
            maxCycles(int):最大迭代次数
    output: p,q(mat):分解后的矩阵
    '''
    m, n = np.shape(dataMat)
    # 1.初始化p和q
    p = np.mat(np.random.random((m, k)))                                    ①
    q = np.mat(np.random.random((k, n)))                                    ②

    # 2.开始训练
    for step in xrange(maxCycles):
        for i in xrange(m):
            for j in xrange(n):
                if dataMat[i, j] > 0:
                    error = dataMat[i, j]
                    for r in xrange(k):
                        error = error - p[i, r] * q[r, j]
                    for r in xrange(k):
                        # 梯度上升
                        p[i, r] = p[i, r] + alpha * \
                                (2 * error * q[r, j] - beta * p[i, r])③
                        q[r, j] = q[r, j] + alpha * \
                                 (2 * error * p[i, r] - beta * q[r, j]) ④

        loss = 0.0
        for i in xrange(m):
            for j in xrange(n):
```

```
                if dataMat[i, j] > 0:
                    error = 0.0
                    for r in xrange(k):
                        error = error + p[i, r] * q[r, j]
                    # 3.计算损失函数
                    loss = (dataMat[i, j] - error) * (dataMat[i, j] -
error)
                    for r in xrange(k):
                        loss = loss + beta * \
                                (p[i, r] * p[i, r] + \
                                q[r, j] * q[r, j]) / 2                ⑤

        if loss < 0.001:                                              ⑥
            break
        if step % 1000 == 0:
            print "\titer: ", step, " loss: ", loss
    return p, q
```

在程序清单 15-1 中，函数 gradAscent 将输入的用户商品矩阵 dataMat 分解成矩阵 p 和矩阵 q。函数 gradAscent 的输入为用户商品矩阵 dataMat，分解后矩阵的维数 k，梯度下降法中的学习率 alpha，正则化参数 beta 和迭代过程的最大迭代次数 maxCycles。在求解的过程中，首先初始化矩阵 p 和矩阵 q，如程序代码中的①和②所示。在训练的过程中，利用梯度下降法不断修改矩阵中的参数，如程序代码中的③和④所示。在每次迭代的过程中，需要计算损失函数的值，如程序代码中的⑤所示，当此时损失函数的值小于某个阈值时，则退出循环，如程序代码中的⑥所示。最终，函数 gradAscent 输出矩阵 p 和矩阵 q。

15.2.4　预测

利用上述的过程，我们可以得到矩阵 $P_{m\times k}$ 和 $Q_{k\times n}$，此时，模型便建立好了。在基于矩阵分解的推荐算法中需要为指定的用户进行推荐其未打分的项，若要计算用户 i 对商品 j 的打分，则计算的方法为：

$$\sum_{k=1}^{K} p_{i,k} q_{k,j}$$

为用户 user 预测的具体实现如程序清单 15-2 所示。

程序清单 15-2　为用户 user 进行推荐

```
def prediction(dataMatrix, p, q, user):
```

```
    '''为用户 user 未互动的项打分
    input:  dataMatrix(mat):原始用户商品矩阵
            p(mat):分解后的矩阵 p
            q(mat):分解后的矩阵 q
            user(int):用户的 id
    output: predict(list):推荐列表
    '''
    n = np.shape(dataMatrix)[1]
    predict = {}
    for j in xrange(n):
        if dataMatrix[user, j] == 0:
            predict[j] = (p[user,] * q[:,j])[0,0]

    # 按照打分从大到小排序
    return sorted(predict.items(), key=lambda d:d[1], reverse=True)
```

在程序清单 15-2 中，函数 prediction 为用户 user 未打分的项打分，并返回按照打分降序排列的推荐列表。

15.3 利用矩阵分解进行推荐

15.3.1 利用梯度下降对用户商品矩阵分解和预测

有了以上的理论分析，现在，我们一起实现矩阵分解和预测的整个过程，首先，在整个计算过程中，我们需要用到矩阵的相关运算，同时，为了使得 Python 能够支持中文注释，我们在“mf.py”文件开始加入：

```
# coding:UTF-8
import numpy as np
```

在利用基于矩阵分解的推荐算法的过程中，其主函数如程序清单 15-3 所示。

程序清单 15-3　主函数

```
if __name__ == "__main__":
    # 1.导入用户商品矩阵
    print "----------- 1.load data -----------"
    dataMatrix = load_data("data.txt")                          ①
    # 2.利用梯度下降法对矩阵进行分解
    print "----------- 2.training -----------"
    p, q = gradAscent(dataMatrix, 5, 0.0002, 0.02, 5000)        ②
    # 3.保存分解后的结果
    print "----------- 3.save decompose -----------"
```

```
    save_file("p", p)                                                    ③
    save_file("q", q)                                                    ④
    # 4.预测
    print "----------- 4.prediction -----------"
    predict = prediction(dataMatrix, p, q, 0)                            ⑤
    # 5.进行 Top-K 推荐
    print "----------- 5.top_k recommendation ------------"
    top_recom = top_k(predict, 2)                                        ⑥
    print top_recom
```

在主函数中，为了实现对用户商品矩阵的分解和预测，主要的步骤为：①导入用户商品矩阵，如程序代码中的①所示，函数 load_data 的具体形式如程序清单 15-4 所示；②利用梯度下降法对用户商品矩阵进行分解，如程序代码中的②所示，函数 gradAscent 的具体形式如程序清单 15-1 所示，在得到分解后的矩阵 p 和矩阵 q 后，保存这两个矩阵，如程序代码中的③和④所示，函数 save_file 的具体形式如程序清单 15-5 所示；③为用户 user 进行打分，得到按照打分降序的推荐列表 predict，如程序代码中的⑤所示，函数 prediction 的具体实现如程序清单 15-2 所示；④从推荐列表 predict 中得到 top_k 推荐，如程序代码中的⑥所示，函数 top_k 的具体实现如程序清单 15-6 所示。

程序清单 15-4　导入数据

```
def load_data(path):
    '''导入数据
    input:  path(string):用户商品矩阵存储的位置
    output: data(mat):用户商品矩阵
    '''
    f = open(path)
    data = []
    for line in f.readlines():
        arr = []
        lines = line.strip().split("\t")
        for x in lines:
            if x != "-":
                arr.append(float(x))
            else:
                arr.append(float(0))                                     ①
        data.append(arr)
    f.close()
    return np.mat(data)
```

在程序清单 15-4 中，load_data 函数将用户商品数据导入到矩阵中，在数据中存在没有打分的项，如表 15.1 所示的“-”，在导入矩阵的过程中，用 0 代替，如程序代码中的①所示。

程序清单 15-5　保存结果

```
def save_file(file_name, source):
    '''保存结果
    input:  file_name(string):需要保存的文件名
            source(mat):需要保存的文件
    '''
    f = open(file_name, "w")
    m, n = np.shape(source)
    for i in xrange(m):
        tmp = []
        for j in xrange(n):
            tmp.append(str(source[i, j]))
        f.write("\t".join(tmp) + "\n")
    f.close()
```

在程序清单 15-5 中，save_file 函数将 source 中的结果保存到 file_name 指定的文件中。

程序清单 15-6　top_k 推荐

```
def top_k(predict, k):
    '''为用户推荐前 k 个商品
    input:  predict(list):排好序的商品列表
            k(int):推荐的商品个数
    output: top_recom(list):top_k 个商品
    '''
    top_recom = []
    len_result = len(predict)
    if k >= len_result:
        top_recom = predict
    else:
        for i in xrange(k):
            top_recom.append(predict[i])
    return top_recom
```

在 top_k 函数中，从排好序的商品列表 predict 中选择前 k 个作为最终的推荐结果。

15.3.2　最终的结果

在利用梯度下降法对矩阵进行分解和预测的过程中，其运行的过程如下所示：

```
----------- 1.load data -----------
----------- 2.training -----------
     iter: 0 loss: 15.8342190551
     iter: 1000 loss: 1.07081348763
     iter: 2000 loss: 0.313547114853
     iter: 3000 loss: 0.111601543135
     iter: 4000 loss: 0.10128631998
----------- 3.save decompose -----------
----------- 4.prediction -----------
----------- 5.top_k recommendation ------------
```

最终分解后的矩阵 p 为：

$$\begin{bmatrix} 1.7319578802 & 0.521561140317 & 0.224567786244 & 0.767722768969 & 1.32260961126 \\ 1.13528838866 & 0.916276651197 & 1.09332565343 & 1.38501807016 & 0.639793883899 \\ 0.794600091449 & 0.972716868264 & 0.437375400105 & 1.02431380752 & 1.60869308501 \\ -0.222680357992 & 0.555264328567 & 0.954315379203 & 0.637663841858 & 0.433019099794 \\ 1.07647265823 & -0.241308745032 & 1.59303220392 & 1.09490481672 & 0.18867195357 \end{bmatrix}$$

矩阵 q 为：

$$\begin{bmatrix} 1.07014599995 & 0.179289206635 & 0.611153666206 & 1.62328029297 & 1.23531738141 \\ 0.573737090469 & 0.691317875071 & 1.00322661601 & 0.387272913236 & -0.12203468051 \\ 1.1195850386 & 1.43911435329 & 0.203241119072 & 0.223513943382 & 1.57142226097 \\ 1.06408320477 & 1.43126096417 & 0.871131853485 & 0.727923263883 & 0.965684817755 \\ 0.639212558605 & 0.673099995875 & 1.55577947354 & 0.976459449455 & 0.284219074409 \end{bmatrix}$$

其中，利用分解后的矩阵 p 和矩阵 q 为用户 user 推荐的结果为：

[(2, 4.3538544776255756), (4, 3.5460490463095287)]

该推荐结果表示的是用户可能会对 2 号商品的打分为 4.3538544776255756 分，首先为用户推荐 2 号商品。

15.4 非负矩阵分解

通常在矩阵分解的过程中，需要分解后的矩阵的每一项都是非负的，即：

$$P_{m\times k} \geq 0$$

$$Q_{k\times n} \geq 0$$

这便是非负矩阵分解（Non-negtive Matrix Factorization, NMF）的来源。

15.4.1 非负矩阵分解的形式化定义

上面简单介绍了非负矩阵分解的基本含义，非负矩阵分解是在矩阵分解的基础上对分解完成的矩阵加上非负的限制条件，即对用户-商品矩阵 $R_{m\times n}$，找到两个矩阵 $P_{m\times k}$ 和 $Q_{k\times n}$，使得：

$$R_{m\times n} \approx P_{m\times k} \times Q_{k\times n} = \hat{R}_{m\times n}$$

同时要求：

$$P_{m\times k} \geq 0$$

$$Q_{k\times n} \geq 0$$

15.4.2 损失函数

为了能够定量比较矩阵 $R_{m\times n}$ 和矩阵 $\hat{R}_{m\times n}$ 的近似程度，除了上述的平方损失函数，还可以使用 KL 散度：

$$D\left(A\|B\right)=\sum_{i,j}\left(A_{i,j}\log\frac{A_{i,j}}{B_{i,j}}-A_{i,j}+B_{i,j}\right)$$

其中，在 KL 散度的定义中，$D\left(A\|B\right)\geq 0$，当且仅当 $A=B$ 时，取等号。

当定义好损失函数后，需要求解的问题就变成了如下的形式：

- $\min imize \left\|R-PQ\right\|^2 \ s.t.\ P\geq 0, Q\geq 0$
- $\min imize\ D\left(R\|PQ\right)\ s.t.\ P\geq 0, Q\geq 0$

15.4.3 优化问题的求解

为了保证在求解的过程中 $P\geq 0, Q\geq 0$，可以使用乘法更新规则（Multiplicative Update Rules），具体的操作如下：

对于平方距离的损失函数：

$$P_{i,k} = P_{i,k} \frac{\left(RQ^T\right)_{i,k}}{\left(PQQ^T\right)_{i,k}}$$

$$Q_{k,j} = Q_{k,j} \frac{\left(P^T R\right)_{k,j}}{\left(P^T PQ\right)_{k,j}}$$

对于 KL 散度的损失函数：

$$P_{i,k} = P_{i,k} \frac{\sum_u Q_{k,u} \frac{R_{i,u}}{(PQ)_{i,u}}}{\sum_v Q_{k,v}}$$

$$Q_{k,j} = Q_{k,j} \frac{\sum_u P_{u,k} \frac{R_{u,j}}{(PQ)_{u,j}}}{\sum_v P_{v,k}}$$

上述的乘法规则主要是为了在计算的过程中保证非负，而基于梯度下降的方法中，加减运算无法保证非负，其实上述的乘法更新规则与基于梯度下降的算法是等价的，下面以平方距离为损失函数说明上述过程的等价性。

平方损失函数可以写成：

$$l = \sum_{i=1}^{m} \sum_{j=1}^{n} \left[R_{i,j} - \left(\sum_{r=1}^{k} P_{i,r} \cdot Q_{r,j} \right) \right]^2$$

使用损失函数对 $Q_{r,j}$ 求偏导数：

$$\frac{\partial l}{\partial Q_{r,j}} = \sum_{i=1}^{m} \sum_{j=1}^{n} \left[2\left(R_{i,j} - \left(\sum_{r=1}^{k} P_{i,r} \cdot Q_{r,j} \right) \right) \cdot \left(-Q_{r,j}\right) \right]$$
$$= -2\left[\left(P^T R\right)_{r,j} - \left(P^T PQ\right)_{r,j} \right]$$

则按照梯度下降法的思路：

$$Q_{r,j} = Q_{r,j} - \eta_{r,j} \frac{\partial l}{\partial Q_{r,j}}$$

即：

$$Q_{r,j} = Q_{r,j} + \eta_{r,j} \left[\left(P^T R\right)_{r,j} - \left(P^T PQ\right)_{r,j} \right]$$

令$\eta_{r,j}=\frac{Q_{r,j}}{\left(P^TPQ\right)_{r,j}}$，即可以得到上述的乘法更新规则的形式。训练的过程如程序清单 15-7 所示。

程序清单 15-7　非负矩阵分解

```
def train(V, r, maxCycles, e):
    '''非负矩阵分解
    input:  V(mat):评分矩阵
            r(int):分解后矩阵的维数
            maxCycles(int):最大的迭代次数
            e(float):误差
    output: W,H(mat):分解后的矩阵
    '''
    m, n = np.shape(V)
    # 1.初始化矩阵
    W = np.mat(np.random.random((m, r)))                         ①
    H = np.mat(np.random.random((r, n)))                         ②

    # 2.非负矩阵分解
    for step in xrange(maxCycles):
        V_pre = W * H
        E = V - V_pre
        err = 0.0
        for i in xrange(m):
            for j in xrange(n):
                err += E[i, j] * E[i, j]

        if err < e:
            break
        if step % 1000 == 0:
            print "\titer: ", step, " loss: " , err

        a = W.T * V
        b = W.T * W * H
        for i_1 in xrange(r):
            for j_1 in xrange(n):
                if b[i_1, j_1] != 0:
                    H[i_1, j_1] = H[i_1, j_1] * \
                                  a[i_1, j_1] / b[i_1, j_1]       ③

        c = V * H.T
        d = W * H * H.T
        for i_2 in xrange(m):
            for j_2 in xrange(r):
```

```
            if d[i_2, j_2] != 0:
                W[i_2, j_2] = W[i_2, j_2] * \
                              c[i_2, j_2] / d[i_2, j_2]        ④

    return W, H
```

在程序清单 15-7 中，函数 train 实现了非负矩阵的分解，函数 train 的输入为用户评分矩阵 V、分解后矩阵的维数 r、最大的迭代次数 maxCycles 和误差 e，函数 train 的输出为分解后的矩阵 W 和 H。在函数非负矩阵的分解过程中，首先是初始化分解后的矩阵 W 和 H，如程序代码中的①和②所示。在完成初始化后，利用乘法规则对其进行训练，具体训练的过程如程序代码中的③和④所示。

15.5 利用非负矩阵分解进行推荐

15.5.1 利用乘法规则进行分解和预测

在利用乘法规则进行非负矩阵分解的过程中，需要使用的头文件如程序清单 15-8 所示。

程序清单 15-8 头文件

```
# coding:UTF-8
import numpy as np
from mf import load_data, save_file, prediction, top_k              ①
```

在程序清单 15-8 中，需要用到矩阵分解程序中的 load_data 函数和 save_file 函数，如程序代码中的①所示。函数 load_data 导入用户商品矩阵，其具体实现如程序清单 15-4 所示，函数 save_file 将最终的结果保存到对应的文件中，其具体实现如程序清单 15-5 所示，函数 prediction 通过分解后的矩阵得到指定用户的推荐列表，其具体实现如程序清单 15-2 所示，函数 top_k 根据计算出的推荐列表选择前 k 个作为最终的推荐结果，其具体实现如程序清单 15-6 所示。

非负矩阵分解的主函数如程序清单 15-9 所示。

程序清单 15-9 非负分解主函数

```
if __name__ == "__main__":
    # 1.导入用户商品矩阵
    print "----------- 1.load data -----------"
    V = load_data("data.txt")                                       ①
```

```
    # 2.非负矩阵分解
    print "----------- 2.training -----------"
    W, H = train(V, 5, 10000, 1e-5)                                     ②
    # 3.保存分解后的结果
    print "----------- 3.save decompose -----------"
    save_file("W", W)                                                   ③
    save_file("H", H)                                                   ④
    # 4.预测
    print "----------- 4.prediction -----------"
    predict = prediction(V, W, H, 0)                                    ⑤
    # 进行 Top-K 推荐
    print "----------- 5.top_k recommendation ------------"
    top_recom = top_k(predict, 2)                                       ⑥
    print top_recom
```

在主函数中，为了实现对用户商品矩阵的非负矩阵分解和预测，主要的步骤为：①导入用户商品矩阵，如程序代码中的①所示，函数 load_data 的具体形式如程序清单 15-4 所示；②利用乘法规则对用户商品矩阵进行非负矩阵分解，如程序代码中的②所示，函数 train 的具体形式如程序清单 15-7 所示，在得到分解后的矩阵 W 和矩阵 H 后，保存这两个矩阵，如程序代码中的③和④所示，函数 save_file 的具体形式如程序清单 15-5 所示；③对指定的用户计算其推荐列表，如程序代码中的⑤所示，函数 prediction 的具体实现如程序清单 15-2 所示；④根据推荐列表 prediction 得到 top_k 的推荐结果，如程序代码中的⑥所示，函数 top_k 的具体实现如程序清单 15-6 所示。

15.5.2 最终的结果

利用非负矩阵分解对用户商品矩阵分解的过程中，其运行的过程如下所示：

```
----------- 1.load data -----------
----------- 2.training -----------
  iter:  0  loss:  115.098546235
  iter:  1000  loss:  0.00064455976108
  iter:  2000  loss:  0.000164096641142
  iter:  3000  loss:  7.35323492502e-05
  iter:  4000  loss:  4.15563893907e-05
  iter:  5000  loss:  2.66776812695e-05
  iter:  6000  loss:  1.85664539453e-05
  iter:  7000  loss:  1.36628973378e-05
  iter:  8000  loss:  1.0473967908e-05
----------- 3.save decompose -----------
----------- 4.prediction -----------
----------- 5.top_k recommendation ------------
```

最终分解后的矩阵 W 为：

$$\begin{bmatrix} 8.32222041426e\text{-}12 & 0.000650106847043 & 0.0452525058593 & 2.60002944732e\text{-}08 & 2.32938949935 \\ 0.00152004529919 & 2.11830149367 & 4.85232618238e\text{-}14 & 2.8653362351e\text{-}46 & 0.00131795869044 \\ 2.78537538684 & 0.000633208578808 & 2.83996727561e\text{-}10 & 0.000385917093998 & 2.29911521061e\text{-}13 \\ 3.07489431175e\text{-}10 & 0.000157537452968 & 1.36165770021 & 6.88381277375e\text{-}05 & 0.465847446444 \\ 4.84734900112e\text{-}05 & 1.36894538621e\text{-}17 & 0.000989519285596 & 1.99792100985 & 1.68900527575e\text{-}08 \end{bmatrix}$$

矩阵 H 为：

$$\begin{bmatrix} 1.43553603268 & 0.0 & 1.79452253736 & 5.23709584592e\text{-}322 & 1.07670706778 \\ 2.35829416243 & 0.0 & 1.88701737284 & 1.88696993369 & 0.0 \\ 0.887165383852 & 1.77427770499 & 3.89817794569e\text{-}321 & 1.01218516295e\text{-}05 & 5.68655371717e\text{-}185 \\ 0.0 & 2.00120223857 & 1.00099703967 & 3.40786810643e\text{-}172 & 2.50257534823 \\ 1.69929525968 & 1.2534222622 & 5.92878775009e\text{-}322 & 2.14595835986 & 0.0 \end{bmatrix}$$

其中，利用分解后的矩阵 W 和矩阵 H 为用户 user 推荐的结果为：

```
[(2, 0.0012267889557268962), (4, 6.5076656588989314e-08)]
```

参考文献

[1] 刘知远. 大数据智能[M]. 北京：电子工业出版社.2016.

[2] 项亮. 推荐系统实践[M]. 北京：人民邮电出版社.2012.

[3] Lee D D, Seung H S. Algorithms for Non-negative Matrix Factorization[C]// NIPS. 2001:556--562.

[4] winone361. 基于矩阵分解的推荐算法[DB/OL]. http://blog.csdn.net/winone361/article/details/50705752

[5] tuicool. 基于矩阵分解的推荐算法，简单入门 – kobeshow[DB/OL]. http://www.tuicool.com/articles/BnEJ7n

16

基于图的推荐算法

在推荐系统中，用户-商品数据可以转换成用户-商品矩阵的存储形式，利用前两章的协同过滤算法或者基于矩阵分解的方法为实现推荐的功能。同时，用户-商品数据可以转换成二部图的存储形式，其中，在转化后的用户-商品二部图中，两个子集 V_1 和 V_2 分别为用户节点的集合和商品节点的集合。

PersonalRank 算法是计算图中节点相对于某个节点的重要性的算法，利用 PersonalRank 算法可以计算所有其他节点相对于用户（user）节点的重要性，从而实现为用户（user）推荐。

16.1　二部图与推荐算法

16.1.1　二部图

在许多实际问题中常用到二部图，常见的二部图如图 16.1 所示。

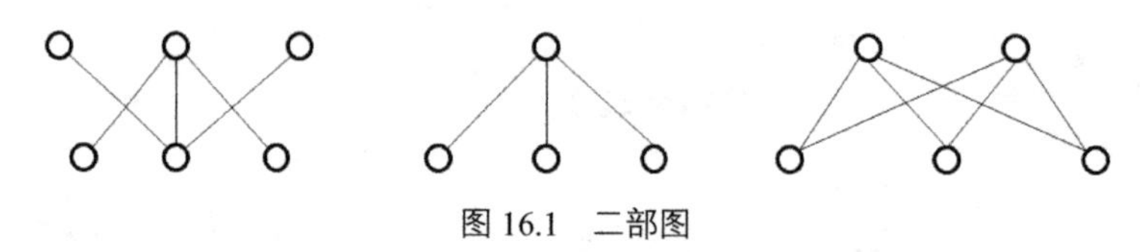

图 16.1　二部图

二部图是无向图的一种，若无向图 $G=\langle V,E\rangle$ 中，其中，V 是无向图中顶点的集合，E 是无向图中边的集合。在无向图 G 中，边的集合 V 可以分成两个子集 V_1 和 V_2，且满足：

- $V = V_1 \cup V_2$，$V_1 \cap V_2 = \varnothing$
- $\forall e = (u,v) \in E$，均有 $u \in V_1, v \in V_2$

则称无向图 G 为二部图（Bipartite Graph），V_1 和 V_2 称为互补顶点子集。特别的，如果 V_1 中的每个顶点都与 V_2 中的所有顶点邻接，则称 G 为完全二部图（Complete Bipartite Graph）。

16.1.2 由用户商品矩阵到二部图

在推荐算法中，通常利用用户的行为，如用户对商品的打分，如表 16.1 所示。

表 16.1 用户-商品数据

	D_1	D_2	D_3	D_4	D_5
U_1	4	3	-	5	-
U_2	5	-	4	4	-
U_3	4	-	5	-	3
U_4	2	3	-	1	-
U_5	-	4	2	-	5

其中，用户 U 对商品 D 的打分范围为：$\{1,2,\cdots,5\}$，“-”表示的是未打分。在基于协同过滤的推荐算法中，通常将上述的用户-商品数据转换成如下所示的用户-商品矩阵：

$$\begin{pmatrix} 4 & 3 & 0 & 5 & 0 \\ 5 & 0 & 4 & 4 & 0 \\ 4 & 0 & 5 & 0 & 3 \\ 2 & 3 & 0 & 1 & 0 \\ 0 & 4 & 2 & 0 & 5 \end{pmatrix}$$

其中，未打分的项“-”用 0 表示。

对于表 16.1 中的用户-商品数据，可以由上述的二部图表示，表示的形式如图 16.2 所示。

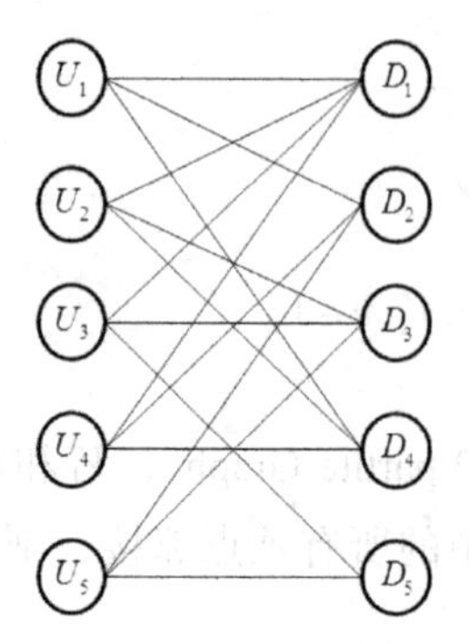

图 16.2　用户商品的二部图表示

在图 16.2 所示的二部图中，左侧是用户节点的集合$\{U_1,U_2,\cdots,U_5\}$，右侧是商品节点的集合$\{D_1,D_2,\cdots,D_5\}$。用户节点U_i和商品节点D_j之间的边表示的是用户U_i对商品D_j有过打分行为。

在推荐系统中，其最终的目的是为用户U_i推荐相关的商品，此时，对于用户U_i，需要计算商品列表$\{D_1,D_2,\cdots,D_5\}$中的商品对其重要性程度，并根据重要性程度生成最终的推荐列表。PageRank 算法是用于处理图上的重要性排名的算法。

16.2 PageRank 算法

16.2.1 PageRank 算法的概念

PageRank 算法，即网页排名算法，是由佩奇和布林在 1997 年提出来的链接分析算法。PageRank 是用来标识网页的等级、重要性的一种方法，是衡量一个网页的重要指标。PageRank 算法在谷歌的搜索引擎中对网页质量的评价起到了重要的作用，在 PageRank 算法提出之前，已经有人提出使用网页的入链数量进行链接分析，但是 PageRank 算法除了考虑入链数量之外，还参考了网页质量因素，通过组合入链数量和网页质量因素两个指标，使得网页重要性的评价更加准确。

在搜索引擎中，有些网页为了使得自己的的排名能够靠前，想出了很多的方法来作弊，这样的作弊被称为链接作弊（Link Spam）。简单来讲，对于上述的仅考虑入链数量的网页级别算法，有人为了使自己的网页（称为网页 A）的级别更高，便做了很多的网页以使得这些网页都指向网页 A，这样网页 A 的入链数量就会变得很多，自然，网页 A 的网页级别就会变得很高，但是这样的网页 A 的高级别只是所有者作弊的结果，并不等价于网页的质量就很好。

PageRank 算法可以避免这样的情况，因为 PageRank 值同时考虑了入链数量和网页质量，入链数量之前已经说了，然而，对于自己作弊生成的指向网页 A 的网页质量本身就很低，这样综合的结果是网页 A 的网页质量也不会变得很高，这样 PageRank 算法就对网页质量的评价起到了很好的效果。网页的链接分析可以抽象成图模型，如图 16.3 所示。

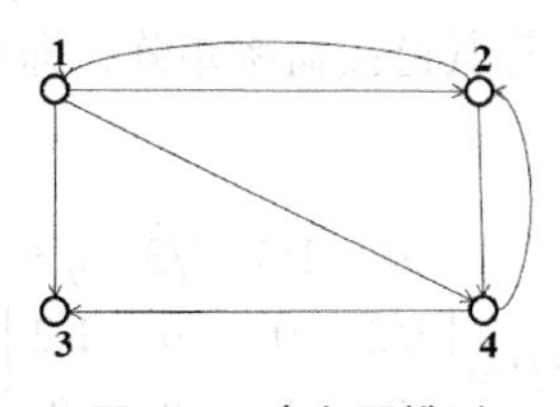

图 16.3 有向图模型

在上图中，链接关系分别为：1-->2，1-->3，1-->4，2-->1，2-->4，4-->2，4-->3。

16.2.2 PageRank 的两个假设

对于某个网页的 PageRank 的计算是基于以下两个假设：

- 数量假设。在 Web 图模型中，如果一个页面节点接收到的其他网页指向的链接数量越多，那么这个页面就越重要。即：链接到网页 A 的链接数越多，网页 A 越重要。
- 质量假设。指向页面 A 的入链的质量不同，质量高的页面会通过链接向其他的页面传递更多的权重，所以越是质量高的页面指向页面 A，则页面 A 越重要。即：链接到网页 A 的原网页越重要，则网页 A 也会越重要。

数量假设，简单来讲就是在互联网中，如果一个网页接收到的其他的网页指向的入链数量越多，那么这个页面就越重要。质量假设，简单来讲就是在互联网中，对于一个页面，越是质量高的网页指向该页面，则该页面越重要。PageRank 算法很好地组合了这两个假设，使得对网页的重要性评价变得更加准确。

16.2.3 PageRank 的计算方法

利用 PageRank 算法计算节点的过程分别为：①将有向图转换成图的邻接矩阵 M；②计算出链接概率矩阵；③计算概率转移矩阵；④修改概率转移矩阵；⑤迭代求解 PageRank 值。对于图 16.3 中的有向图模型，其邻接矩阵为：

$$M=\begin{pmatrix}0 & 1 & 1 & 1\\1 & 0 & 0 & 1\\0 & 0 & 0 & 0\\0 & 1 & 1 & 0\end{pmatrix}$$

其中，邻接矩阵 M 中的每一行代表的是每个节点的出链。

对上述的邻接矩阵 M，计算其链接概率矩阵，即对出链进行归一化，得到链接概率矩阵 M'：

$$M'=\begin{pmatrix}0 & 1/3 & 1/3 & 1/3\\1/2 & 0 & 0 & 1/2\\0 & 0 & 0 & 0\\0 & 1/2 & 1/2 & 0\end{pmatrix}$$

这样，即表示有多少概率链接到其他的点，如从节点 1 分别以概率1/3链接到节点 2、节点 3 和节点 4。对上述的网页链接概率矩阵 M' 求转置，即可得到概率转移矩阵 P：

$$P=\begin{pmatrix}0 & 1/2 & 0 & 0\\1/3 & 0 & 0 & 1/2\\1/3 & 0 & 0 & 1/2\\1/3 & 1/2 & 0 & 0\end{pmatrix}$$

概率转移矩阵 P 可以描述一个用户在网上的下一步的访问行为。若此时初始化用户对每一个网页节点的访问概率相等，即：

$$v=\begin{pmatrix}1/4\\1/4\\1/4\\1/4\end{pmatrix}$$

则当该用户下一次访问各节点的概率为：

$$v'=Pv$$

但是，此时存在这样的一个问题，一个用户不可能一直按照链接进行操作，有时会重新进入新的页面，即以一定的概率按照转移概率浏览网页节点。在上述转移矩阵中加入跳出当前链接的概率 α，此时转移矩阵变为：

$$A=\alpha\times\begin{pmatrix}0 & 1/2 & 0 & 0\\1/3 & 0 & 0 & 1/2\\1/3 & 0 & 0 & 1/2\\1/3 & 1/2 & 0 & 0\end{pmatrix}+(1-\alpha)\times\begin{pmatrix}1/4 & 1/4 & 1/4 & 1/4\\1/4 & 1/4 & 1/4 & 1/4\\1/4 & 1/4 & 1/4 & 1/4\\1/4 & 1/4 & 1/4 & 1/4\end{pmatrix}$$

通常取 $\alpha=0.85$。最终通过迭代公式：

$$v'=Av$$

求解 PageRank 值，当 v' 和 v 的误差在一定的范围内，即为最终的 PageRank 值。对于如图 16.3 所示的网络结构，最终的 PageRank 值为：

$$\begin{matrix}0.32456139\\0.2251462\\0.2251462\\0.2251462\end{matrix}$$

对于上述的 PageRank 算法，其计算公式可以表示为：

$$PR(i)=\alpha\sum_{j\in in(i)}\frac{PR(j)}{|out(j)|}+\frac{1-\alpha}{N}$$

其中，$PR(i)$ 表示的是图中 i 节点的 PageRank 值，α 表示转移概率，N 表示的是网页的总数，$in(i)$ 表示的是指向网页 i 的网页集合，$out(j)$ 表示的是网页 j 指向的网页集合。

16.3 PersonalRank 算法

16.3.1 PersonalRank 算法原理

在 PageRank 算法中，计算出的 PR 值是每个节点相对于全局的重要性程度，而在推荐问题中，我们希望求解的是所有的商品节点相对于某个用户节点的重要性程度，如在图 16.2 所示的用户-商品二部图中，当需要为用户 U_1 推荐时，需要计算的是所有的商品节点 D_j 相对于用户 U_1 的重要性，而不是每一个节点相对于全局的重要性。

PersonalRank 算法为 PageRank 算法的变形形式，用于计算所有的商品节点 D_j 相对于某个用户节点 U 的重要性程度。假设用户为 U_1，则从节点 U_1 开始在用户-商品二部图中游走，游走到任意一个节点时，与 PageRank 算法一样，会按照一定的概率选择停止游走或者继续游走。假设选择继续游走，则以当前的节点作为新的出发点，重复以上的游走过程，直到每个节点的访问概率不再变化为止。

16.3.2 PersonalRank 算法的流程

PersonalRank 算法对通过连接的边为每个节点打分，在 PersonalRank 算法中，不区分用户和商品，因此上述的计算用户 U_1 对所有的商品的感兴趣的程度，就变成了对用户 U_1 计算各个节点 $U_2,\cdots,U_5,D_1,\cdots,D_5$ 的重要程度。PersonalRank 算法的具体过程如下（对用户 U_1 来说）:

- 初始化:

$$PR(U_1)=1,PR(U_2)=0,\cdots,PR(U_5)=0,PR(D_1)=0,\cdots,PR(D_5)=0$$

- 开始在图上游走，每次选择 PR 值不为 0 的节点开始，沿着边往前的概率为 α，停在当前点的概率为 $1-\alpha$；
- 首先从 U_1 开始，从 U_1 到 D_1、D_2 和 D_4 的概率为 $\frac{1}{3}$，则此时 D_1、D_2 和 D_4 的 PR 值为：$PR(D_1)=PR(D_2)=PR(D_4)=\alpha\times PR(U_1)\times\frac{1}{3}$，$U_1$ 的 PR 值变成了 $1-\alpha$。
- 此时 PR 值不为 0 的节点为 U_1、D_1、D_2、D_4，则此时从这三点出发，继续上述的过程，直到收敛为止。

由此，可以得出以下的 PR 计算方法：

$$PR(i)=(1-\alpha)r_i+\alpha\sum_{j\in in(i)}\frac{PR(j)}{|out(j)|}$$

其中，r_i 为：

$$r_i=\begin{cases}1 & i=u\\0 & i\neq u\end{cases}$$

现在，让我们一起利用 Python 实现 PersonalRank 算法的过程，在计算过程中，我们需要用到矩阵的相关计算，因此需要导入 numpy 模块：

```
import numpy as np
```

PersonalRank 算法的具体过程如程序清单 16-1 所示。

程序清单 16-1 PersonalRank 算法过程

```
def PersonalRank(data_dict, alpha, user, maxCycles):
    '''利用 PersonalRank 打分
    input:  data_dict(dict):用户-商品的二部图表示
            alpha(float):概率
            user(string):指定用户
            maxCycles(int):最大的迭代次数
    output: rank(dict):打分的列表
    '''
    # 1.初始化打分
    rank = {}
    for x in data_dict.keys():
        rank[x] = 0
    rank[user] = 1 # 从 user 开始游走                                    ①

    # 2.迭代
    step = 0
    while step < maxCycles:
        tmp = {}
        for x in data_dict.keys():
            tmp[x] = 0

        for i, ri in data_dict.items():
            for j in ri.keys():
                if j not in tmp:
                    tmp[j] = 0
                tmp[j] += alpha * rank[i] / (1.0 * len(ri))          ②
                if j == user:
                    tmp[j] += (1 - alpha)                             ③
        # 判断是否收敛
        check = []
        for k in tmp.keys():
            check.append(tmp[k] - rank[k])
        if sum(check) <= 0.0001:
            break
        rank = tmp
        if step % 20 == 0:
            print "iter: ", step
        step = step + 1
    return rank
```

在程序清单 16-1 中，函数 PersonalRank 是 PersonalRank 算法的核心部分，在函数 PersonalRank 中，首先初始化 rank，并将 user 的 rank 值标记为 1，表示从 user 节点开始游走，如程序代码中的①所示；在初始化完成后，根据上述的公式开始迭代求解，求解的具体过程如程序代码中的②和③所示。

16.4 利用 PersonalRank 算法进行推荐

16.4.1 利用 PersonalRank 算法进行推荐

有了以上的知识储备，现在，我们一起实现 PersonalRank 算法的推荐过程，首先，为了能够使用矩阵的相关函数，同时，为了使得 Python 能够支持中文的注释，因此，在“personal_rank.py”文件中加入：

```
# coding=utf-8
import numpy as np
```

在利用 PersonalRank 算法对用户 U_1 进行推荐时，其主函数如程序清单 16-2 所示。

程序清单 16-2 PersonalRank 推荐的主函数

```
if __name__ == "__main__":
    # 1.导入用户商品矩阵
    print "------------ 1.load data -------------"
    dataMat = load_data("data.txt")                                  ①
    # 2.将用户商品矩阵转换成邻接表的存储
    print "------------ 2.generate dict --------------"
    data_dict = generate_dict(dataMat)                               ②
    # 3.利用 PersonalRank 计算
    print "------------ 3.PersonalRank --------------"
    rank = PersonalRank(data_dict, 0.85, "U_0", 500)                 ③
    # 4.根据 rank 结果进行商品推荐
    print "------------ 4.recommend -------------"
    result = recommend(data_dict, rank, "U_0")                       ④
    print result
```

在主函数中，利用 PersonalRank 进行推荐时，主要的步骤为：①导入用户-商品数据，如程序代码中的①所示，函数 load_data 的具体实现如程序清单 16-3 所示；②将用户-商品矩阵转换成二部图的表示，如程序代码中的②所示，函数 generate_dict 的具体实现如程序清单 16-4 所示；③利用 PersonalRank 算法计算出打分列表，如程序代码中的③所示，函数 PersonalRank 的具体实现如程序清单 16-1 所示；④根据打分列表，得到最终的推荐列表，如程序代码中的④所示，函数 recommend 的具体实现如程序清单 16-5 所示。

程序清单 16-3 load_data 函数

```
def load_data(file_path):
    '''导入用户商品数据
    input:  file_path(string):用户商品数据存储的文件
    output: data(mat):用户商品矩阵
    '''
    f = open(file_path)
    data = []
    for line in f.readlines():
        lines = line.strip().split("\t")
        tmp = []
        for x in lines:
            if x != "-":
                tmp.append(1) # 打过分记为1
            else:
                tmp.append(0) # 未打分记为0
        data.append(tmp)
    f.close()
    return np.mat(data)
```

在程序清单 16-3 中，函数 load_data 主要是导入用户-商品数据，在导入的过程中，对于未打分的项"-"，标记为 0。

程序清单 16-4 generate_dict 函数

```
def generate_dict(dataTmp):
    '''将用户-商品矩阵转换成二部图的表示
    input:  dataTmp(mat):用户商品矩阵
    output: data_dict(dict):图的表示
    '''
    m, n = np.shape(dataTmp)

    data_dict = {}
    # 对每一个用户生成节点
    for i in xrange(m):
        tmp_dict = {}
        for j in xrange(n):
            if dataTmp[i, j] != 0:
                tmp_dict["D_" + str(j)] = dataTmp[i, j]
        data_dict["U_" + str(i)] = tmp_dict

    # 对每一个商品生成节点
    for j in xrange(n):
        tmp_dict = {}
        for i in xrange(m):
```

```
            if dataTmp[i, j] != 0:
                tmp_dict["U_" + str(i)] = dataTmp[i, j]
        data_dict["D_" + str(j)] = tmp_dict
    return data_dict
```

在程序清单 16-4 中，函数 generate_dict 将用户-商品矩阵转换成用户-商品的二部图表示。在用户-商品矩阵中，行表示用户，列表示商品，在转换的过程中，为了区分用户节点和商品节点，以“U_”表示用户节点，以“D_”表示商品节点，如“U_0”表示第 1 个用户。

程序清单 16-5　recommend 函数

```
def recommend(data_dict, rank, user):
    '''得到最终的推荐列表
    input:  data_dict(dict):用户-商品的二部图表示
            rank(dict):打分的结果
            user(string):用户
    output: result(dict):推荐结果
    '''
    items_dict = {}
    # 1.用户 user 已打过分的项
    items = []                                                    ①
    for k in data_dict[user].keys():
        items.append(k)

    # 2.从 rank 取出商品的打分
    for k in rank.keys():
        if k.startswith("D_"): # 商品                               ②
            if k not in items: # 排除已经互动过的商品
                items_dict[k] = rank[k]

    # 3.按打分的降序排序
    result = sorted(items_dict.items(), \
             key=lambda d: d[1], reverse=True)                   ③
    return result
```

在程序清单 16-5 中，recommend 函数根据 PersonalRank 算法计算出来的打分结果 rank，计算出用户 user 未互动过的商品的排序。在 recommend 函数中，主要分为 3 步：①从用户-商品二部图中找到用户 user 曾互动过的商品，如程序代码中的①所示；②从打分 rank 中取出所有对商品的打分，如程序代码中的②所示，并排除用户 user 已经打过分的项，得到未打分商品；③对未打分的项根据打分降序排列并返回，如程序代码中的③所示。

16.4.2 最终的结果

在利用 PersonalRank 算法对用户 user 进行推荐的过程中，其运行过程如下所示：

```
------------ 1.load data -------------
------------ 2.generate dict --------------
------------ 3.PersonalRank --------------
iter:  0
iter:  20
iter:  40
------------ 4.recommend -------------
```

最终为用户 user 推荐的结果为：

```
[('D_2', 0.1711298436120938), ('D_4', 0.10449676372091332)]
```

参考文献

[1] 项亮. 推荐系统实践[M]. 北京：人民邮电出版社. 2012.

[2] Arasu A, Cho J, Garcia-Molina H, et al. Searching the Web[J]. Acm Transactions on Internet Technology, 2002, 1(1):2--43.

[3] 卢昌海. 谷歌背后的数学. http://www.changhai.org/articles/technology/misc/google_math.php

[4] Haveliwala T H. Topic-sensitive PageRank[C]// International Conference on World Wide Web. ACM, 2002:16-23.

[5] HarryHuang1990. 用 PersonalRank 实现基于图的推荐算法 http://blog.csdn.net/harryhuang1990/article/details/10048383

第五部分

深度学习

深度学习因其强大的特征表示和特征学习，可以显著提高机器学习算法的效果。与前几部分的基本的机器学习算法不同，深度学习算法自动学习到特征的表示方法，不需要人工参与特征的提取，深度学习算法在语音、图像和文本方面得到了广泛的应用。

在第 17 章将介绍特征学习和特征表示的基本概念，并在此基础上介绍 AutoEncoder 算法，AutoEncoder 算法通过自我学习可以实现特征的学习；在第 18 章将介绍卷积神经网络（Convolutional Neural Network, CNN），在 CNN 中，通过卷积层和池化层的方式实现特征的学习。

17 AutoEncoder

在前面的章节中，我们介绍的机器学习算法都需要人工指定其特征的具体形式，这个过程被称为特征处理，通过对原始数据进行处理，得到原始数据的特征，再通过具体的算法，如分类算法、回归算法或者聚类算法对其进行处理，得到最终的处理结果。对于上述特征处理的工作，需要大量的先验知识，如果选取的特征能够较好地表征原始数据，则最终的结果也比较好，反之，效果并不会很好。对于这样的需要大量先验知识的特征提取工作，是否存在一种可以自动学习出其特征的方式，深度学习很好地解决了这样的问题。

深度学习是指利用神经网络的技术能够自动提取出数据中的特征，这个过程被称为特征学习。AutoEncoder 是最基本的特征学习方式，对于一些无标注的数据，AutoEncoder 通过重构输入数据以达到自我学习的目的。

17.1 多层神经网络

17.1.1 三层神经网络模型

对于传统的三层神经网络模型，其基本组成部分包括输入层、隐含层和输出层，典型的三层结构的神经网络模型如图 17.1 所示。

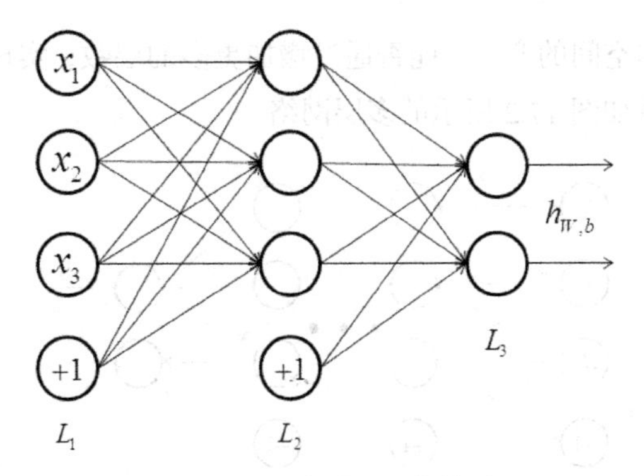

图 17.1　三层神经网络模型

在图 17.1 所示的三层结构的神经网络模型中，L_1 层被称为输入层，L_2 层被称为隐含层，L_3 层被称为输出层。在三层结构的神经网络模型中，最典型的例子是 BP 神经网络，参见本书的第 10 章。BP 神经网络是监督式学习算法。

以分类任务为例，假设有 m 个训练样本为 $\left\{\left(X^{(1)},y^{(1)}\right),\cdots,\left(X^{(m)},y^{(m)}\right)\right\}$，其中，$X^{(i)}=\left(x_1^{(i)},x_2^{(i)},\cdots,x_n^{(i)}\right)$，$y\in\{-1,1\}$。在 BP 神经网络中，其隐含层的输出为：

$$H_{out}=\sigma\left(X\cdot W_1+b_1\right)$$

其中，W_1 被称为输入层到隐含层的权重，b_1 被称为输入层到隐含层的偏置，σ 为非线性函数，常用的非线性函数主要有 Sigmoid 函数和 tanh 函数。输出层的输出为：

$$\hat{y}=\sigma\left(H_{out}\cdot W_2+b_2\right)$$

其中，W_2 被称为隐含层到输出层的权重，b_2 被称为隐含层到输出层的偏置。在 BP 神经网络模型中，其参数为 W_1、b_1、W_2 和 b_2，为了求解这些参数，需要构造损失函数，在 BP 神经网络中，可以选择预测的输出是实际的标签之间的差异作为最终的损失函数，即：

$$l=\sum_{i=1}^{m}\left(y^{(i)}-\hat{y}^{(i)}\right)^2$$

通过优化损失函数，求得最终的 BP 神经网络模型中的参数。

17.1.2　由三层神经网络到多层神经网络

在图 17.1 所示的三层神经网络模型中，隐含层通过对训练样本进行线性变换和非线性变换实现对样本空间的变换，能否通过增加更多的层数，实现对输入样本的更高级的抽象呢？即构造如图 17.2 所示的多层网络。

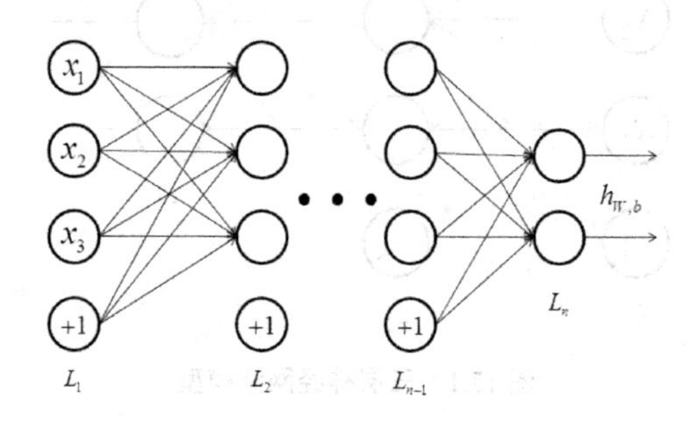

图 17.2 多层神经网络模型

然而，对于图 17.2 所示的多层神经网络模型，隐含层的层数增加，同时增加了训练的难度，在利用梯度下降对网络中的权重和偏置训练的过程中，会出现诸如梯度弥散等现象。能够充分利用多层神经网络来对样本进行更高层的抽象，Hinton 等人提出了逐层训练的概念。

在逐层训练模型中，每次训练两层模型，如图 17.3 所示。

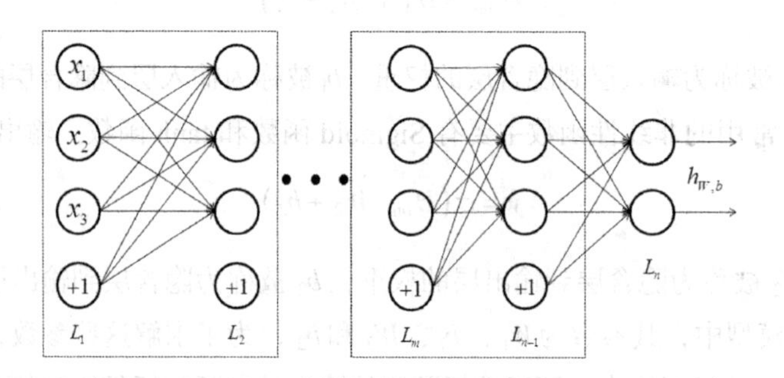

图 17.3 逐层训练

在图 17.3 中，每次通过训练相邻的两层，前一层的输出作为下一层的输入，通过这样的方式构建多层的神经网络。

17.2 AutoEncoder 模型

17.2.1 AutoEncoder 模型结构

在图 17.3 中，每次通过训练相邻的两层，并将训练好的模型堆叠起来，构建深层网络模型。自编码器 AutoEncoder 是一种用于训练相邻两层网络模型的一种方法。

自编码器 AutoEncoder 是典型的无监督学习算法，其结构如图 17.4 所示。

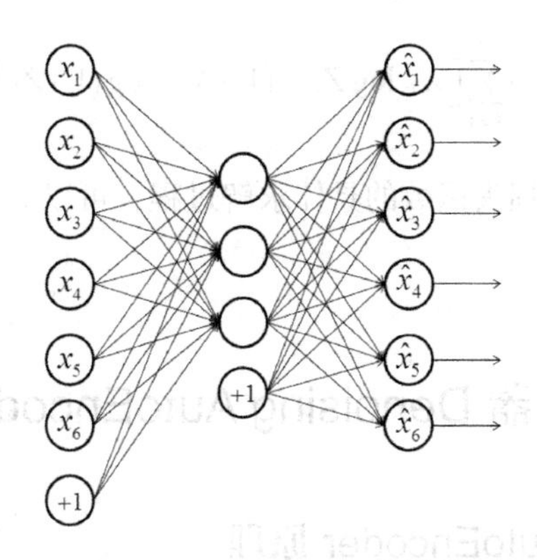

图 17.4　AutoEncoder 的结构

在图 17.4 中，最左侧是输入层，中间是隐含层，最右边是输出层。对于输入 X，假设输入 $X=\left(x_1,x_2,\cdots,x_d\right)$，且 $x_i\in\left[0,1\right]$，自编码器首先将输入 X 映射到一个隐含层，利用隐含层对其进行表示为 $H=\left(h_1,h_2,\cdots,h_{d'}\right)$，且 $h_i\in\left[0,1\right]$，这个过程被称为编码（Encode），隐含层的输出 H 的具体形式为：

$$H=\sigma\left(W_1X+b_1\right)$$

其中，σ 为一个非线性映射，如 Sigmoid 函数。

隐含层的输出 H 被称为隐含的变量，利用该隐含的变量重构 Z。这里输出层的输出 Z 与输入层的输入 X 具有相同的结构，这个过程被称为解码（Decode）。输出层的输出 Z 的具体形式为：

$$Z=\sigma\left(W_2H+b_2\right)$$

输出层的输出 Z 可以看成是利用特征 H 对原始数据 X 的预测。

从上述的过程中可以看出，解码的过程是编码过程的逆过程。对于解码过程中的权重矩阵 W_2 可以被看成是编码过程的逆过程，即 $W_2=W_1^T$。

17.2.2　AutoEncoder 的损失函数

为了使得重构后 Z 和原始的数据 X 之间的重构误差最小，首先需要定义重构误差。定义重构误差的方法有很多种，如使用均方误差：

$$l = \left\| X - Z \right\|^2$$

或者使用交叉熵（cross-entropy）作为其重构误差：

$$l = -\sum_{k=1}^{d} \left[X_k \log Z_k + \left(1 - X_k\right) \log\left(1 - Z_k\right) \right]$$

对于 AutoEncoder 的损失函数的具体求解过程，可以参见本书第 6 章 BP 神经网络的求解。

17.3 降噪自编码器 Denoising AutoEncoder

17.3.1 Denoising AutoEncoder 原理

在 AutoEncoder 算法中，对于一个输入样本，首先对其进行编码，得到隐含层的输出，再对隐含层的输出进行解码，以重构该样本，在这个过程中，使得最终的重构结果能够尽可能还原输入样本。然而，在很多情况下，原始的数据中通常含有噪音，如图 17.5 所示的 MNIST 数据集中的数字是倾斜的：

图 17.5 斜着的数字 0

对于这样含有噪音的数据，我们希望解码后的数据中不含有噪音，这就需要编码器不仅有编码功能，还得有去噪音的作用，通过这种方式训练出的模型具有更强的鲁棒性，即使得训练出来的模型对一些含有噪音的数据具有较强的泛化能力。Bengio 等人在 2008 年提出了降噪自动编码器（Denoising AutoEncoder）的概念，Denoising AutoEncoder 就是在 AutoEncoder 的基础上，为了防止训练出来的自编码器模型过拟合，对输入的数据中加入了噪音，使学习得到的编码器具有更强的鲁棒性，从而增强模型的泛化能力。其结构如图 17.6 所示。

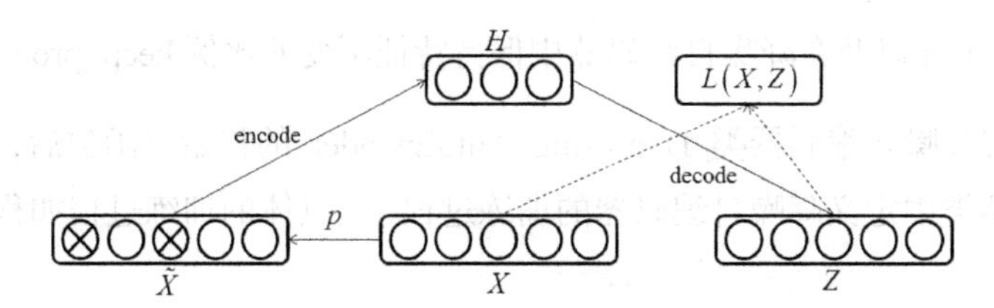

图 17.6 Denoising AutoEncoder 的结构

在如图 17.6 所示的 Denoising AutoEncoder 的结构中，Denoising AutoEncoder 的输入样本为 X，Denoising Autoencoder 以概率 p 将输入层节点的值置为 0，得到含有噪音的输入样本 $\tilde{X}$。利用含有噪音的输入样本 $\tilde{X}$ 训练自编码器模型，通过编码 encode 过程得到隐含层的输出 H，并通过解码 decode 过程得到最终的重构样本 Z，最终通过度量重构样本 Z 和不含噪音的样本 X 之间的误差 $L(X,Z)$。

17.3.2 Denoising AutoEncoder 实现

我们已经简单了解了降噪自编码器的原理，下面让我们利用 TensorFlow 框架实现降噪自编码器 Denoising AutoEncoder。首先，我们需要导入 tensorflow 模块和 numpy 模块：

```
import tensorflow as tf
import numpy as np
```

接下来，我们为降噪自编码器构建一个类，具体的实现如程序清单 17-1 所示。

程序清单 17-1 降噪自编码器类的实现

```
class Denoising_AutoEncoder():
    def __init__(self, n_hidden, input_data, corruption_level=0.3):
        self.W = None  # 输入层到隐含层的权重
        self.b = None  # 输入层到隐含层的偏置
        self.encode_r = None  # 隐含层的输出
        self.layer_size = n_hidden  # 隐含层节点的个数
        self.input_data = input_data  # 输入样本
        self.keep_prob = 1 - corruption_level  # 特征保持不变的比例
        self.W_eval = None  # 权重 W 的值
        self.b_eval = None  # 偏置 b 的值
```

在程序清单 17-1 中，实现了降噪自编码器的类 Denoising_AutoEncoder 的构建，类中的参数包括：输入层到隐含层的权重 W 以及 W 的值 W_eval，输入层到隐含层的偏置 b 以及 b 的值 b_eval，隐含层的输出 encode_r，隐含层节点的个数 layer_size，输入样本 input_data 以及在降噪自编码器中保持特征不变的比例 keep_prob。

当定义好降噪自编码器类 Denoising_AutoEncoder 的初始化函数后，我们需要在降噪自编码器类中定义降噪自编码器的训练过程，其具体的训练过程如程序清单 17-2 所示。

程序清单 17-2　降噪自编码器的训练

```
def fit(self):
    # 输入层节点的个数
    n_visible = (self.input_data).shape[1]
    # 输入的一张图片用 28x28=784 的向量表示.
    X = tf.placeholder("float", [None, n_visible], name='X')
    # 用于将部分输入数据置为 0
    mask = tf.placeholder("float", [None, n_visible], name='mask')
    # 创建权重和偏置
    W_init_max = 4 * np.sqrt(6. / (n_visible + self.layer_size))
    W_init = tf.random_uniform(\
                  shape=[n_visible, self.layer_size], \
                  minval=-W_init_max, maxval=W_init_max)         ①

    # 编码器
    self.W = tf.Variable(W_init, name='W')  # 784x500
    self.b = tf.Variable(tf.zeros([self.layer_size]), name='b')  #
隐含层的偏置
    # 解码器
    W_prime = tf.transpose(self.W)
    b_prime = tf.Variable(tf.zeros([n_visible]), name='b_prime')

    tilde_X = mask * X  # 对输入样本加入噪声
    Y = tf.nn.sigmoid(tf.matmul(tilde_X, self.W) + self.b)  # 隐含
层的输出
    Z = tf.nn.sigmoid(tf.matmul(Y, W_prime) + b_prime)  # 重构输出

    cost = tf.reduce_mean(tf.pow(X - Z, 2))  # 均方误差             ②
    # 最小化均方误差
    train_op = tf.train.GradientDescentOptimizer(0.01).minimize (cost)③

    trX = self.input_data
    # 开始训练
    with tf.Session() as sess:
        # 初始化所有的参数
        tf.initialize_all_variables().run()
        for i in range(30):
            for start, end in \
```

```
            zip(range(0, len(trX), 128), range(128, len(trX) + 1, 128)):
                input_ = trX[start:end]  # 设置输入
                mask_np = \
        np.random.binomial(1, self.keep_prob, input_.shape)  # 设置 mask
                # 开始训练
                sess.run(train_op,  feed_dict={X:  input_,  mask:
mask_np})
            if i % 5.0 == 0:
                mask_np = np.random.binomial(1, 1, trX.shape)
                print("loss function at step %s is %s" \
              % (i, sess.run(cost, feed_dict={X: trX, mask: mask_np})))
        # 保存好输入层到隐含层的参数
        self.W_eval = (self.W).eval()
        self.b_eval = (self.b).eval()
        mask_np = np.random.binomial(1, 1, trX.shape)
        self.encode_r = Y.eval({X: trX, mask: mask_np})
```

在程序清单 17-2 中，fit 函数用于对降噪自编码器模型进行训练，在对降噪自编码器训练的过程中，首先需要对网络中权重和偏置进行初始化，在初始化的过程中，由于选用 Sigmoid 函数，因此在权重的初始化中，可以选择的方法为：以均匀分布从如下区间

$$W \in \left(-4\sqrt{\frac{6}{n_{in}+n_{out}}}, -4\sqrt{\frac{6}{n_{in}+n_{out}}}\right)$$

中随机取值，其中，n_{in} 表示的是前一层的节点个数，n_{out} 表示的是后一层的节点个数，具体过程如程序代码中的①所示。使用均方误差作为最终的损失函数，如程序代码中的②所示，最后利用梯度下降法求解损失函数，如程序代码中的③所示。对于 TensorFlow 的具体操作可以参见本书附录 B。

程序清单 17-3　取得降噪自编码器的参数

```
# 得到网络的参数
    def get_value(self):
        return self.W_eval, self.b_eval, self.encode_r
```

在程序清单 17-3 中，函数 get_value 用于返回降噪自编码器的输入层到隐含层的权重的值 W_eval，偏置的值 b_eval 和隐含层的输出值 encoder_r。

17.4 利用 Denoising AutoEncoders 构建深度网络

在利用 Denoising AutoEncoders 构建深度网络的过程中，主要包括两个过程：①无监督的逐层训练，即依次训练多个降噪自编码器 Denoising AutoEncoder；②有监督的微调，即将训练好的多个降噪自编码器的编码 Encoder 层组合起来，利用样本标签对训练好的降噪自编码器的编码 Encoder 层的参数。

17.4.1 无监督的逐层训练

在无监督的逐层训练的过程中，依次训练每一个降噪自编码器，假设训练完成的第 i 个降噪自编码器模型如图 17.7 所示。

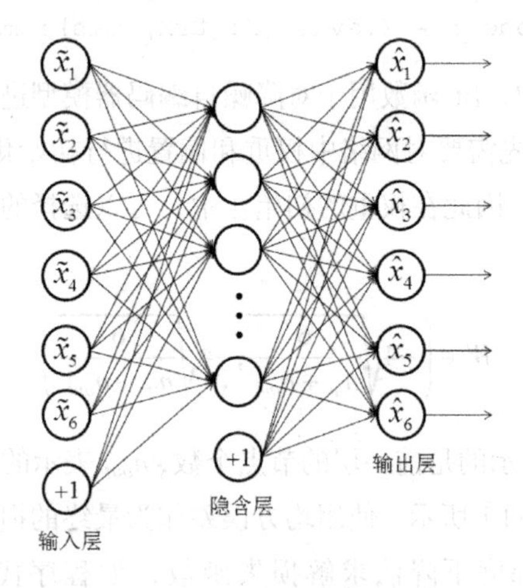

图 17.7 第 i 个降噪自编码器结构

其中，隐含层的输出为：

$$H_i = \sigma\left(W_1^{(i)} X_i + b_1^{(i)}\right)$$

其中，$W_1^{(i)}$ 表示的是第 i 个降噪自编码器的输入层到隐含层的权重，$b_1^{(i)}$ 表示的是第 i 个降噪自编码器的输入层到隐含层的偏置，X_i 表示的是第 i 个自编码器的输入，此时，保留输入层和隐含层之间的权重 $W_1^{(i)}$ 和偏置 $b_1^{(i)}$，并将隐含层的输出 H_i 作为第 i+1 个降噪自编码器的输入。通过逐层训练的方式，得到 m 个降噪自编码器的编码过程，这样逐层训练的过程被称为预训练。

17.4.2 有监督的微调

通过无监督的方式，训练得到 m 个降噪自编码器的编码过程，将这些降噪自编码器的编码过程串联起来构成深层神经网络，如图 17.8 所示。

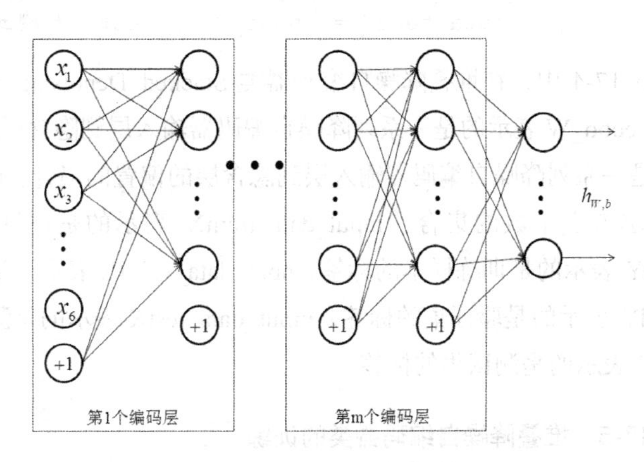

图 17.8 堆叠降噪自编码器结构

通过如图 17.8 所示的方式将训练好的降噪自编码器堆叠在一起，并在最后一层加入有监督的分类，如多分类的 Softmax Regression 或者二分类的 Logistic Regression 等。

在如图 17.8 所示的深层网络中，其训练过程为：①初始化各层网络的权重 W 和偏置 b；②利用损失函数，调整各层网络的权重和偏置。在堆叠降噪自编码器的初始化过程中，充分利用预训练过程的结果，将预训练过程中得到的网络权重和偏置作为堆叠降噪自编码神经网络的初始值，并利用整个网络的损失函数，对这些初始值进行调整，对权重和偏置调整的过程被称为有监督的微调。

现在，我们利用 TensorFlow 框架实现堆叠降噪自编码器 Stacked Denoising AutoEncoder。

程序清单 17-4 堆叠降噪自编码器类的实现

```
class Stacked_Denoising_AutoEncoder():

    def __init__(self, hidden_list, input_data_trainX, \
                input_data_trainY, input_data_validX, \
                input_data_validY, input_data_testX, \
                input_data_testY, corruption_level=0.3):
        self.ecod_W = [] # 保存网络中每一层的权重
        self.ecod_b = [] # 保存网络中每一层的偏置
        self.hidden_list = hidden_list # 每一个隐含层的节点个数
```

```
        self.input_data_trainX = input_data_trainX # 训练样本的特征
        self.input_data_trainY = input_data_trainY # 训练样本的标签
        self.input_data_validX = input_data_validX # 验证样本的特征
        self.input_data_validY = input_data_validY # 验证样本的标签
        self.input_data_testX = input_data_testX # 测试样本的特征
        self.input_data_testY = input_data_testY # 测试样本的标签
```

在程序清单 17-4 中，在堆叠降噪自编码器类 Stacked_Denoising_AutoEncoder 的 __init__ 函数中，ecod_W 表示的是一系列降噪自编码器输入层到隐含层的权重的集合，ecod_b 表示的是一系列降噪自编码器输入层到隐含层的偏置的集合。hidden_list 表示的是所有隐含层节点个数的集合，input_data_trainX 表示的是训练样本的特征，input_data_trainY 表示的是训练样本的标签，input_data_validX 表示的是验证集的特征，input_data_validY 表示的是验证集的标签，input_data_testX 表示的是测试集的特征，input_data_testY 表示的是测试集的标签。

程序清单 17-5　堆叠降噪自编码器类的训练

```
    def fit(self):
        # 1.训练每一个降噪自编码器
        next_input_data = self.input_data_trainX
        for i, hidden_size in enumerate(self.hidden_list):
            print("----------- train the %s sda ------------" % (i + 1))
            dae = Denoising_AutoEncoder(hidden_size, next_input_data)
            dae.fit()                                                    ①
            W_eval, b_eval, encode_eval = dae.get_value()
            self.ecod_W.append(W_eval)                                   ②
            self.ecod_b.append(b_eval)                                   ③
            next_input_data = encode_eval                                ④

        # 2.堆叠
        n_input = (self.input_data_trainX).shape[1]
        n_output = (self.input_data_trainY).shape[1]

        X = tf.placeholder("float", [None, n_input], name='X')
        Y = tf.placeholder("float", [None, n_output], name='Y')

        encoding_w_tmp = []
        encoding_b_tmp = []

        last_layer = None
        layer_nodes = []
        encoder = X
        for i, hidden_size in enumerate(self.hidden_list):              ⑤
            # 以每一个自编码器的值作为初始值
```

```
        encoding_w_tmp.append(\
          tf.Variable(self.ecod_W[i], name='enc-w-{}'.format(i)))
        encoding_b_tmp.append(
          tf.Variable(self.ecod_b[i], name='enc-b-{}'.format(i)))
        encoder = tf.nn.sigmoid(\
         tf.matmul(encoder, encoding_w_tmp[i])+encoding_b_tmp[i])
        layer_nodes.append(encoder)
        last_layer = layer_nodes[i]

    # 加入少量的噪声来打破对称性以及避免 0 梯度
    last_W = tf.Variable(\
                tf.truncated_normal(\
                [last_layer.get_shape()[1].value, n_output],\
                stddev=0.1),name='sm-weigths')
    last_b = tf.Variable(\
             tf.constant(0.1, shape=[n_output]), name='sm-biases')
    last_out = tf.matmul(last_layer, last_W)+last_b
    layer_nodes.append(last_out)

    cost_sme = tf.reduce_mean(\
       tf.nn.softmax_cross_entropy_with_logits(last_out, Y))  ⑥
    train_step = \
       tf.train.GradientDescentOptimizer(0.1).minimize(cost_sme)⑦

    model_predictions = tf.argmax(last_out, 1)
    correct_prediction = \
                       tf.equal(model_predictions, tf.argmax(Y, 1))
    accuracy = \
             tf.reduce_mean(tf.cast(correct_prediction, "float"))

    # 3.微调
    trX = self.input_data_trainX
    trY = self.input_data_trainY
    vaX = self.input_data_validX
    vaY = self.input_data_validY
    teX = self.input_data_testX
    teY = self.input_data_testY
    with tf.Session() as sess:
        tf.initialize_all_variables().run()
        for i in range(50):
            for start, end in\
           zip(range(0, len(trX), 128), range(128, len(trX)+1, 128)):
                sess.run(train_step, \
                   feed_dict={X: trX[start:end], Y: trY[start:end]})
            if i % 5.0 == 0:
                print("Accuracy at step %s on validation set : %s " % \
```

```
                (i, sess.run(accuracy, feed_dict={X: vaX, Y: vaY})))
        print("Accuracy on test set: %s" % \
                (sess.run(accuracy, feed_dict={X: teX, Y: teY})))
```

在程序清单 17-5 中，对堆叠降噪自编码器的训练过程中，主要分为 3 个部分：

首先，分别训练每一个降噪自编码器，如程序代码中的①所示，第一个降噪自编码器的输入为原始的训练集，当训练完成后，保存输入层到隐含层的权重和偏置，如程序代码中的②和③所示，并将隐含层的输出作为下一个降噪自编码器的输入，如程序代码中的④所示。

其次，当训练完成所有的降噪自编码器后，将所有的降噪自编器的输入层-隐含层串联起来，并以训练好的值作为初始的值，如程序代码中的⑤所示。最后加入输出层，最终以交叉熵作为损失函数，如程序代码中的⑥所示。利用梯度下降的方法求解损失函数的值，如程序代码中的⑦所示。

最后，在构建完深层网络后，利用梯度下降法对损失函数进行求解，这个过程被称为微调，即对各层的权重和偏置进行调整。最终，训练完成整个网络。

17.5 利用 TensorFlow 实现 Stacked Denoising AutoEncoders

为了测试 Stacked Denoising AutoEncoders 的效果，我们选择 MNIST 手写体识别的数据集作为测试数据集，对于 MNIST 手写体识别的数据集的具体描述，可以参见本书的第 2 章。

17.5.1 训练 Stacked Denoising AutoEncoders 模型

现在让我们一起利用上面构建好的降噪自编码器的类和堆叠降噪自编码器的类，对 MNIST 手写体识别的数据集进行训练，首先，为了能够使得 Python 代码支持中文的注释以及导入代码中使用到的函数，我们在“stacked_denoising_autoencoder.py”文件中加入：

```
#coding:UTF-8
import tensorflow as tf
import numpy as np
from tensorflow.examples.tutorials.mnist import input_data
```

接下来，我们开始利用 TensorFlow 实现堆叠降噪自编码器，其主函数如程序清单

17-6 所示。

程序清单 17-6　堆叠降噪自编码器训练的主函数

```
if __name__ == "__main__":
    # 1 导入数据集
    mnist = input_data.read_data_sets("MNIST_data/", one_hot=True)①
    # 2 训练 SDAE 模型
    sda = Stacked_Denoising_AutoEncoder([1000, 1000, 1000], \
                    mnist.train.images, mnist.train.labels, \
               mnist.validation.images, mnist.validation.labels, \
                     mnist.test.images, mnist.test.labels)    ②
    sda.fit()                                                  ③
```

在程序清单 17-6 中，为了训练堆叠降噪自编码器，首先，我们需要导入数据集，如程序代码中的①所示；其次，利用训练数据集训练堆叠降噪自编码器，在训练的过程中，我们先初始化网络结构，在此，我们构建了包含 3 个隐含层的堆叠降噪自编码器，其中，每一个隐含层的节点个数都为 1000，如程序代码中的②所示；在初始化完成后，利用 fit 函数训练堆叠降噪自编码器，如程序代码中的③所示。

17.5.2　训练的过程

对于堆叠降噪自编码器的训练，其训练过程为：

```
----------- train the 1 sda -------------
loss function at step 0 is 0.295907
loss function at step 5 is 0.171767
loss function at step 10 is 0.107219
loss function at step 15 is 0.0756517
loss function at step 20 is 0.0582874
loss function at step 25 is 0.0484773
----------- train the 2 sda ------------
loss function at step 0 is 0.15368
loss function at step 5 is 0.111583
loss function at step 10 is 0.0834837
loss function at step 15 is 0.0665195
loss function at step 20 is 0.0557042
loss function at step 25 is 0.048847
----------- train the 3 sda ------------
loss function at step 0 is 0.159415
loss function at step 5 is 0.0982718
loss function at step 10 is 0.0673967
loss function at step 15 is 0.05184
```

```
loss function at step 20 is 0.0430657
loss function at step 25 is 0.0385368
Accuracy at step 0 on validation set : 0.8948
Accuracy at step 5 on validation set : 0.9306
Accuracy at step 10 on validation set : 0.947
Accuracy at step 15 on validation set : 0.962
Accuracy at step 20 on validation set : 0.9688
Accuracy at step 25 on validation set : 0.969
Accuracy at step 30 on validation set : 0.9708
Accuracy at step 35 on validation set : 0.9718
Accuracy at step 40 on validation set : 0.9748
Accuracy at step 45 on validation set : 0.9758
```

首先是分别训练 3 个降噪自编码器，最后将训练好的降噪自编码器的输入层—隐含层堆叠起来，并对这些权重和偏置进行微调，最终在验证集上的准确性达到 97.58%，对于测试集，其最终的结果为 97.34%：

```
Accuracy on test set: 0.9734
```

参考文献

[1] Vincent P, Larochelle H, Bengio Y, et al. Extracting and composing robust features with denoising autoencoders[C]// International Conference. 2008:1096-1103.

[2] Schölkopf B, Platt J, Hofmann T. Greedy Layer-Wise Training of Deep Networks[C]// Conference on Advances in Neural Information Processing Systems. MIT Press, 2006:153-160.

[3] DeepLearning 0.1. Denoising Autoencoders (dA)[DB/OL]. http://www.deeplearning.net/tutorial/dA.html

[4] DeepLearning 0.1. Stacked Denoising Autoencoders (SdA)[DB/OL]. http://www.deeplearning.net/tutorial/SdA.html

18

卷积神经网络

在上一章中，我们介绍了最基本的多层神经网络模型，在多层神经网络模型中，如果直接对神经网络中的参数进行训练，通常难以训练得到较好的参数。为了能够对多层神经网络进行训练，逐层训练的概念被提出，通过逐层训练得到每一层神经网络中的初始化的参数，并通过微调得到最终的神经网络的参数。

卷积神经网络（Convolutional Neural Networks，CNN）是多层神经网络模型的一个变种，主要是受到生物学的启发，卷积神经网络 CNN 在图像领域得到了广泛的应用。在卷积神经网络 CNN 中，充分利用图像数据在局部上的相关性，这样可以尽可能减少网络中参数的个数，以方便网络中参数的求解。

18.1 传统神经网络模型存在的问题

对于传统的多层神经网络结构，通常是由一个输入层、多个隐含层和一个输出层组成，对于一个具有 3 个隐含层的神经网络结构如图 18.1 所示。

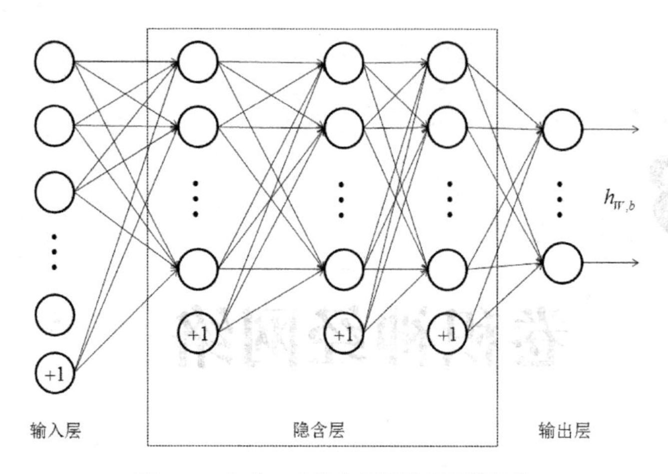

图 18.1　包含 3 个隐含层的神经网络结构

假设对于一张图像，其大小为 28×28，在图 18.1 所示的包含 3 个隐含层的神经网络结构中，其输入层的节点个数为 $28\times28=784$ 个，假设在多层神经网络中，每一个隐含层的节点个数为 1000 个，则输入层到隐含层的权重 W 为 784×1000 的矩阵，输入层到隐含层的偏置 b 为 1×1000 的向量。同样，第一个隐含层到第二个隐含层的权重 W 为 1000×1000 的矩阵，第一个隐含层到第二个隐含层的偏置为 1×1000 的向量，第二个隐含层到第三个隐含层的权重 W 为 1000×1000 的矩阵，第二个隐含层到第三个隐含层的偏置为 1×1000 的向量。对于手写体识别 MNIST 数据集，其输出层的节点个数为 10 个，因此，第三个隐含层到输出层的权重 W 为 1000×10，第三个隐含层到输出层的偏置 b 为 1×10 的向量。综上，对于图 18.1 所示的包含 3 个隐含层的神经网络结构，其参数的个数为：

$$784\times1000+1\times1000+\cdots+1\times10=2797010$$

对于一个仅包含 3 个隐含层的神经网络，需要训练的参数有 2797010 个，这样的数字对于训练过程来说是相当庞大的，那么，是否存在一种深层的神经网络模型，在该神经网络模型中，其参数个数能够得到削减，但是不影响其模型的精度？这就是我们接下来要介绍的卷积神经网络模型。

18.2 卷积神经网络

18.2.1 卷积神经网络中的核心概念

为了能够减少参数的个数，在卷积神经网络（Convolutional Neural Networks，CNN）中，提出了 3 个重要的概念：①稀疏连接（Sparse Connectivity）；②共享权值（Shared Weights）；③池化（Pooling）。其中，稀疏连接主要是通过对数据中的局部区域进行建模，以发现局部的一些特性；共享权值的目的是为了简化计算的过程，使得需要优化的参数变少；子采样的目的是解决图像中的平移不变性，即所要识别的内容与其在图像中的具体位置无关。

对于图像来说，其特征在空间上存在局部的相关性。在卷积神经网络 CNN 中，通过在邻接层的神经元之间使用局部连接来发现输入特征在空间上存在的局部相关性，其具体过程如图 18.2 所示。

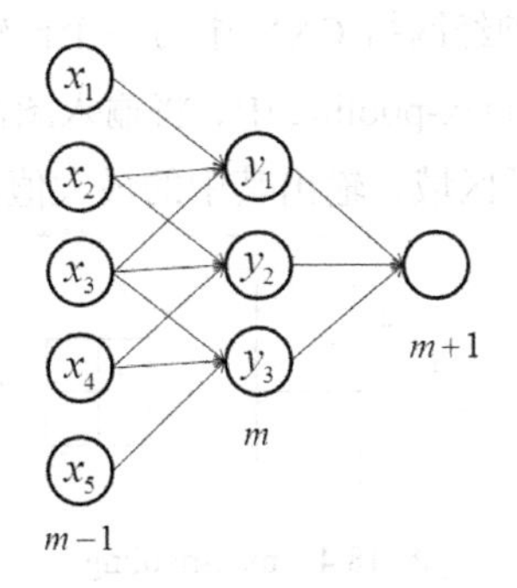

图 18.2 稀疏连接

对于图 18.2 中所示的神经网络，第 m 层节点的输入是第 $m-1$ 层的神经元的一个子集，其中，被选择的子集的大小被称为感受野。假设第 m 层的神经元具有在第 $m-1$ 层上宽度为 3 的感受野，因此只连接第 $m-1$ 层上的 3 个邻接神经元，如在第 m 层上的 y_1 节点，与其连接的 $m-1$ 层上的节点为 x_1、x_2 和 x_3。在第 $m+1$ 层的神经元与第 m 层的神经元之间具有相似的连接特性，即第 $m+1$ 层的神经元在第 m 层上的感受野的宽度也是 3，但是他们关于输入层 $m-1$ 层的感受野却变大了，如图 18.2 所示，第 $m+1$ 层的神经元在第 $m-1$ 层上的感受野的宽度为 5。

稀疏连接特性相对于图 18.1 中所示的全连接网络减少了网络中边的数量，在卷积神经网络 CNN 中，在每一组感受野中，其参数是相互共享的，即权值共享，其具体过程如图 18.3 所示。

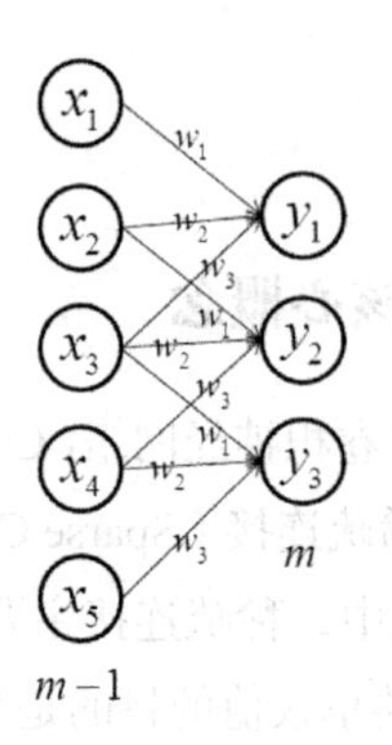

图 18.3 权值共享

在图 18.3 中，当设置感受野的大小为 3 时，此时包含了 3 个参数 w_1 、w_2 和 w_3，在每一组感受野中，其参数是共享的，即对于第 m 层的节点 y_1 、y_2 和 y_3，其参数是一致的，权值共享的方式可以极大地缩减需要学习的参数数量，这样就可以加快学习速度。

池化（Pooling）是卷积神经网络 CNN 中另一个比较重要的概念，一般可以采用最大池化（max-pooling）。在 max-pooling 中，将输入图像划分成为一系列不重叠的正方形区域，然后对于每一个子区域，输出其中的最大值，其具体过程如图 18.4 所示。

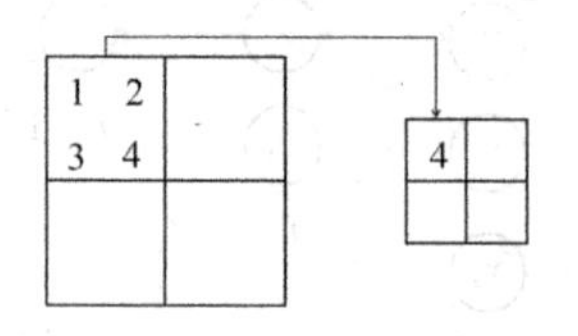

图 18.4 max-pooling

在图 18.4 中，对原始的 4×4 图像，将其划分成 4 个不重叠的正方形区域，每个正方形的大小为 2×2，如对于第一个正方形内的 4 个数，利用 max-pooling 策略，其输出值为这 4 个数中的最大值。利用 max-pooling 策略能够进一步降低计算量。通过消除非最大值，为上层降低了计算量。

18.2.2 卷积神经网络模型

在上面，我们介绍了卷积神经网络 CNN 中的基本概念，在卷积神经网络 CNN 的发展过程中，出现了一些经典的卷积神经网络模型，主要包括：LeNet、AlexNet、ZF Net、GoogLeNet 和 VGGNet，下面我们以 LeNet 为例。

LeNet 是由 Yann LeCun 设计，在 LeNet 中，其基本操作包括：卷积和 max-pooling，

这两个基本操作分别对应着卷积层（Convolution Layer）和下采样层（Sub-Sampling Layer）。通过卷积层和下采样层的交替，构造成深层的网络结构，其具体的网络结构如图 18.5 所示。

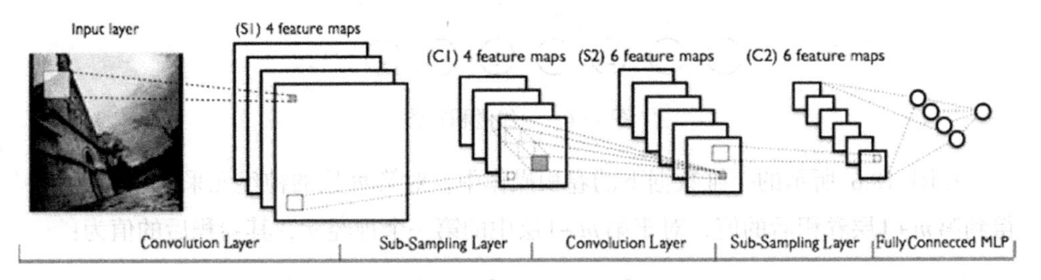

图 18.5 LeNet 的网络结构

在图 18.5 所示的 LeNet 网络结构中，对于一幅图像，首先经过卷积层，经过卷积层后的特征映射的个数为 4，然后对每一个特征映射采用 max-pooling，再对 max-pooling 后的结果应用卷积操作和 max-pooling 操作，最后是一个全连接的 MLP 层，即传统的包含一个隐含层的神经网络，将图像划分到指定的类别。有了如上的直观理解，我们接下来将会详细介绍在卷积层、池化层和全连接层中所要完成的工作。

18.3 卷积神经网络的求解

在卷积神经网络 CNN 中，最重要的是卷积层（Convolution Layer）、下采样层（Sub-Sampling Layer）和全连接层（Fully-Connected Layer），这 3 层分别对应着卷积神经网络中最重要的 3 个操作，即：卷积操作、max-pooling 操作和全连接的 MLP 操作。

18.3.1 卷积层（Convolution Layer）

在卷积层中，最重要的操作是卷积操作，卷积操作主要是 $f(x)g(x)$ 在重合区域的积分。接下来，我们分别对一维数据下的卷积操作、二维数据下的卷积操作和三维数据下的卷积操作进行讨论。

一维数据下的卷积的定义：

$$o[n]=f[n]*g[n]=\sum_{u=-\infty}^{\infty}f[u]g[n-u]=\sum_{u=-\infty}^{\infty}f[n-u]g[u]$$

对于图 18.6 所示的卷积操作，其中$W=(1,0,-1)$：

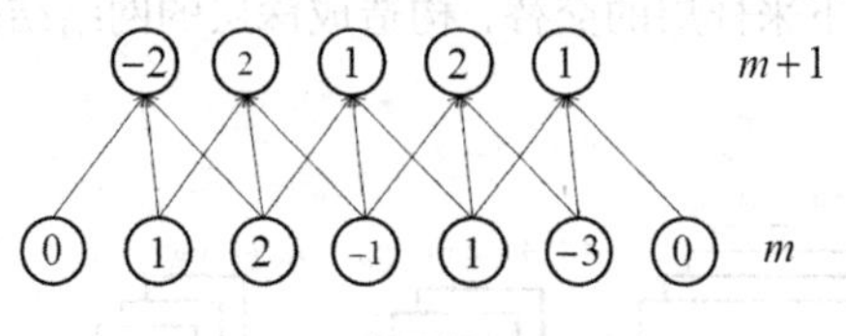

图 18.6　一维卷积操作

在图 18.6 所示的一维数据下的卷积操作中，对第m层的神经元采用卷积操作，得到第$m+1$层卷积后的值，对于第$m+1$层中的第一个神经元，其卷积后的值为：

$$y=0\times1+1\times0+2\times(-1)=-2$$

同样，通过对第m层神经元采用同样的权值向量得到最终的卷积后的值。

对于二维数据下的卷积，与一维数据下的卷积不同的是，在二维数据下的卷积中，其权重组成的是矩阵，不是向量。二维数据下的卷积定义为：

$$o[m,n]=f[m,n]*g[m,n]=\sum_{u=-\infty}^{\infty}\sum_{v=-\infty}^{\infty}f[u,v]g[m-u,n-v]$$

对于图 18.7 所示的二维数据的卷积操作，其权重矩阵为：

$$W=\begin{bmatrix}1 & 1\\0 & 1\end{bmatrix}$$

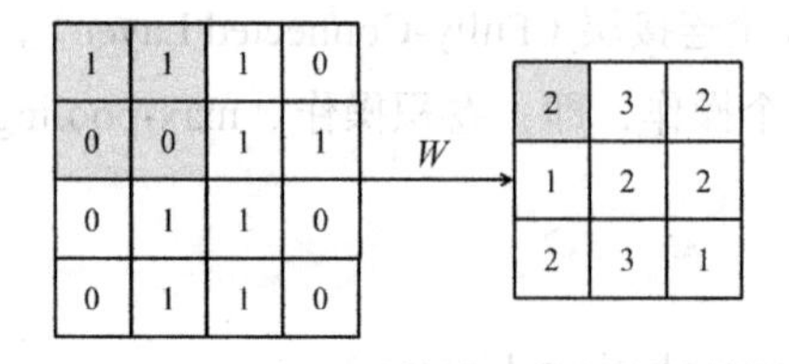

图 18.7　二维卷积操作

在图 18.7 所示的二维数据下的卷积操作中，通过原始数据与权重矩阵的点积，得到卷积后的结果，对于图中的阴影部分的数据，卷积后的结果为：

$$y=1\times1+1\times1+0\times0+0\times1$$

对于三维数据下的卷积操作，其是二维数据下的卷积操作的推广形式，比如一张 RGB 图片，对应了 3 个通道（Channel），对每一个通道采用二维数据下的卷积操作，并将 3 个通道上的值累加，得到最终的卷积操作的结果。

那么，我们应该如何求解卷积操作中的权重的值呢？其基本思路与第 6 章中介绍的 BP 神经网络的求解类似，其基本过程分为信号的正向传播和误差的反向传播。

对于信号的正向传播，我们之前已经进行了详细论述，接下来，我们以二维数据为例，讨论如何利用误差的反向传播对参数进行调整。对于误差的反向传播，如图 18.7 所示的信号的正向传播过程中，假设左侧的矩阵为 X，权重矩阵为 W，右侧的矩阵为 Y，其中：

$$X=\begin{bmatrix} x_{11} & x_{12} & x_{13} & x_{14} \\ x_{21} & x_{22} & x_{23} & x_{24} \\ x_{31} & x_{32} & x_{33} & x_{34} \\ x_{41} & x_{42} & x_{43} & x_{44} \end{bmatrix},\quad W=\begin{bmatrix} w_{11} & w_{12} \\ w_{21} & w_{22} \end{bmatrix},\quad Y=\begin{bmatrix} y_{11} & y_{12} & y_{13} \\ y_{21} & y_{22} & y_{23} \\ y_{31} & y_{32} & y_{33} \end{bmatrix}$$

那么，与权重 w_{11} 相关的所有项为：

$$y_{11}=x_{11}w_{11}+x_{12}w_{12}+x_{21}w_{21}+x_{22}w_{22}$$
$$y_{12}=x_{12}w_{11}+x_{13}w_{12}+x_{22}w_{21}+x_{23}w_{22}$$
$$y_{13}=x_{13}w_{11}+x_{14}w_{12}+x_{23}w_{21}+x_{24}w_{22}$$
$$y_{21}=x_{21}w_{11}+x_{22}w_{12}+x_{31}w_{21}+x_{32}w_{22}$$
$$y_{22}=x_{22}w_{11}+x_{23}w_{12}+x_{32}w_{21}+x_{33}w_{22}$$
$$y_{23}=x_{23}w_{11}+x_{24}w_{12}+x_{33}w_{21}+x_{34}w_{22}$$
$$y_{31}=x_{31}w_{11}+x_{32}w_{12}+x_{41}w_{21}+x_{42}w_{22}$$
$$y_{32}=x_{32}w_{11}+x_{33}w_{12}+x_{42}w_{21}+x_{43}w_{22}$$
$$y_{33}=x_{33}w_{11}+x_{34}w_{12}+x_{43}w_{21}+x_{44}w_{22}$$

那么，$\frac{\partial}{\partial w_{11}}y_{ij}=x_{ij}$，因此，如果误差矩阵 d 为：

$$d=\begin{bmatrix} 0.2 & 0.1 & 0.1 \\ 0.1 & 0.2 & 0.2 \\ 0.2 & 0.1 & 0.2 \end{bmatrix}$$

则权重矩阵 W 的梯度可由图 18.8 所示。

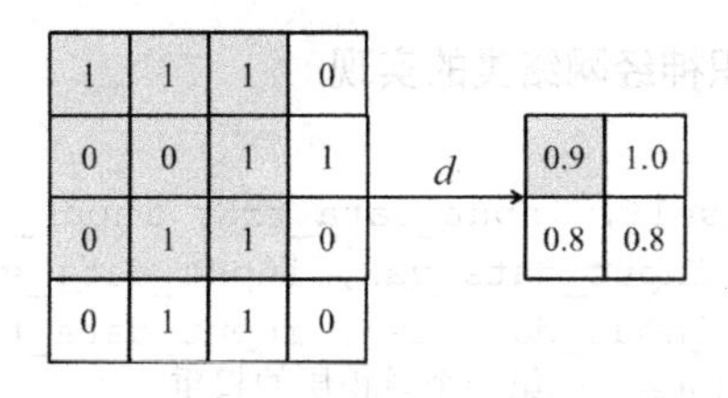

图 18.8 误差的反向传播

由图 18.8 可知，权重的梯度是输入与误差矩阵的卷积操作。

18.3.2 下采样层（Sub-Sampling Layer）

在卷积神经网络 CNN 中，在卷积层后面，通常为下采样层（Sub-Sampling Layer），也被称为 pooling。pooling 的种类有很多种，主要是用一个特征来表达一个局部特征，这就使得参数大为减少，常见的有 max-pooling、mean-pooling 和 L2-pooling。max-pooling 就是用局部特征的最大值来表达这个区域的特征。对于 max-pooling 的具体过程如图 18.4 所示。

18.3.3 全连接层（Fully-Connected Layer）

对于全连接层，其实质为包含一个隐含层的神经网络模型。在卷积神经网络中，利用卷积层和下采样层的交替叠加，得到特征的高层抽象，再对高层抽象的特征进行全连接的映射，最终对其进行分类，对于全连接层的具体操作可以参见本书第 6 章 BP 神经网络的具体操作。

18.4 利用 TensorFlow 实现 CNN

18.4.1 CNN 的实现

我们已经对卷积神经网络 CNN 的基本原理做了介绍，现在，我们利用 TensorFlow 框架实现卷积神经网络 CNN，首先，我们需要导入 tensorflow 模块和 numpy 模块：

```
import tensorflow as tf
import numpy as np
batch_size = 128
```

接下来，我们为卷积神经网络 CNN 构建一个类，具体的实现如程序清单 18-1 所示。

程序清单 18-1 卷积神经网络类的实现

```
class CNN():
    def __init__(self, input_data_trX, input_data_trY, \
                 input_data_vaX, input_data_vaY, \
                 input_data_teX, input_data_teY):
        self.w = None  # 第一个卷积层的权重
```

```
        self.b = None # 第一个卷积层的偏置
        self.w2 = None  # 第二个卷积层的权重
        self.b2 = None # 第二个卷积层的偏置
        self.w3 = None  # 第三个卷积层的权重
        self.b3 = None # 第三个卷积层的偏置
        self.w4 = None  # 全连接层中输入层到隐含层的权重
        self.b4 = None # 全连接层中输入层到隐含层的偏置
        self.w_o = None  # 隐含层到输出层的权重
        self.b_o = None # 隐含层到输出层的偏置
        self.p_keep_conv = None  # 卷积层中样本保持不变的比例
        self.p_keep_hidden = None # 全连接层中样本保持不变的比例
        self.trX = input_data_trX  # 训练数据中的特征
        self.trY = input_data_trY  # 训练数据中的标签
        self.vaX = input_data_vaX  # 验证数据中的特征
        self.vaY = input_data_vaY  # 验证数据中的标签
        self.teX = input_data_teX  # 测试数据中的特征
        self.teY = input_data_teY  # 测试数据中的标签
```

在程序清单 18-1 中,我们实现了卷积神经网络 CNN 类的构造。类中的参数包括:第一个卷积层的权重 w,第一个卷积层的偏置 b,第二个卷积层的权重 w_2,第二个卷积层的偏置 b_2,第三个卷积层的权重 w_3,第三个卷积层的偏置 b_3,全连接层中输入层到隐含层的权重 w_4,全连接层中输入层到隐含层的偏置 b_4,隐含层到输出层的权重 w_o 和隐含层到输出层的偏置 b_o,其次,还包括卷积层中样本保持不变的比例 p_keep_conv 和全连接层中样本保持不变的比例 p_keep_hidden。

当定义好卷积神经网络类 CNN 的初始化函数后,我们需要在卷积神经网络类中定义卷积神经网络 CNN 的训练过程,其具体的训练过程如程序清单 18-2 所示。

程序清单 18-2　卷积神经网络的训练

```
    def fit(self):
        X = tf.placeholder("float", [None, 28, 28, 1])
        Y = tf.placeholder("float", [None, 10])

        # 第一层卷积核大小为 3x3,输入一张图,输出 32 个 feature map
        self.w = \
              tf.Variable(tf.random_normal([3, 3, 1, 32], stddev=0.01))
        self.b = tf.Variable(tf.constant(0.0, shape=[32]))
        # 第二层卷积核大小为 3x3,输入 32 个 feature map,输出 64 个 feature map
        self.w2 = \
             tf.Variable(tf.random_normal([3, 3, 32, 64], stddev=0.01))
        self.b2 = tf.Variable(tf.constant(0.0, shape=[64]))
        # 第三层卷积核大小为 3x3,输入 64 个 feature map,输出 128 个 feature map
        self.w3 = \
```

```
    tf.Variable(tf.random_normal([3, 3, 64, 128], stddev=0.01))
self.b3 = tf.Variable(tf.constant(0.0, shape=[128]))
# FC 128 * 4 * 4 inputs, 625 outputs
self.w4 = \
   tf.Variable(tf.random_normal([128 * 4 * 4, 625], stddev=0.01))
self.b4 = tf.Variable(tf.constant(0.0, shape=[625]))
# FC 625 inputs, 10 outputs (labels)
self.w_o = \
        tf.Variable(tf.random_normal([625, 10], stddev=0.01))
self.b_o = tf.Variable(tf.constant(0.0, shape=[10]))

self.p_keep_conv = tf.placeholder("float") # 卷积层的dropout概率
self.p_keep_hidden = tf.placeholder("float")# 全连接层的dropout概率

# 第一个卷积层:padding=SAME,保证输出的feature map与输入矩阵的大小相同
l_c_1 = \
      tf.nn.relu(tf.nn.conv2d(X, self.w, strides=[1, 1, 1, 1],\
       padding='SAME') +self.b) # l_c_1 shape=(?, 28, 28, 32)
# max_pooling,窗口大小为2x2
l_p_1 = \
  tf.nn.max_pool(l_c_1, ksize=[1, 2, 2, 1], strides=[1, 2, 2, 1],\
   padding='SAME') # l_p_1 shape=(?, 14, 14, 32)
# dropout:每个神经元有p_keep_conv的概率以1/p_keep_conv的比例进行
归一化,有(1-p_keep_conv)的概率置为0
l1 = tf.nn.dropout(l_p_1, self.p_keep_conv)

# 第二个卷积层
l_c_2 = \
    tf.nn.relu(tf.nn.conv2d(l1, self.w2, strides=[1, 1, 1, 1],\
     padding='SAME') +self.b2) # l_c_2 shape=(?, 14, 14, 64)
l_p_2 = \
  tf.nn.max_pool(l_c_2, ksize=[1, 2, 2, 1], strides=[1, 2, 2, 1],\
   padding='SAME') # l_p_2 shape=(?, 7, 7, 64)
l2 = tf.nn.dropout(l_p_2, self.p_keep_conv)

# 第三个卷积层
l_c_3 = \
    tf.nn.relu(tf.nn.conv2d(l2, self.w3, strides=[1, 1, 1, 1],\
     padding='SAME') +self.b3) # l_c_3 shape=(?, 7, 7, 128)
l_p_3 = \
  tf.nn.max_pool(l_c_3, ksize=[1, 2, 2, 1], strides=[1, 2, 2, 1],\
   padding='SAME') # l_p_3 shape=(?, 4, 4, 128)
# 将所有的feature map合并成一个2048维向量
l3 = tf.reshape(l_p_3, [-1, \
   self.w4.get_shape().as_list()[0]])    # reshape to (?, 2048)
l3 = tf.nn.dropout(l3, self.p_keep_conv)
```

```
    # 后面两层为全连接层
    l4 = tf.nn.relu(tf.matmul(l3, self.w4) +self.b4)
    l4 = tf.nn.dropout(l4, self.p_keep_hidden)

    pyx = tf.matmul(l4, self.w_o) +self.b_o

    cost = \
            tf.reduce_mean(\
            tf.nn.softmax_cross_entropy_with_logits(pyx, \
            Y))# 交叉熵目标函数                                     ①
    train_op = \
                tf.train.RMSPropOptimizer(0.001, \
         0.9).minimize(cost)#RMSPro 算法最小化目标函数              ②
    predict_op = tf.argmax(pyx, 1)#返回每个样本的预测结果

    with tf.Session() as sess:
        tf.initialize_all_variables().run()
        for i in range(30):
            training_batch = \
                zip(range(0, len(self.trX), batch_size),\
                range(batch_size, len(self.trX)+1, batch_size))
            for start, end in training_batch:
                sess.run(train_op, \
                    feed_dict={X: self.trX[start:end], \
                    Y: self.trY[start:end], \
                    self.p_keep_conv: 0.8, self.p_keep_hidden: 0.5})

            if i % 3 == 0:
                corr = np.mean(np.argmax(self.vaY, axis=1) == \
                    sess.run(predict_op, feed_dict={X: self.vaX, \
                    Y: self.vaY, self.p_keep_conv: 1.0, \
                    self.p_keep_hidden: 1.0}))
                print ("Accuracy at step %s on validation set : %s " %
(i, corr))

        # 最终在测试集上的输出
        corr_te = np.mean(np.argmax(self.teY, axis=1) == \
            sess.run(predict_op, feed_dict={X: self.teX, \
            Y: self.teY, self.p_keep_conv: 1.0, \
            self.p_keep_hidden: 1.0}))
        print ("Accuracy on test set : %s " % corr_te)
```

在程序清单 18-2 中，fit 函数用于对卷积神经网络模型进行训练，在如上的卷积神经网络中，包含了三个卷积层和下采样层。当构建完整个卷积神经网络模型后，将卷积神经网络模型的对数据的预测值与样本的真实标签之间的交叉熵作为最终的损

失函数，并求损失函数中的最小值，如程序代码中的①所示，利用优化方法求解如上的损失函数，得到整个卷积神经网络模型的值，如程序代码中的②所示。

18.4.2 训练 CNN 模型

现在让我们一起利用上面构建好的卷积神经网络的类，对 MNIST 手写体识别的数据集进行训练，首先，为了能够使得 Python 代码支持中文的注释以及导入代码中使用到的函数，我们在“cnn.py”文件中加入：

```
#coding:UTF-8
import tensorflow as tf
import numpy as np
from tensorflow.examples.tutorials.mnist import input_data
```

接下来，我们开始利用 TensorFlow 实现卷积神经网络的训练，其主函数如程序清单 18-3 所示。

程序清单 18-3 卷积神经网络训练的主函数

```
if __name__ == "__main__":
    # 1.导入数据集
    mnist = input_data.read_data_sets("MNIST_data/", \
            one_hot=True)#读取数据                                   ①
    # mnist.train.images 是一个 55000 * 784 维的矩阵, mnist.train.labels
是一个 55000 * 10 维的矩阵
    trX, trY, vaX, vaY, teX, teY = mnist.train.images, \
                    mnist.train.labels, mnist.validation.images, \
                    mnist.validation.labels, mnist.test.images, \
                    mnist.test.labels
    trX = trX.reshape(-1, 28, 28, 1)  # 将每张图片用一个 28x28 的矩阵表
示,(55000,28,28,1)
    vaX = vaX.reshape(-1, 28, 28, 1)
    teX = teX.reshape(-1, 28, 28, 1)
    # 2.训练 CNN 模型
    cnn = CNN(trX, trY, vaX, vaY, teX, teY)                          ②
    cnn.fit()                                                        ③
```

在程序清单 18-3 中，为了训练卷积神经网络，首先，我们需要导入数据集，如程序代码中的①所示；其次，利用训练数据集训练卷积神经网络，在训练的过程中，我们先初始化网络结构，如程序代码中的②所示；在初始化完成后，利用 fit 函数训练卷积神经网络模型，如程序代码中的③所示。

18.4.3 训练的过程

对于卷积神经网络 CNN 的训练，其训练过程为：

```
Accuracy at step 0 on validation set : 0.9554
Accuracy at step 3 on validation set : 0.9862
Accuracy at step 6 on validation set : 0.992
Accuracy at step 9 on validation set : 0.9926
Accuracy at step 12 on validation set : 0.9924
Accuracy at step 15 on validation set : 0.9916
Accuracy at step 18 on validation set : 0.9926
Accuracy at step 21 on validation set : 0.9922
Accuracy at step 24 on validation set : 0.9908
Accuracy at step 27 on validation set : 0.993
```

利用训练数据集对卷积神经网络模型进行训练，最终在验证集上的准确性达到 99.3%，对于测试集，其最终的结果为 99.29%：

```
Accuracy on test set : 0.9929
```

参考文献

[1] DeepLearning 0.1. Convolutional Neural Networks (LeNet)[DB/OL]. http://www.deeplearning.net/tutorial/lenet.html#tips-and-tricks

[2] Lecun Y, Bottou L, Bengio Y, et al. Gradient-based learning applied to document recognition[J]. Proceedings of the IEEE, 1998, 86(11):2278-2324.

第六部分

项目实践

在前面各章节中，我们介绍了机器学习中的分类算法、回归算法和聚类算法，并在此基础上，介绍了机器学习的一个实践领域，即在推荐系统中的机器学习算法，最后，我们将对近年来比较流行的深度学习算法进行介绍，机器学习是一个实践性较强的方向，每一个算法都能被用来求解实际的问题。

在第 19 章中，我们将介绍如何利用多种机器学习算法完成微博的精准推荐。在一个具体的项目中，通常包含多种不同的机器学习算法，利用组合多种机器学习算法完成一个复杂的项目。

19 微博精准推荐

在第四部分，我们介绍了几种不同的推荐算法，还有很多其他的推荐算法。一个完整的推荐系统通常是由多种算法组合而成。在构建工业级的推荐系统的过程中，会涉及很多不同学科的知识，包括大规模搜索、文本分析、机器学习、信息检索等。

在推荐系统中，通过对用户数据的挖掘，抽象出用户感兴趣的“商品”，在不同的应用场景中，“商品”的表现形态也不一样，以微博的博文推荐为例，“商品”表现为用户的博文，在博文精准推荐中，其核心问题是在给定的环境下，为用户推荐高质量且符合用户兴趣的博文。在本章中，我们将从实际问题出发，详细介绍如何利用前面介绍的各项机器学习的技术构建一个完整的推荐系统。

19.1 精准推荐

19.1.1 精准推荐的项目背景

在社交网络中，每一个用户只是整个网络中的一个节点，一个简单的网络结构如图 19.1 所示。

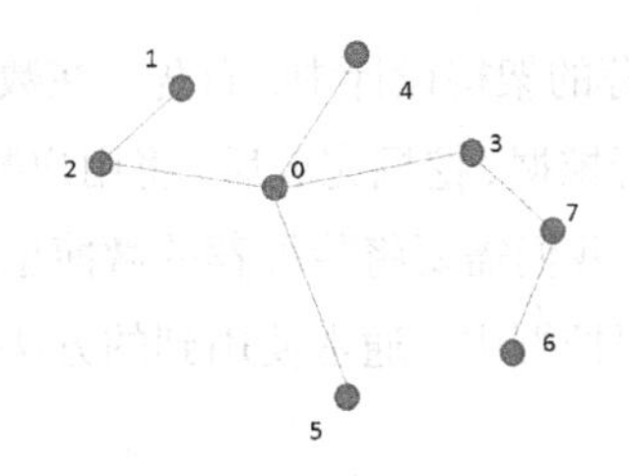

图 19.1　网络结构

在微博中，用户可以通过“关注”行为成为另一个用户的粉丝，“关注”行为是有向的。通过“关注”一个用户后，我们可以在我们的 feed 流中看到对方的信息。在微博中，通过这样的方式，我们可以接触到更多的信息。

然而，在信息过载的时代，信息呈现爆炸式增长，如在微博中，每天有大量的微博被创作和转发，信息量的爆炸式增长在给用户不断带来新的信息的同时，也增加了用户筛选信息的难度，为了能够为用户推荐其感兴趣的信息，我们首先要分析出该用户的兴趣，从海量的信息中选择出与用户兴趣相似的信息，并将这些信息推荐给用户。推荐系统（Recommendation System，RS）正是在这样的背景下被提出的，推荐算法根据用户的历史行为，挖掘出用户的喜好，并为用户推荐与其喜好相符的商品或者信息。推荐系统的任务就是能够连接信息与用户，帮助用户找到其感兴趣的信息，同时让一些有价值的信息能够触达到潜在的用户中。此时，对用户兴趣的精准挖掘，成为为用户精准推荐博文的关键任务。

19.1.2　精准推荐的技术架构

在构建推荐系统的过程中，为了能够为用户提供精准的博文推荐，其架构的设计主要包括四层：数据生产层、存储层、候选过滤层和排序层。最终输出排序后的结果，具体的精准推荐的架构设计如图 19.2 所示。

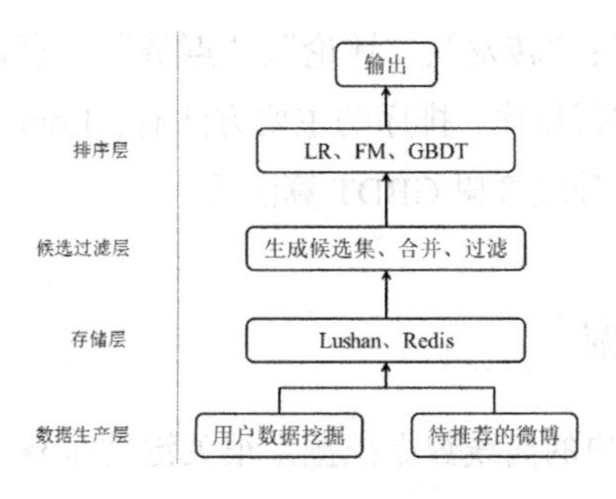

图 19.2　精准推荐的架构设计

在图 19.2 所示的精准推荐的架构设计中，首先，在数据生产层，我们需要利用离线挖掘的方法对用户兴趣进行挖掘，挖掘完成后，将用户数据存储到对应的数据库中，我们称为用户数据库。同时，我们需要将待推荐的微博也存储在数据库中，我们称为推荐微博数据库。在用户数据挖掘中，通常使用到的方法包括协同过滤算法、标签传播算法、word2vec 等。

在存储层，将挖掘好的用户兴趣存储到对应的数据库中，我们通常可以使用 Redis 等 NoSQL 数据库。

在候选过滤层，当用户请求时，首先从用户数据库中查找到用户的兴趣，再根据查找到的用户兴趣、到推荐微博数据库中进行请求，查找到对应的待推荐的微博，其具体过程如图 19.3 所示。

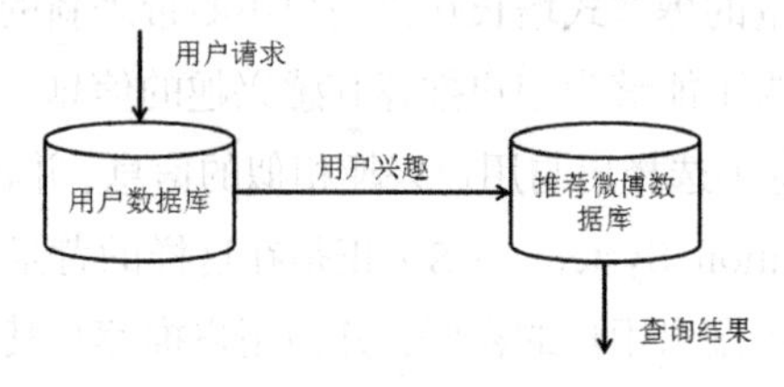

图 19.3　查询操作

当通过如上的操作查询出了最终的结果后，我们需要对其中的结果进行合并和过滤，以保证最终结果的唯一性。

在排序层，我们需要对所有的候选进行排序，以确定最终的曝光顺序，在排序阶段，使用的评价指标通常为点击率 CTR，即：

$$CTR = \frac{\#click}{\#impression}$$

其中，$\#impression$ 表示的是曝光的次数，$\#click$ 表示的是点击的次数，在微博中，点击的行为主要包括："转发"、"评论"、"点赞"、"点击短链接"等。通常采用机器学习的算法对候选进行排序，排序的主要方法有：Logistic Regression 算法、因子分解机 FM 算法、梯度提升决策树 GBDT 算法等。

19.1.3　离线数据挖掘

在精准推荐中，对用户的离线数据挖掘是很关键的步骤，常用的用户定向主要有：①人群属性定向（Demographic Targeting）；②行为定向（Behavioral Targeting）；③

地理位置的定向（Geo Targeting）；④相似用户的定向（Look-Alike Targeting）。

人群属性定向指基于用户基本属性进行定向，包括年龄、性别等定向，比如为女性用户推荐化妆品类的微博。行为定向指的是基于用户的历史行为数据挖掘用户的兴趣，比如通过对微博中用户对博文的"转发"、"评论"、"点赞"等数据的分析，发现用户的兴趣。地理位置定向指的是利用移动设备记录用户的地理位置，为用户推荐相关的微博，比如用户在某个景点，我们为其推荐邻近地点的微博。相似用户的定向指的是利用已经找出的一些人，找到与其相似的用户进行定向。

以上简单介绍了4种离线数据挖掘的方法，还有很多其他的挖掘方法。在本章中，我们重点关注行为定向和相似用户的定向。

19.2 基于用户行为的挖掘

在微博中，有两方面的数据可以使用，一方面是用户之间的关注关系，这不部分数据体现了用户的社交属性；另一方面是用户的行为数据，主要包括用户的原创、"转发"、"评论"、"收藏"、"点赞"、"点击短链接"等，这部分体现了用户的兴趣属性，通过对不同类型的数据挖掘，我们可以获得用户不同维度上的相似性。

在基于用户的行为的挖掘中，主要包括：

- 基于互动内容的兴趣挖掘
- 基于与待推荐微博博主的互动

19.2.1 基于互动内容的兴趣挖掘

在微博中，用户的互动行为主要包括"转发"、"评论"、 "点赞"、"收藏"和"点击短链接"等。这些行为的背后，表明用户对这条微博的内容在某种程度上产生了共鸣，但是，在不同的行为之间，其能够代表用户的兴趣程度也是不一样的，如"点赞"行为只是对博文内容的认同，而转发行为，则更多地表明用户希望让自己认同的微博内容被更多人看到，更能表明用户的兴趣。

基于互动内容的兴趣挖掘是指利用一些机器学习或者文本处理的方法，提取出用户互动微博文本中的核心词，一般提取核心词的主要步骤为：

- 对文本进行分词，常用的分词工具有：paoding、FudanNLP、CRF++、jieba 等

- 去掉停用词，并计算剩余词的 TF-IDF 值，取 TD-IDF 值较高的词作为核心词

以这些核心词作为用户的标签，并将这些信息保存到对应的数据库中，其具体过程如图 19.4 所示。

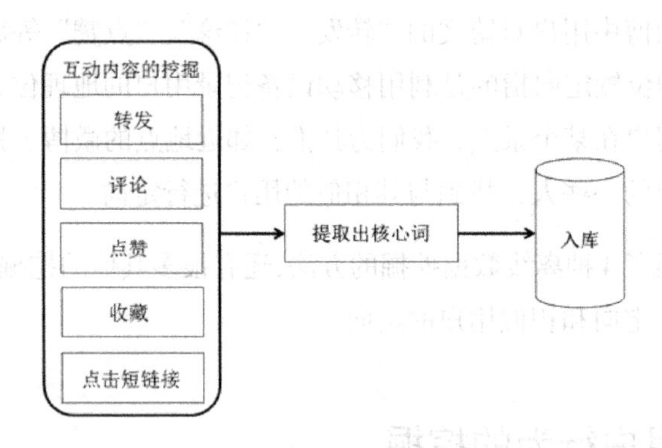

图 19.4 基于互动内容的兴趣挖掘

19.2.2 基于与博主互动的兴趣挖掘

当用户 A 与待推荐微博的博主之间有过互动行为时，在一定程度上表明该用户与博主之间存在某种兴趣上的相似性，对于博主发布的微博，用户 A 互动的可能性比较大，因此，可以选择将这部分用户作为待推广的候选集。

在基于与博主互动的兴趣挖掘中，是指将微博博主的微博投放给与其互动过的一些用户。基于与博主互动的兴趣挖掘的主要任务是对历史的“转发”、“评论”、“点赞”、“收藏”等数据进行处理，从中提取出博主与互动用户之间的关系，并将这样的对应关系存入对应的数据库中，其具体的过程如图 19.5 所示。

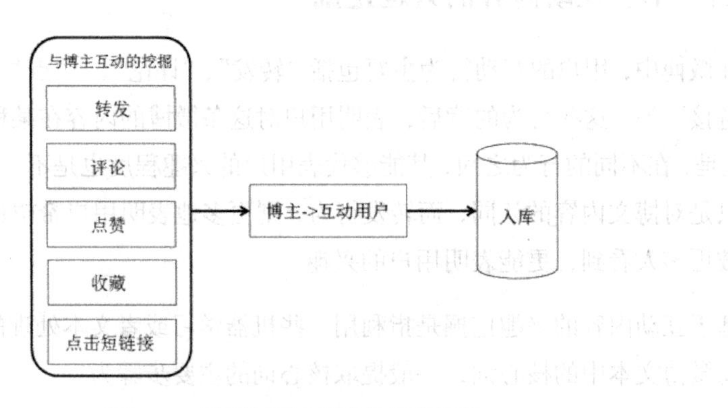

图 19.5 基于与博主互动的兴趣挖掘

19.3 基于相似用户的挖掘

“相似用户”的概念在不同的应用场景下的理解是不同的，如基于相似兴趣的相似用户，基于不同群体的相似用户等。在基于相似兴趣的相似用户中，这些用户都对同一个事物有兴趣，如一群对“机器学习”感兴趣的用户的集合。在基于不同群体的相似用户中，这些用户可能是年龄区间也可能是消费能力相似，如大学生群体等。在精准推荐中，我们主要考虑的是基于相似兴趣的相似用户。

19.3.1 基于“@”人的相似用户挖掘

从上面的分析中，我们知道，在微博中，一个用户与其粉丝之间的关系大致可以分为：

- 社交关系：如亲戚、朋友、同事、同学等
- 兴趣关系：如机器学习爱好者等

一个用户与其粉丝之间存在某种相似性，或者是兴趣维度的相似，或者是群体间的相似。在微博中，为了能够定向让某个人看到，我们会在这条微博中加入“@”该用户的标记。“@”标记在一定程度上说明该信息与被“@”用户之间存在关系，而由上述的分析可知，用户与其粉丝之间存在社交关系或者兴趣关系，因此，这样的挖掘方法能够充分利用微博数据的特殊性。

在基于“@”人的相似用户挖掘中，对于包含“@”信息的微博，通过对“@”用户的提取，查找到该用户的粉丝，并进行投放，需要查找的库为用户的粉丝库。

19.3.2 基于社区的相似用户挖掘

社区划分是社交网络中研究比较多的一个话题，对于不同结构的社交网络有不同的社区划分算法，在本书的第 13 章中，我们介绍了标签传播 Label Propagation 算法。对于社区并没有明确的定义，通常对于社区的理解是：在网络中，由一些节点构成特定的分组，在同一个分组内的节点，通过节点之间的连接边紧密地连接在一起，而在分组与分组之间，其连接比较松散，称每一个分组为一个社区。社区划分算法通过某种方式将用户划分到不同的社区中，社区内部的连接较为强烈，社区与社区之间有比较明显的界限。

在微博中，用户与用户之间的连接主要分为两种，一种是通过“关注”操作连接两个用户，另外一种是通过“转发”、“评论”、“点赞”、“收藏”、“点击短链接”等行为连接两个用户。在上述的两种连接中，前者的关系不仅包含了兴趣关系，也包含社交关系，而后者，更多倾向于兴趣关系。在这里，我们想要得到的更多的是用户之间的兴趣关系，因此，我们这里使用到的数据是用户之间的“转发”、“评论”、“点赞”、“收藏”、“点击短链接”等行为数据。

从这些行为数据中我们可以知道，这些行为数据连接的两个用户之间的边是存在方向的，即构成的图是有向图。有向图是指图中的边是带有方向的图。对于有向图，每两个节点之间的边的条数是两条，分别为流出的边和流入的边，其流出边的总数为出度，流入边的总数为入度，有向图如图 19.6 所示。

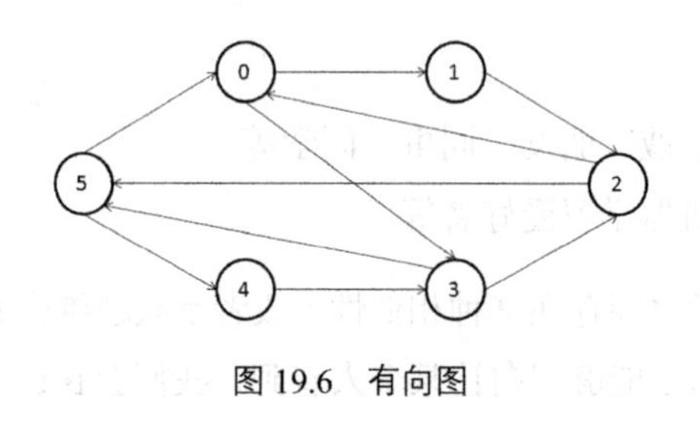

图 19.6 有向图

对于节点 5，其出度为 2，入度也为 2。对于更多的有向图的知识，可参阅相关图论的书籍。

而对于标签传播 Label Propagation 算法，其对数据的要求是无向图，为了使得 Label Propagation 算法能够利用上述的行为数据对用户进行社区划分，我们将图中的流出边和流入边进行合并，合并的公式为：

$$w_{i,j} = \alpha\lambda_{i,j} + \beta\lambda_{j,i}$$

其中 $w_{i,j}$ 表示的是节点 j 到节点 i 的权重，$\lambda_{i,j}$ 表示的是节点 i 到节点 j 的权重，$\lambda_{j,i}$ 表示的是节点 j 到节点 i 的权重。通过参数 α 和参数 β 可以调节不同的权重比例。此时，我们可以利用 Label Propagation 算法对微博中的社区进行划分。

我们对参数 α 与参数 β 进行了不同的取值，并利用 30 天的行为数据，最终得到，当 $\alpha = 0.6$，$\beta = 0.4$ 时效果比较好，最终识别出 12629 个社区。虽然我们挖掘出了这些社区，但是这些社区的质量参差不齐，有的社区内部较为活跃，而有些社区，内部并不活跃，我们试图将一些不活跃的社区从我们挖掘好的社区中去除，此时，计算每一个社区中的信息熵，熵越大表明该社区越活跃，因此，我们过滤一些不活跃的社区，保留活跃的社区。

当有微博需要投放时，选择某几个社区，将微博投放给社区中的住户，选择社区的方式有很多种，比如：

- 微博的主题与社区标签的匹配
- 微博博主所在的社区

在基于社区的相似用户的挖掘中，利用 Label Propagation 算法对社区进行挖掘，最终将社区对应的用户列表存储到对应的数据库中，其具体的过程如图 19.7 所示。

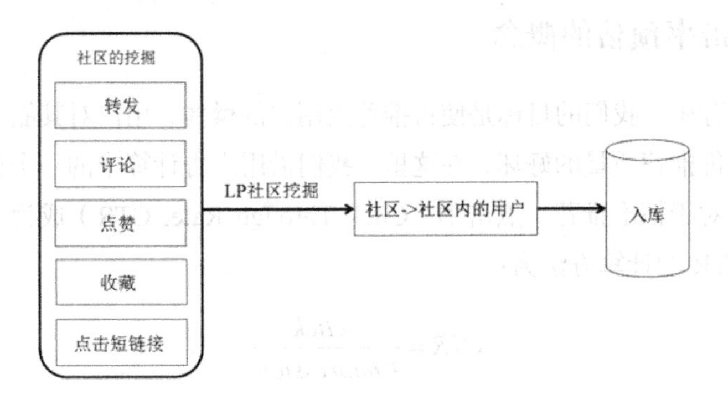

图 19.7 基于社区的相似用户挖掘

19.3.3 基于协同过滤的相似用户挖掘

对于相似用户的挖掘，除了上述的社区挖掘的方法外，还可以使用协同过滤的方法。在协同过滤算法中，主要分为基于用户的协同过滤算法和基于项的协同过滤算法，其主要的区别是在相似度的计算过程中。对于这两种协同过滤算法的详细介绍，可以参见本书的第 14 章。

我们以基于用户的协同过滤算法为例，在基于用户的协同过滤算法中，主要计算任意两个用户 A 和 B 之间的相似度，并利用该相似度将用户 B 互动过而用户 A 没有互动过的商品推荐给用户 A。

在微博中，每个用户都有自己的粉丝列表，我们可以利用两个用户的粉丝列表来度量这两个用户之间的相似度，假设用户 A 的粉丝列表集合为 F_A，用户 B 的粉丝列表集合为 F_B，那么，用户 A 和用户 B 的相似度为：

$$sim(A,B)=\frac{F_A \cap F_B}{\sqrt{|F_A|}\times\sqrt{|F_B|}}$$

其中，$F_A \cap F_B$ 表示的是 F_A 和 F_B 的交集，$|F_A|$ 表示的是集合 F_A 中元素的个数。

19.4 点击率预估

点击率预估是广告计算中的核心问题，点击率预估的目的是为了广告的排序，同样，在精准推荐中，我们的最终目的是为了使得推荐给用户的结果，用户对其互动率最高。因此，在产生候选后，我们需要对这些候选进行排序，以产生最终的曝光顺序。

19.4.1 点击率预估的概念

在精准推荐中，我们的目标是使得推荐给用户的微博，用户对其能有较高的互动率，以此来评价推荐质量的好坏，在这里，我们借用广告计算中的一个重要概念：点击率。此时，对于精准推荐，点击率（Click Through Rate, CTR）成为一个重要的指标，点击率 CTR 的计算方法为：

$$CTR = \frac{\#click}{\#impression}$$

其中，$\#impression$ 表示的是曝光的次数，$\#click$ 表示的是互动的次数。

为了能够使得整体的互动率最高，我们需要对候选集进行排序，排序的依据便是预测的点击率（pCTR）。因此，对于候选集，我们必须有点击率的预估方法。

19.4.2 点击率预估的方法

近年来，机器学习技术被广泛应用于点击率预估模型中，其中，使用最多的方法是 Logistic Regression 算法，对于 Logistic Regression 算法的介绍，可以参见本书的第 1 章。在训练 Logistic Regression 模型的过程中，主要分为：①收集数据；②清洗数据并进行特征转换；③利用转换后的特征训练 Logistic Regression 模型。

首先，我们需要收集用于训练 CTR 模型的数据。在 CTR 预估中，有两种特征选择的方法：静态特征和动态特征。其中，静态特征指的是年龄、性别等一些自然属性，而动态特征指的是利用历史的 CTR 作为特征，在我们的环境中，为兼顾到不同来源的 CTR 之间的对比，我们选用动态特征。

选择好特征之后，我们对特征进行转换，也称为特征处理。在这里，我们使用的方法是离散化的方法，针对动态特征，可以采用等频离散的方式对特征进行离散化，离散化后的是特征成为 0 或者 1 的特征组合。

利用离散化后的特征训练 Logistic Regression 算法，得到最终的 CTR 预测模型。

以上便是 CTR 预估的基本方法，近年来，随着行业内对 CTR 预估的深入探索，提出了以下几种改进的方法：

- 以梯度提升决策树的方法代替特征处理中的等频离散

在利用梯度提升决策树的方法进行特征处理时，首先，对于梯度提升决策树 GBDT 算法在本书中并未涉及，读者可查阅相关的 GBDT 的文献。利用训练数据训练梯度提升决策树 GBDT，每一个样本都会落到一棵树中的某一个叶子节点上，以叶子节点的编号作为离散化后的特征，其具体过程如图 19.8 所示。

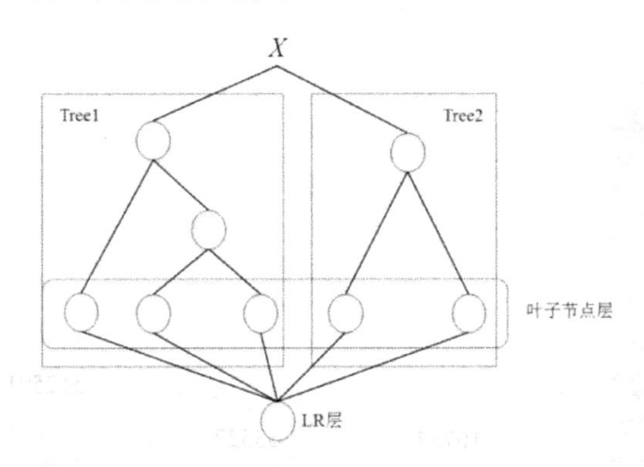

图 19.8 GBDT+LR 的 CTR 预估

在图 19.8 中，原始特征分别经过两棵回归树 Tree1 和 Tree2，分别落到 Tree1 的第 2 个叶子节点上和 Tree2 的第 1 个叶子节点上，此时，对于处理后的特征 X 为 $\{0,1,0,1,0\}$，再利用离散化后的特征训练 Logistic Regression 模型。

- 利用 FM 算法代替 LR 算法

对于 FM 算法，具体可以参见本书的第 2 章。在 FM 算法中，能够发现 LR 所不能发现的交叉特征，因此利用 FM 算法在一定程度上能够提高 CTR 预估的效果。

- 利用 DNN 算法代替 LR 算法

目前对于 DNN 算法在 CTR 预估上的探索还比较少，但是，这必将是未来一个很大的应用方向，对于各种 DNN 算法，可以参见本书的第五部分。

19.5 各种数据技术的效果

以上便是精准推荐的核心部分，在精准推荐中，首先利用离线挖掘技术挖掘候选数据，挖掘的主要方法包括：基于互动内容的兴趣挖掘、基于与博主互动的兴趣挖掘、基于“@”人的相似用户挖掘、基于社区的相似用户挖掘和基于协同过滤的相似用户挖掘。挖掘完后将各部分数据存储到对应的数据库中，当有微博需要被推荐时，从此数据库中查询出对应的候选集，并对其排序，进而输出推荐结果。

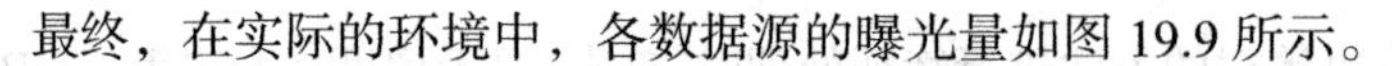

最终，在实际的环境中，各数据源的曝光量如图 19.9 所示。

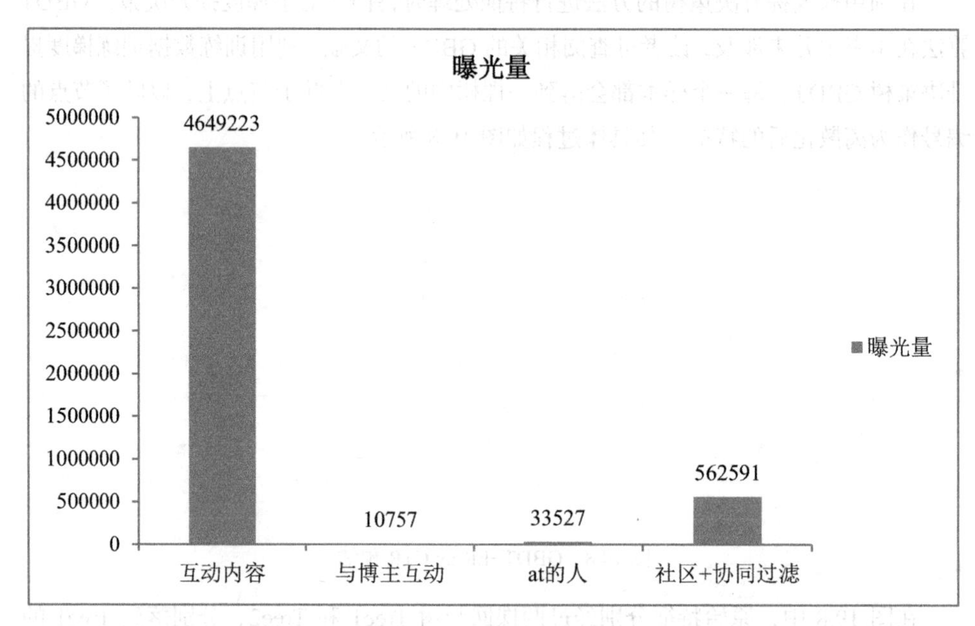

图 19.9　各数据源的曝光量

在图 19.9 中显示了各数据源在实际中的曝光量，从曝光量的数据可以看出，基于与博主互动和“@”人的粉丝的曝光量相较其他两项很少，这两部分数据对于兴趣的挖掘也会相对比较精准，对于各数据源的互动率如图 19.10 所示。

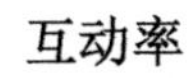

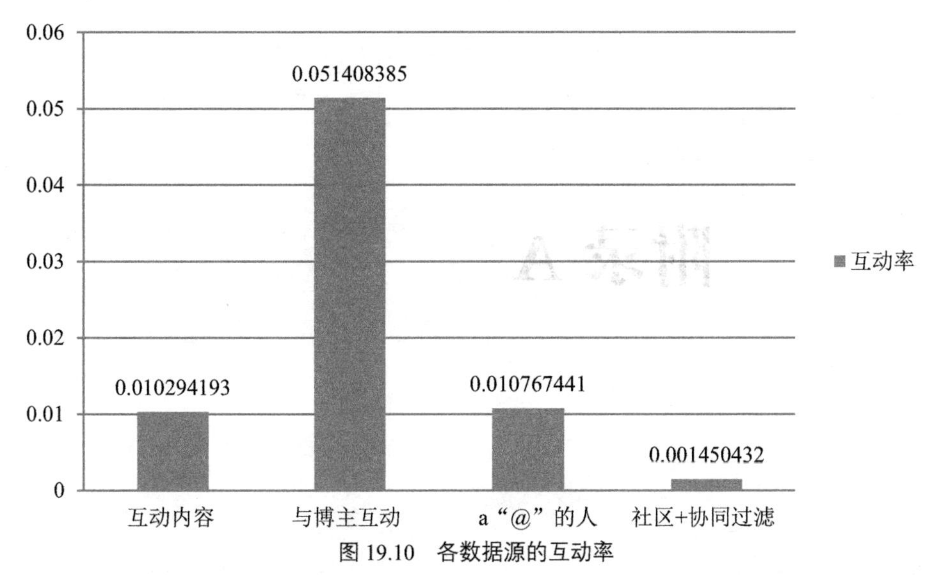

图 19.10 各数据源的互动率

从图 19.10 中可以看出，基于与博主互动与“@”的人这两部分的互动率最高，这也与我们的推断相似，且这两部分的数据量都比较小。基于社区+协同过滤的相似用户挖掘可以作为数据的一种补充方式，这部分数据的曝光量也不是很大。

参考文献

[1] 项亮. 推荐系统实践[M]. 北京:人民邮电出版社. 2012.

[2] Chapelle O, Manavoglu E, Rosales R. Simple and Scalable Response Prediction for Display Advertising[J]. Acm Transactions on Intelligent Systems & Technology, 2014, 5(4):1-34.

[3] He X, Pan J, Jin O, et al. Practical lessons from predicting clicks on adsat facebook[C]. Proceedings of 20th ACM SIGKDD Conference on KnowledgeDiscovery and Data Mining. ACM, 2014: 1-9.

附录 A

A.1 Python 的安装

本书中的 Python 程序是在 Python 2.7.9 版本下开发完成的，建议大家选择安装 Python 2.7。

可以从 https://www.python.org/downloads/找到对应的 Python 版本，如选择了 Python 2.7.9 版本，则跳转到下载页面 https://www.python.org/downloads/release/python-279/，选择对应的平台，目前 Mac OS X 系统和 Linux 系统中都默认安装了 Python 2.7，对于 Windows 平台的用户，可以直接选择对应的安装包进行安装。

在 Windows 平台上，下载好安装包后，根据“下一步”的指示，完成安装。安装完成后，通过“Win+R”方式打开控制台，输入以下的命令：

```
C:\Users\zhiyong7>python
```

启动 Python，若此时安装正确，则可以看到 Python 对应的版本号等其他一些信息：

```
Python 2.7.9 (default, Dec 10 2014, 12:24:55) [MSC v.1500 32 bit (Intel)] on win32
Type "help", "copyright", "credits" or "license" for more information.
```

A.2 numpy 的安装

在本书的程序中，我们需要使用到 numpy 模块，因此需要安装 numpy 模块，可以通过以下命令：

```
pip install numpy
```

来安装 numpy，对于 Windows 平台的用户，可以通过 https://sourceforge. net/projects/numpy/files/NumPy/网站选择对应的安装包进行安装。

A.3 Python 的基本操作

A.3.1 Python 中的基本数据类型

Python 的基本数据类型包括整型、浮点型、布尔型和字符串等：

```
a = 1
print type(a) # <type 'int'>
b = 0.5
print type(b) # <type 'float'>
c = "hello world"
print type(c) # <type 'str'>
```

A.3.2 Python 中的数据结构

Python 的数据结构包括：列表（List）、字典（Dict）、集合（Set）和元组（Tuple）。

```
a = [1,2,2,1,2] # list
print a # [1, 2, 2, 1, 2]

b = set(a) # set
print b # set([1, 2])

c = (1,2,3,4) # tuple
print c

d = {} # dict
d[1] = 2
d[2] = 3
print d # {1: 2, 2: 3}
```

在集合中存储的元素都是互异的元素，在字典中，是以 key:value 的形式存储元素的。

A.3.3 Python 中函数的定义和使用

Python 函数使用 def 来定义函数，以符号函数 sign 为例：

```
def sign(x):
    if x > 0:
        return 1
    elif x < 0:
        return -1
    else:
        return 0
```

通过以下的方式直接调用：

```
print sign(5) # 1
```

A.3.4 Python 中类的定义和使用

```
class Animal:

    def __init__(self, doing):
        self.action = doing

    def print_doing(self):
        if self.action == "walk":
            print "walking"
        else:
            print "sleeping"
```

当定义好类后，需要声明和初始化：

```
a = Animal("walk") # 声明和初始化
a.print_doing() # walking
```

更多有关 Python 的语法知识，可以自行参见 Python 教程。

A.4 Numpy 的基本操作

Numpy 是 Python 中用于科学计算的核心库。利用 numpy 模块，可以在 Python 中方便地实现矩阵的相关运算。

A.4.1 数组 array

numpy 中的数组是一组相同类型的数据的集合，可以通过 numpy 中的 array 函数生成：

```
import numpy as np

a = np.array([1, 2, 3]) # 初始化一个 array
print type(a) # 查看 array 的类型：<type 'numpy.ndarray'>
print a # 打印 array
```

在 numpy 中，还提供了其他的创建数组的方法：

```
import numpy as np

a = np.zeros((2, 2)) # 创建元素为 0 的数组
print a

b = np.ones((2, 2)) # 创建元素为 1 的数组
print b

c = np.eye(2) # 创建单位对角的数组
print c

d = np.random.random((2,2)) # 创建(0,1)上的随机数组
print d
```

对 numpy 中数组元素的访问，可以使用下标的方式：

```
import numpy as np

a = np.random.random((2,2)) # 创建(0,1)上的随机数组
print a

print a[0,0]
```

对于数组的计算，通常包含加法、减法和乘法：

```
import numpy as np

a = np.array([1, 2])
b = np.array([3, 4])

# 加法
```

```
print a+b # [4 6]
print np.add(a, b) # [4 6]

# 减法
print a-b # [-2 -2]
print np.subtract(a, b) # [-2 -2]

# 从乘法
print a * b # [3 8]
print np.dot(a,b) # 11
```

需要注意的是，在乘法中，a*b 表示的是对应元素相乘，而要是实现矩阵的乘积，应该使用 dot 函数。

A.4.2 矩阵 mat

与数组相似的还有一种直接转换成矩阵的表示：

```
import numpy as np

a = np.mat(([1, 2]))
print type(a) # <class 'numpy.matrixlib.defmatrix.matrix'>
```

这样，就可以使用各种矩阵的计算，如求转置、求逆、矩阵的乘积等：

```
import numpy as np

a = np.mat(([1, 2], [3, 4]))
print a

# 转置
print a.T

# 求逆
print a.I

# 两矩阵的乘积
b = np.mat(([5, 6], [7, 8]))
print a*b
```

有关 numpy 的更多操作，可以查阅官方文档 https://docs.scipy.org/doc/numpy/user/index.html。

附录 B

B.1 TensorFlow 的安装

对于 TensorFlow 的安装，在完成这本书的过程中，其还未支持 Windows 平台，因此，我的实验是在 Ubuntu 环境下完成的。对于 Ubuntu 环境，可以直接选择安装 CPU 版本：

sudo pip install --upgrade https://storage.googleapis.com/tensorflow/linux/cpu/ tensorflow-0.8.0-cp27-none-linux_x86_64.whl

对于更多其他的安装可以参见 TensorFlow 官方文档。

B.2 TensorFlow 的基本操作

B.2.1 TensorFlow 操作的特点

在 TensorFlow 中，使用图来表示计算任务，图中的节点被称为操作，每一个操作获得 0 个或者多个 Tensor，对这些 Tensor 执行计算，产生 0 个或者多个 Tensor。在 TensorFlow 中，操作是以图的形式来描述的，为了进行计算，图必须在会话里被启动。对于 TensorFlow 的基本操作如下节所示。

B.2.2 TensorFlow 的基本操作

首先，为了能够使用 TensorFlow，我们需要导入 tensorflow：

```
import tensorflow as tf
```

现在，我们就可以使用 TensorFlow 的基本功能了。

- 常量的定义

```
x=tf.constant(10)
```

这样就定义了一个值为 10 的常量 x。

- 变量的定义

在 TensorFlow 中，变量用 Variable 来定义，并且必须初始化，如：

```
x=tf.Variable(tf.ones([3,3]))
y=tf.Variable(tf.zeros([3,3]))
```

这样分别定义了一个 3×3 的全 1 矩阵 x 和一个 3×3 的全 0 矩阵 y。当变量定义完后，还必须使用如下的操作：

```
init=tf.initialize_all_variables()
```

这样，变量才能被使用。

- 占位符

我们已经介绍了变量在定义时要初始化，但是如果有些变量我们刚开始并不知道它们的值，这样就无法完成初始化，此时，可以利用占位符来表示：

```
x = tf.placeholder(tf.float32, [None, 784])
```

这样，就指定了这个变量的类型和大小。

- 图（graph）

在 TensorFlow 中，要实现具体的运算，如两个变量的加法运算，我们不能直接定义两个变量，并将两个数相加，输出结果。在 TensorFlow 中，每一个变量都是一个 tensor 对象，对象间的运算称之为操作（op），TensorFlow 不会去一条条地执行各个操作，而是把所有的操作都放入到一个图（graph）中，图中的每一个结点就是一个操作。然后将整个 graph 的计算过程交给一个 TensorFlow 的 Session，此 Session 可以运行整个计算过程，如计算两个变量加法的过程为：

```
import tensorflow as tf

x = tf.Variable(3)
y = tf.Variable(5)
z=x+y
init = tf.initialize_all_variables()
with tf.Session() as sess:
    sess.run(init)
    print(sess.run(z))
```

其中 sess.run()是执行操作，注意要先执行变量初始化操作，再执行运算操作。Session 需要先创建，使用完后还需要释放。如果使用占位符，则需要使用 feed 为占位符赋值，如：

```
import tensorflow as tf

x = tf.placeholder(tf.float32)
y = tf.placeholder(tf.float32)
output = tf.mul(x, y)

with tf.Session() as sess:
print sess.run([output], feed_dict={input1:[7.], input2:[2.]})
```

对于 TensorFlow 的其他操作可以参见 TensorFlow 的官方文档。